Topological Data Analysis with Applications

トポロジカルデータ解析

Gunnar Carlsson
Mikael Vejdemo-Johansson ［原著］

平岡 裕章［監訳］

一宮 尚志・吉脇 理雄［共訳］

森北出版

●本書のサポート情報を当社 Web サイトに掲載する場合があります．下記の URL にアクセスし，サポートの案内をご覧ください．

https://www.morikita.co.jp/support/

●本書の内容に関するご質問は下記のメールアドレスまでお願いします．なお，電話でのご質問には応じかねますので，あらかじめご了承ください．

editor@morikita.co.jp

●本書により得られた情報の使用から生じるいかなる損害についても，当社および本書の著者は責任を負わないものとします．

まえがき

データの集合はさまざまな形と大きさをもっている．わかりやすい例として，下の図に示すデータ集合を見てみよう．

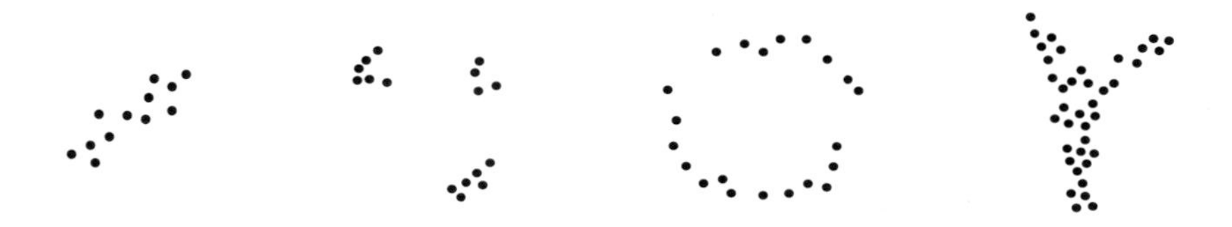

- 一番左のデータ集合は，大まかにいって直線のような形をしている．この種のデータは我々にとってはおなじみのもので，実例もたくさんある．こういったデータを扱うには，さまざまな回帰モデルを用いるのが定石である．それらのモデルを使えば，予測を行ったり，より深くデータを理解したりすることができる．メンタルモデル†を形づくるのにも役立つ．
- 左から 2 番目のデータ集合は，いくつかのばらばらのグループからなっており，直線ではうまく近似できない．こういったデータは医学や社会科学で非常によく見られる．クラスター分析はこのようなデータを分割するために開発された手法である．この手法を使えばデータを分類することができる．
- 左から 3 番目のようなデータ集合は，周期的，あるいは再帰的な振る舞いをする時系列データを扱うときによく見られる．
- 一番右のデータ集合は，一つの標準的，あるいは正常な状態と，三つの極端な状態があるとみなすことができる．たとえば，このデータは飛行機のセンサーから得られたもので，標準的な状態は乱気流のない空中を飛行している状態に，三つの極端な状態は離陸時，着陸時，乱気流中の飛行の状態に対応している，ということも考えられる．

はじめの二つのデータ集合の解析には，専用の手法（回帰分析とクラスター分析）がある．残り二つについてはそういった手法がないが，それぞれ解析手法を開発す

† ［訳注］ああなったらこうなるだろう，という思考の枠組みのこと．

ることはできるだろう．しかし，データの形状はこの四つだけでない．では，将来出会うかもしれない，さまざまな複雑な構造を扱うためにはどうすればよいだろうか．データの形の完全なリストをつくり，それぞれについて専用の解析手法をつくろうとするのは，最善の方法といえないのは明らかである．

上のようなデータのモデル化において，モデル化を，データをさまざまな形をもつ集合で近似する手法だと考えてみよう．たとえば，線形回帰はデータを直線や平面などで近似する手法だし，クラスター分析はデータをいくつかのばらばらの点で近似する手法とみなすことができる．このように考えると，左から三つ目のデータ集合は輪で近似できるし，一番右のデータ集合は，三つの線分が中央の一点で交わる「Y」字の形をしていると見ることができる．こういった例を見ると，一つの方法で**すべての形をまとめて表せる**，そんな方法がほしくなる．ありがたいことに，トポロジーとよばれる数学の分野はまさにそのような方法を与えてくれる．そこで使われるグラフ（および単体複体という，もう少し複雑な対象）は形を記述するときにとても便利なものである．

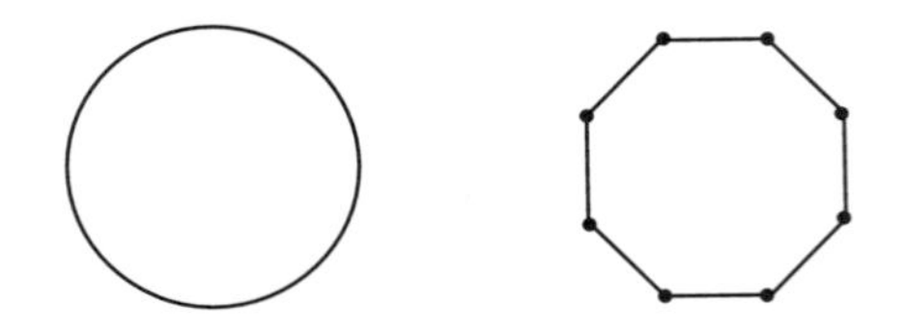

上の図では，左側に円が，右側には八角形が描いてある．八角形が円の形を近似していると思えば，この二つはよく似ている．曲率まで再現しているわけではないが，円上の点を決めれば八角形上の点が一つ決まり，逆に八角形上の点から対応する円上の点を決めるような，非線形性がとても強い写像が存在する．こういった写像を**同相写像**とよぶが，このような写像があるので，この二つは同じ情報をもっていると考えられる．

一方，八角形は純粋に組合せ論的な対象としても表せる．つまり，頂点と辺のリストをつくり，どの辺がどの頂点を結んでいるかを決めてやればよい．円周をこのような形で表現することは三角形分割とよばれ，トポロジーを用いたデータ分析の鍵となる概念である．とくに，いま八角形を組合せ論を用いて表現したように，組合せ論的に形を表現して，これを用いてデータ集合を近似する方法について後に見ていく．ここでは，グラフ（コンピュータ科学的，あるいは組合せ論的な意味での）や単体複体とよばれる組合せ論の概念が出てくる．単体複体というのは，辺だけでなく，三角形や四面体やさらにその高次元版といった，高次元の部分集合を含んだものである．

上の議論を踏まえて，**トポロジカルデータ解析** (topological data analysis, TDA) のアイディアを一言でいえば，グラフや単体複体といった組合せ論の概念を用いて位相空間をモデル化したように，これらを使ってデータから有用なモデルをつくろう，ということである．この分野はこの 20 年間で急速に発展してきている．本書ではその理論を述べるとともに，さまざまな応用例を紹介しよう．このような手法が開発された理由としては，データサイエンスにおいて以下のようなさまざまな困難が見られるという事実がある．

- 主成分分析や多次元尺度構成法といった線形代数に基づく手法は，線形代数を背景としているため，データに含まれる複雑な非線形性を捉えるには柔軟性に欠けることがよくある．加えて，結果を基に散布図を描いても期待するほど情報が得られないことがある．単体複体モデルはより柔軟で，データの複雑さを記述する能力も高い．さらに，多くの機能を備えており，データの分析や探索を効果的に行える．このことは，4.3.5 項で詳しく見ていく．
- クラスター分析は，データを重なりのないいくつかのグループに分割して分類を行おうとするものである．しかし，データをばらばらのグループに分割するよりも，グループの重なり合いを許す「ソフトクラスタリング」を考えたほうが自然となる場合も多い．こういった情報は，単体複体を使うと自然にモデル化できる．なぜなら，グループ間の重なりがもたらす関係を，空間や形状を適切にとることによって記述できるからである．この考え方では，通常のクラスター分析による分割は 0 次元の単体複体，つまり有限個の点の集合を使ってモデル化していることになる．
- データサイエンスでは，モデル化を効果的に行うために，データ集合の概形を決めなくてはならないことがよくある．単体複体の理論には，モデルの出力の形を記述する手法が存在する．この手法は代数トポロジーで出てくる**ホモロジー**の構成法の拡張に基づいたもので，**パーシステントホモロジー**とよばれ，本書で紹介するさまざまなアイディアの主題となっている．
- 特徴選択と特徴量エンジニアリングは，データサイエンスにおける重要な課題である．とくに，構造化されていないデータ集合，つまり行列や数値の表で表せないデータを相手にする場合，これは難問となる．たとえば，巨大分子のデータベースは構造化されていないと考えられる．なぜなら，分子のデータは，原子の非順序集合と，原子間結合の非順序集合だからである．おまけに，分子を剛体運動させれば，各原子の位置は変わるが分子構造は変わらないので，原子の座標を使って表すのも意味がない．しかし，分子内の各原子間の距離を用いれば，分子の幾何的形状を決めることができる．それにより，上に述べたホモロジーを用いて意味のある量を計算し，解析することが可能になる．画像データも，ホモロジー的手法が使える非構造化データとみなすことができる．

- 特徴量エンジニアリングにトポロジーを使う方法としては他にも，トポロジカル信号解析といったものがある (Robinson 2014)．アイディアは，データ行列が与えらたときに，データ点やサンプル（行列の行にあたる）のトポロジーではなく，データの列（特徴量にあたる）のトポロジーを考えてみよう，というものである．こうすれば，元々のデータ点は特徴量集合上の関数とみなすことができるので，トポロジカルモデルの関数としても捉えられる．これをグラフラプラシアンなどのさまざまな技法と組み合わせることで，データ点の集まりに構造を与え，トポロジカルな情報に基づく次元削減を行うことができる．

データサイエンスで TDA が活用されれば，トポロジーの分野も刺激を受けて面白い有用な発展が期待できるだろう．したがって，TDA の手法が標準的な代数トポロジーやホモトピー理論とどのような関係にあるかを見ることは有用である．以下にいくつか重要なものを挙げる．

- パーシステントホモロジーは，半順序集合 $\mathbb{R}$ を用いて定められた図式の研究といえる．それ以外の図式についても研究が行われており，その中のいくつかはジグザグパーシステンスや多次元パーシステンスで利用されている．TDA の研究が拡大，深化するにつれ，より多くの洗練された図式が利用され，データ集合内のより詳細な情報を引き出せるようになるだろう．したがって，さまざまな図式に対して不変量の構成を研究することは有用である．
- TDA は独立した点集合のサンプルを解析するため，TDA のみで解析可能な空間の次元はあまり高くできず，大抵の場合は 5 以下である．10 次元の空間を忠実に表現するのに必要な点の数は，仮に各次元ごとに 10 点の解像度が必要とすると，少なく見積もって 10^{10} 個である．これは非常に大きな数であるから，たとえば 50 次元のホモロジーなど使い物になりそうにない．そう考えると，より洗練された不安定ホモトピー不変量（たとえばカップ積やマッセイ積など）を調べるのは有望だろう．たとえば，カップ積は Carlsson & Filippenko (2020) で重要な働きをしている．

- 代数トポロジーとホモトピー理論に関しては，とても面白い問題として，基底空間 B への参照写像をもった空間のトポロジーの問題がある．これはパラメータ付きトポロジーとよばれるものである．このとき，すべての写像は参照写像と矛盾してはならない．基底を伴った空間の圏は，絶対的な場合（つまり，参照写像のない通常の位相空間の場合）よりも豊富な不変量をもっている．このアイディアを基に，逃避問題の研究が行われたり (Carlsson and Filippenko 2020)，基底上のデータサイエンスといった概念や，パラメータ付きトポロジカルデータ解析といった概念が提案されたりしており (Nelson 2020)，これらの概念は反復的データ解析手法に有用な枠組みであると明らかになっている．この場合の安定でない不変量の研究はとくに豊かであり，より一層注目する必要がある．
- 必ずしもトポロジカルではないが定性的な空間 X の不変量を調べたいときがよくある．たとえば，空間の角や端を検知したい場合などである．こういった問題の解決手段の一つとして，X を基に調べたい性質を反映した空間を構成し，それからホモロジーのようなトポロジカルな手法を用いて解析する方法がある．この考え方のすばらしい一例として，サイモン・ドナルドソンによる滑らかな 4 次元多様体のトポロジーの研究がある．この研究では，滑らかな 4 次元多様体にあるモジュライ空間を組み合わせることで，多様体のトポロジーを調べられることが示された (Donaldson 1984)．こういった手法は，本来トポロジーと直接関係ないような形の違いを識別する問題に使える．

本書の目的は，トポロジカルデータ解析の考え方をデータサイエンティストとトポロジーの研究者の双方に紹介することである．そのため，トポロジー一般，とくにホモロジーに関する技術的な詳細はかなり省略したが，本書で学んだ読者なら，必要に応じて自分で深く勉強することができるだろう．本書を読んで，双方の研究者らが，このエキサイティングな知的発展に参加したいと感じることを望む．

また本書では，数学の慣例に従い，「一対一の写像」「上への写像」「一対一かつ上への写像」という言葉の代わりにそれぞれ「単射」「全射」「全単射」という言葉を使うことにする．

筆者は，R. Adler, A. Bak, E. Carlsson, J. Carlsson, F. Chazal, J. Curry, V. de Silva, P. Diaconis, H. Edelsbrunner, R. Ghrist, L. Guibas, J. Harer, S. Holmes, M. Lesnik, A. Levine, P. Lum, B. Mann, F. Mémoli, K. Mischaikow, D. Morozov, S. Mukherjee, J. Perea, R. Rabadan, H. Sexton, P. Skraba, G. Singh, R. van de Weijgaert, S. Weinberger, A. Zomorodian らをはじめとする多くの人との議論に助けられた．心より感謝する．

また，とくに A. Blumberg には感謝する．本書の初期の原稿に協力してくれたことは大きな助けになった．

そして，忍耐強く助けてくれた Cambridge University Press の編集スタッフにも深く感謝する．

目 次

第III部　応用　193

第 I 部

背　景

第1章 イントロダクション

この 2, 30 年で機械学習と人工知能を必要とする場面は劇的に増加した．取り組むべき課題は，量も複雑さもどんどん野心的になっているので，これらの需要に応じた手法を開発し続けることが求められている．こういった新しい手法では，巨大で複雑なデータ集合をモデル化できることが求められる．すでに線形代数やクラスター分析に基づくさまざまな手法があり，問題を解決してくれることも多い．しかしながら，これらの手法も弱点を抱えている．たとえば金融取引や世論調査のような複雑なデータを扱う際，線形代数に基づく手法では柔軟性に欠けることがある．クラスター分析は，その定義上，連続的な現象をモデル化できないうえ，十分な理論的根拠なしに閾値を決めなければならないことが多い．本書では，**トポロジカルデータ解析** (Topological Data Analysis, TDA) とよばれるモデリング手法を扱う．この手法では，データは幾何的な対象，つまりグラフやその高次元版である単体複体を使ってモデル化される．TDA はここ 20 年ほどの間に発展を続け，さまざまな問題に応用されてきた．TDA は，データ集合内に定義された距離（データ点間の相違度として与えられることが多い）がデータに形を与えると考えるところから始まる．この形の中にはデータ集合の全体としての構造が入っており，さまざまな側面から調べることで多くの情報を得ることができる．TDA は形を測る適切な手法を提供してくれるので，データの全体構造の情報を得ることを可能にする．さらに TDA は，複雑で，構造化されておらず，「一つひとつのデータ点そのものが集合であり，さらにその集合内部で相違度が定義されている」といったデータも扱うことができる．たとえば分子の集合を考えると，一つひとつのデータ点は原子の集合と原子間の結合の集合を合わせたもので，原子の集合に対しては結合を使って原子間の距離が定義される．このように捉えれば，複雑な非構造化データをベクトル化する強力な手法が得られる．TDA は，形を数学的に調べる学問であるトポロジーに触発され，これを利用した手法である．以下，もう少し詳しく見ていこう．

数学の多くの分野は，無限にある集合を体系付けて理解可能な表現を与える方法をつくる仕事として捉えられる．たとえばユークリッド空間の体系化には，ベクトル空間やアフィン空間が使われる．これにより（無限）集合が理解可能な対象となり，操作したり，古い対象から新しい対象を体系的に生成したりできる．あるいは，代数多様体を使えば，多変数多項式集合の零点の集合を効果的に取り扱える．同様に，形の概念は距離空間，すなわち三つの簡単な公理を満たす距離とよばれる関数をもった集合の概念で表せる．このような抽象的な概念を使えば，2 次元や 3 次元空間内の通常の形だけでなく，高次元空間や p-進整数のような，一見すると幾何学的な対象とは思えないものの形も調べられる．したがって，距離の概念は数学的対象を体系化するための重要な枠組みである．以下で述べるアプローチを見れば，距離空間の概念が，有限だが巨大なデータ集合を体系化する枠組みにもなっていることがわかる．

トポロジーは形の性質を研究する数学の一分野である．形の研究においてトポロジーが特徴的な点は，以下の三つにまとめられる．

1. トポロジーで研究される形の特徴は，どのような座標で表示されるかにはよらず，形を構成する点の間の距離のみによって決まる．
2. 形のトポロジカルな性質は**変形に対して不変**である．つまり，形が引き伸ばされたり押し縮められたりしても変化しない．空間を「引き裂く」ような不連続な変形の場合にはもちろん変化しうる．
3. トポロジーは形を簡略化した表現を与える．形の詳細はある程度省かれているとはいえ，興味深く役立つ定性的な特徴をたくさん残した表現である．

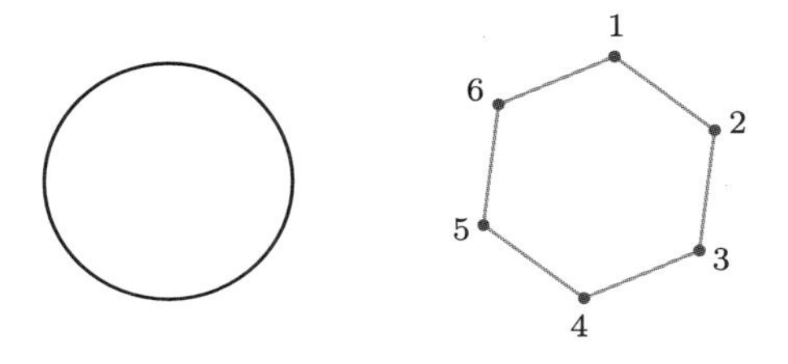

トポロジーは 2 通りの方法で形を扱う．一つ目の方法では，トポロジーは，三角形分割などの手法を用いて形を簡略化し，組合せ論的に表現する．ここで行われる離散化で，詳細な曲率など，形の情報は多少消える．しかし，上の図でわかるように，円から六角形へと大まかな構造は引き継がれている．二つ目の方法では，トポロジーは形を，というより形の一側面を定量化する．そのためには**ホモロジー的特徴量**というものを使う．これにより，形の中であるパターンが何回出てくるかを数

えることができる．本書の主題の一つは，こういった特徴量をどのように使って点群（空間内でのデータ点の集合）を調べるか，というものである．

読者に興味をもってもらうため，一例として相空間内でのロトカ－ヴォルテラ方程式の振る舞いを考えよう．この方程式は単純な捕食者－被食者モデルの人口動態を表しており，振動解をもち，これを相空間内で表すとループになる．このループを，正確にパラメータを決めて（つまり局所座標系を導入して）表現することはもちろんできる．しかし多くの場合，この解の最も顕著な特徴は，相空間内での形が円を滑らかに変形して得られるものだということである．より一般化して，さまざまな埋め込み方で円をユークリッド空間に射影して得られる一連の例を考えよう．こういったデータに顕著な特徴は何かと考えると，円が基になっているという点は欠かせないだろう．代数トポロジーの背後には，「こういった空間内での定性的パターンの存在を識別し，さらには特徴付けよう」という直感的なアイディアがある．ロトカ－ヴォルテラ方程式の例の場合，特徴的なパターンは，空っぽの領域を囲むような空間内のループがあることである．直感的に，相空間内でのループの数は一つ，つまり「本質的に」空間内にループは一つしかないとわかる．こういった特徴は，円環構造，つまり円盤から輪を一つくり抜き，その周りにループがぐるっと巻き付いている構造と共通のものである．しかし，このような観察結果を数学的に意味付けるのはそれほど簡単ではない．なぜなら，下の図のように，我々が本質的に同じだと考えるループは色々とあるからである．

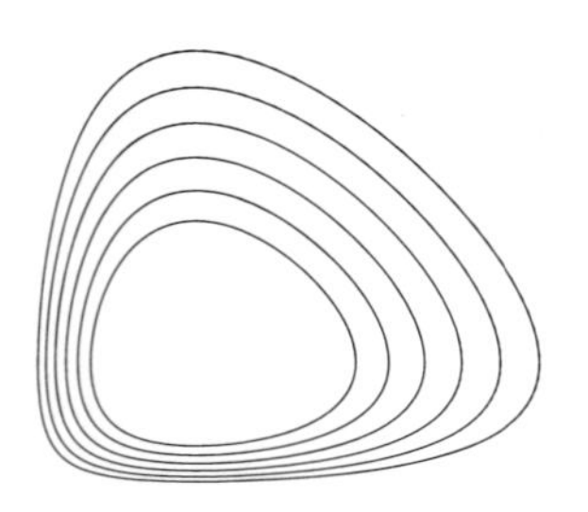

本質的にループは一つである，ということは先験的には定量化しにくい．なぜなら，同じように穴を1周するようなループは非可算無限個あるからである．この問題を解決し，本質的にただ一つだけループがあるということを定式化するには，同値関係を用いた抽象的な構成により，ループの数を数えるうまいやり方を決める必要がある．この考え方を用いれば，多くの異なるループを同値とみなすことにより，個々のループではなく，同値なループ全体の出現回数を数えることができる．

ここまで述べてきた抽象化の多くはこのステップのためにある．いったん抽象化のレベルを決めれば，ある種の幾何学的パターンの存在を検知できるようになる．もちろん，一般にはパターンという言葉はあいまいで，文脈に応じて色々な意味がある．幾何学の文脈では，パターンを鋳型の空間（たとえば円など）から他の空間の中への写像として定義する．本書の多くの部分で問題にするのは，上に述べた抽象的な構成を，行列の行や列の操作といった，より具体的な数学的構成にどうやって落とし込むかである．本書の目的は以下のようになる．

- 代数トポロジーで出てくる，パターン発見のための特徴量を導入する．同時に，行列を用いてこういった不変量を計算する方法を開発する．これらはさまざまな幾何学的問題，とくに点群や有限距離空間の解析で役に立つ．こういった行列アルゴリズムは，手計算で求めるトポロジーと計算機の世界の間を結ぶ架け橋への一歩となるだろう．また，ホモロジーの標準的な手法について紹介する．この手法では，任意の位相空間に非負整数のリスト（ベッチ数）を結び付ける．そして，これを点群を解析するためのツールとして応用する方法についても議論しよう．この応用は**パーシステントホモロジー**とよばれている．
- パーシステントホモロジーにより得られる，**パーシステンスバーコード**や**パーシステンス図**という量に関連する数学を紹介する．ベッチ数が整数であるのに対し，パーシステントホモロジーで得られるものは実軸上の区間の多重集合である．そのため，パーシステンスバーコードは連続的な構造と離散的な構造の二つの側面をもつ．多様な分野でこの手法を最大限に活用するため，この空間についてさまざまな角度から調べよう．こういった研究は，応用トポロジーでは最重要なものの一つである．
- さまざまな分野における，色々なトポロジーの応用例を述べる．

1.1 概　観

本書の目的は，幾何学的な対象の定性的な性質を調べるトポロジカルな手法を開発することである．とくに興味がある例は，実験データの集合やさまざまな幾何学的対象のスキャンイメージ，工学への応用で出てくる点の配列といった，現実世界で現れる対象である．**代数トポロジー**，中でもホモロジーとよばれる数学を使えば，穴やトンネル，空孔，連結領域，輪といった，はっきり定義されていない，日常的で直感的な多くの概念を厳密なものにできる．これまで数学者は，幾何学的対象が閉じた形で与えられ，手で計算できる場合に，このような厳密化を活用してきた．近年，こういった形式化を改良し，実世界から得られる幾何学的対象にも使えるようにしようという動きがある．つまり，こういった形式化は不完全な情報しかもたない幾何学的対象（たとえば，対象から得られた，おそらくはノイズを含んだ，有限だが巨大なサンプル）を扱えるべきだし，ホモロジーを自動的に計算する手法も必要だ，という考えである．標準的なトポロジーをこういう形で拡張したものを**計算トポロジー**とよび，これが本書の主題となる．

読者は，基本的な代数，群論，ベクトル空間には慣れ親しんでいるものとする．

序論であるこの章では，計算トポロジーの中心となるアイディアを素描し，技術的な詳細には踏み込まない．これ以降の章では，このアイディアを厳密化する技法を詳しく見るとともに，理論を実際に応用したいくつかの例を見ていく．

1.2 定性的な性質の実際の例

1.2.1 糖尿病のデータとクラスタリング

糖尿病は血中のグルコース値が上昇する代謝疾患である．症状としては，ひどい喉の乾きと頻尿が挙げられる．この疾患についてより正確に理解するには，さまざまな代謝変数がどのような値の組み合わせをとりうるかを知ることが重要である．こういった形で糖尿病を理解したいなら，当然幾何学的な見方が必要になる．1970年代にリーベンとミラーが行った研究はこの方向に沿ったものであった (Reaven & Miller, 1979).

この研究では，患者ごとに五つのパラメータ（四つの代謝変数と相対的な体重）が測定された．したがって，患者一人ひとりのデータは5次元空間内の一つの点で表現できる．Raeven & Miller (1979) では，射影追跡回帰という手法でデータを3次元空間に射影した．得られた結果は図1.1のようなものであった．

患者は健常者，化学的糖尿病，顕性糖尿病の3種類に分類されていた．この分類は患者の診察に基づいて医師が与えたものである．健常者は図の中心の丸い物体の中におり，化学的糖尿病と顕性糖尿病の患者はそれぞれ図の二つの「耳」の領域にいることがわかった．このデータに関しては，他にも Diaconis & Friedmann (1980) が面白い可視化手法を提案している．これらの視覚化により，二つの糖尿

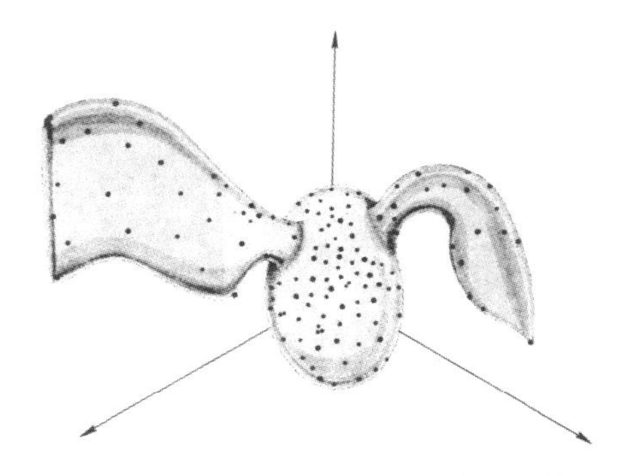

図 1.1 糖尿病患者の分布．図の内容については本文を参照．［Reaven & Miller (1979) より．© 1979 Springer-Nature］

病は実際に根本的に異なる病気であると推測される．実際，その後に糖尿病には「I 型糖尿病」「II 型糖尿病」の二つの型があることが医学的にわかった．I 型糖尿病の患者は大抵若年で発症し，生活習慣とおそらく無関係である．II 型糖尿病の発症はもっと遅く，生活習慣の影響がある．化学的糖尿病は大抵 II 型糖尿病で，後々顕性糖尿病に進行する可能性がある状態と考えられる．一方，化学的糖尿病を経ずに直接顕性糖尿病になることもある．

この例において，図の定性的特徴で重要なのは，中心の核から二つの独立した耳が生えている点である．このことを図から読み取るのは人間には容易いが，この定性的特徴を自動的に読み取らせたければ，これを数学的に定式化しないといけない．たとえば，2 次元や 3 次元への射影ではどうしてもデータの本質を描ききれないようなデータ集合があるかもしれない．そういった場合でも使えるように，いまのデータの特徴を数学的に表現するには以下のようにいえばよい．患者は 3 種類（健常者，化学的糖尿病，顕性糖尿病）いて，それぞれが 5 次元ユークリッド空間内の異なる領域 A, B, C に対応している．この研究結果からわかるのは，もし合併集合 $X = A \cup B \cup C$（これは全被験者に対応する）を考えたうえでそこから領域 A，つまり健常者にあたる領域を取り去ると，領域は重なりのない，実質排他的な二つの連結片に分かれるということである．この二つの領域を区別する方法を求めて，Symons (1981) では統計学で使われるクラスタリング手法を適用した．ここでは，疾患の本質についての定性的な問題として，糖尿病に分類される患者全体の空間はいくつの連結成分に分割されるのか，ということを考えている．対象の連結成分の数を数えるというのはトポロジーの問題である．

1.2.2 周期運動

空間内を動き回る対象を追うことを考えよう．情報は3次元の位置座標，つまり $(x(t), y(t), z(t))$ で与えられているとする．もしこの運動が周期運動，たとえば惑星の周りを回っているかどうかを知りたければ，単に位置座標が一定の周期で同じ値をとるかどうかを見ればよい．しかし，各点にいた時間がわからず，単に点の集合だけを与えられ，それを基に物体が周期的運動をしているかどうか知りたい場合はどうだろうか．その場合，点の集合が空間内で閉曲線を形づくるかどうかを見るのは良さそうである．もし物体が一つの惑星なり恒星なりの周りを回っているなら，ケプラーの法則によりそのような軌道は楕円になることがわかっているので，点のデータ集合に合わせて楕円を描ければ軌道を回っているかどうかがわかる．しかし，物体に複数の天体から重力が働いていたらどうだろうか．こうなると軌跡はよくわからない曲線になる．それでも，対象の位置が形づくる空間が閉曲線かどうかを知りたい．ただし，おそらくその曲線は馴染みのある方法で座標を与えることができないものである．この場合，我々が知りたい定性的な性質は，空間が閉曲線かどうかである．これを決定するための，必ずしも曲線にとくに座標を与える必要のない方法がほしい．いい換えると，この空間が，どんなタイプのものかはわからないにしても，閉曲線であるかを知りたい．

よりややこしい状況として，与えられているのが対象の位置ではなく，デジタルカメラから得られた一連の画像である，という場合がある．この場合，画像の集合は実際には非常に高次元の，たとえば p 次元の空間内にある．ここで，p は画像の画素数である．一つひとつの画像の各画素には明るさが値として与えられているから，各画像はベクトルとして表すことができ，それに画素の位置情報も付け加わる．したがって，もし続けざまにたくさん写真を撮れば，p 次元空間内の点の集合が得られるが，それらの点を含むある部分集合をとれば，それは対象の位置の集合，たとえば円とトポロジカルには等しくなるだろう．この場合，p 変数の方程式を使って円と同一であることは示せないが，これらの画像には円の定性的情報が込められていることになる．この例では，空間（いまの場合は円）に風変わりな座標を与えているが，こういったデータを解析するには，具体的にどんなループかをいわずに，空間が閉曲線かどうかを与える道具があると便利である．いい換えれば，座標によらない道具がとても有用である．

1.2.3　曲線と形状の認識

時折，実験から得られたデータでなくても，定性的で座標によらない道具が役立つような幾何学的対象が与えられることがある．手書き文字認識の問題を考えてみよう．手書きの文字や数字は同じ文字でもバラエティに飛んでいる．実例として，0 から 9 までの数字のさまざまな手書き文字を集めたデータベース（MNIST データベース，Bottouw et al. 1994）がある．同じ文字でも書き手が違えば形が少し違っているので，文字の形にはばらつきがあり，このばらつきのお陰で誰が書いたか特定できることがあるほどである．文字を書くときに文字を真正面から見ていなかったり，平らな場所で書いていなかったりすることもばらつきの原因かもしれない．しかし，このようなばらつきにもかかわらず，人間が文字を識別するためのたくさんの定性的な手がかりがある．たとえば，文字「A」と文字「B」を比べれば，「A」には閉じたループが一つあるのに対し「B」には二つあると気づくのは難しくない．したがって，ループの数はこれら二つを区別するには十分な基準であり，厳密かつ自動的にループの数を数える手法を開発することには潜在的な価値があるだろう．つぎに，今度は文字「U」と文字「V」を識別する問題を考えてみよう．この場合，どちらの文字もループはもたないが，「V」には「角」がある一方，「U」にはない．これもまた役に立つ定性的な手がかりである．最後に，「C」と「I」を識別することを考えると，どちらもループはもたないし角もないが，「C」は曲がっている弦があるのに「I」にはそれがないことに気づく．これもまた定式化すれば役に立つ．

こういった手がかりは，3 次元空間内にある 2 次元の対象を判別する**形状認識**にも役立つ．たとえば，球面とトーラス（ドーナツの 2 次元表面）を区別するには，球面上のすべてのループは一点に縮約できるに対し，トーラスには明らかに縮約できないループが二つあることを見ればよい．

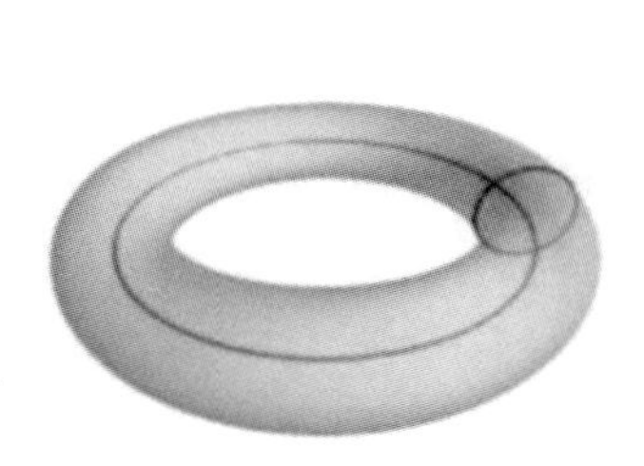

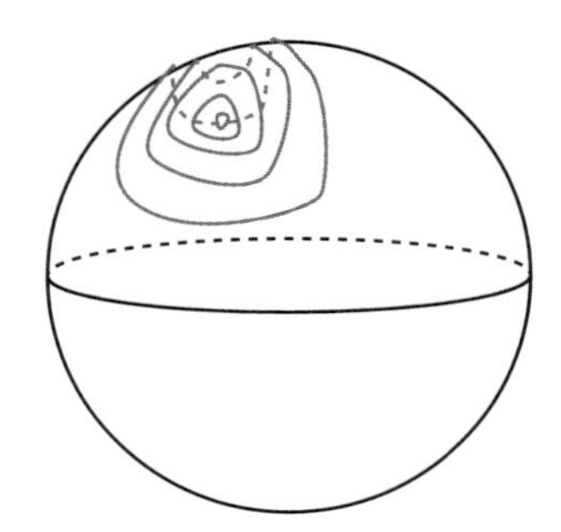

同様に，四面体と立方体を区別するには，立方体には 8 の頂点と 12 の辺があるのに対し，四面体には 4 の頂点と 6 の辺があることに気づけばよい．注意してほしいのは，どちらの基準も，問題の物体を滑らかに変形しても特徴量が変化しないという意味で，頑健であるということである．

後で見るように，「角」「曲がった弦」「頂点」「辺」というのはトポロジカルな量そのものではない．しかし，接線の情報を使って新しい空間をつくり，その空間内でこれらの量をトポロジカルなものとして捉える方法を後で紹介する．

第2章 データ

本章では，データサイエンスの技法が幅広い応用をもつことを示すために，さまざまな重要なデータのタイプについて，その性質と解析手法を考えよう．本書の目的は幾何学的構造をデータ解析に活用することなので，それぞれの場合において関係する幾何学的構造について述べよう．さらに，それぞれの場合に使える標準的な手法も紹介する．とくに，多くの場合においてデータ集合のもつ特徴量の構造を活用することが重要であることを見る．中でも，幾何学的構造はデータ点そのものだけでなく，特徴量にとってもしばしば重要である．以下で挙げる例は決して網羅的なものではなく，むしろどのような解析ができるかを示す良い例のみを示したものである．

2.1 データ行列とスプレッドシート

おそらく，最も一般的なデータ集合の表現は**整然データ**だろう．これは，実数が並べられたスプレッドシートである．各データ点はそれぞれスプレッドシートの1行に対応し，各列はそれぞれ一つの特徴量に対応する．もう少し数学的にいうと，データ集合は実数の行列として表され，行番号がデータ点の番号に，列番号が特徴量の番号に対応している．こうしてみると，線形代数はデータ集合の解析に役立つに違いないと思えるが，実際そのとおりである．

行列形式で与えられたデータを調べる際，重要な手法として**主成分分析** (principal component analysis, PCA) がある．詳しくは Hastie (2009) を参照してほしい．これは，内積空間の有限な（とはいえ，おそらくは巨大な）部分集合を使ってデータをモデル化する技法である．もちろん，データ行列が与えられれば，データは内積空間の有限部分集合，つまり行列の列数を N とすれば $V = \mathbb{R}^N$ の部分集合を用いて表せる．V の内積は通常の内積で，単位基底ベクトルは直交基底になっている．N が小さければ，PCA によりいくつかの有用な解析が可能となる．もし $N = 1, 2, 3$ なら，データを散布図で表すことができる．N が 3 より大きくても，比較的小さければ，PCA を用いてさまざまな解析を行い，知見を得ることができる．こういった例としては，文書コーパス[†1]のテキスト解析がある．この場合，データ集合の特徴量（辞書に出てくる各単語が一つの特徴量にあたる）は 100 万近いが，大抵，数百程度に削減できるし，さらに多くの特徴量は解釈が可能であったりする．まとめると，PCA は可視化と**次元削減**を可能にする．

$X = \{\vec{v}_1, \ldots, \vec{v}_M\} \subseteq V$ を N 次元内積空間 V の有限部分集合とする．ここで，平均ベクトルが $\hat{v} = \frac{1}{M} \cdot \sum_i \vec{v}_i = 0$ であると仮定しよう．そうでない場合は，X の代わりに $X_0 = \{\vec{v}_1 - \hat{v}, \vec{v}_2 - \hat{v}, \ldots, \vec{v}_M - \hat{v}\}$ を考え，X を X_0 から求めるには単に成分ごとに $\hat{v}$ を足してやるだけでよい．以下 $\hat{v} = 0$ としよう．内積空間 V の部分集合 $X \subseteq V$ が与えられたとき，X の**分散**は平均 $\frac{1}{|X|} \sum_{\vec{v} \in X} \vec{v} \cdot \vec{v}$ である．内積を用いれば，任意の部分空間 $W \subseteq V$ に対して，直和分解 $V = W \oplus W^{\perp}$ が存在する．したがって，X を W 上に射影すれば，W の部分集合 $X_W \subseteq W$ が得られる．つまり，W を一つ決めれば，それに対してデータ集合 X の低次元モデルが与えられる．モデルの次元 $n \leq N$ を固定しよう．問題は，最良の n 次元モデル W をどうやって決めるかということである．PCA ではここで，最も情報豊かな W を選ぶには最も X_W の分散が大きいものを選べばよい，という経験則を使う．このような解は，任意の $0 < n \leq N$ に対して，一つとは限らないが，必ず存在する．さらに，この最適化問題は効率的に解くことができて，次元ごとにモデルをつくることができる．この計算では行列 P の**特異値分解** (singular value decomposition, SVD) を利用する．これによると，任意の $M \times N$ 行列 P に対し，$M \times M$ 直交行列 U と $N \times N$ 直交行列 V で，行列 UPV^T が

$$\left[\begin{array}{c|c|c} \Lambda_r & 0 & 0 \\ \hline 0 & 0 & 0 \end{array}\right]$$

となるものが必ずある[†2]．ここで，Λ_r は $r \times r$ 対角行列

$$\begin{bmatrix} \lambda_1 & 0 & 0 & 0 \\ 0 & \lambda_2 & 0 & 0 \\ 0 & 0 & \ddots & 0 \\ 0 & 0 & \cdots & \lambda_r \end{bmatrix}$$

---

†1 ［訳注］文章を集めて構造化した大規模なデータベース．

†2 ［訳注］内積空間の V と記号がかぶるが，慣習に従ってこの記号を使うことにする．

で，$\lambda_1 \geq \lambda_2 \geq \cdots \lambda_r > 0$ を満たすものである．λ_i は P の**特異値**とよばれる．上に述べた，分解が一意に決まらないという話は，値の等しい特異値がある場合に出てくるものである．計算のうえでは，行列 U や V の固有空間の基底はそれぞれ PP^T と P^TP の固有空間の基底とみなせるので，SVD は固有値計算の手法を用いて実行できる．詳しい計算法は Yanai et al. (2011) を参照してほしい．

主成分分析は教師なしデータの分析手法の一つである．一方，教師ありデータの学習のほうが望ましい場合も多い．たとえば，独立な変数の集合を使ってアウトカム変数を推定するが，アウトカム変数と独立変数の両方に含まれるようなものはない場合である．標準的な**線形回帰**はこのような最適化を行う教師あり手法である．これらの手法は多くの応用数学および統計の問題で「主戦力」である．これらについては応用数学および統計学の分野で多くの研究がなされている．こういった手法で何ができるか知りたい読者は，たとえば Montgomery et al. (2006) を参照されたい．

これ以外の教師あり学習の手法としては，**サポートベクトルマシン**がある．この場合，入力はユークリッド内積空間 V 内の点集合 X で，X は二つのクラス X_{+1} と X_{-1} に分割されている．サポートベクトルマシンの目的は，新しいデータ点が与えられたときにその点がどちらの部分集合に属するかを予測する簡単な数学的手続き（線形分類器とよばれる）をつくることである．サポートベクトルマシンでは，V を超平面で分割して，超平面の一方には一つのクラスのデータが，反対側にはもう一つのクラスのデータが入るようにする．このアイディアを素描して見るために，まずは X_{+1} と X_{-1} が実際に**線形分離可能**，つまり X_{+1} と X_{-1} がすべて反対側に別れ，超平面上には X の点はまったくない，そんな超平面が存在するとしよう．そこで，二つの平行な超平面の組を (H_{+1}, H_{-1}) として，X_{+1} は H_{+1} から見て H_{-1} と反対方向に，X_{-1} は H_{-1} から見て H_{+1} と反対方向にあるものを考え，この条件を満たすすべての (H_{+1}, H_{-1}) の集まりとして集合 $\mathfrak{H}$ を定義する．このような平面の組それぞれから，以下のようにして分類器をつくることができる．H_{+1} と H_{-1} の「ちょうど真ん中」にある平面 H_0 を考え，これを方程式 $\varphi(\vec{v}) = \vec{w} \cdot \vec{v} - b = 0$ で表そう．すると，平行な平面 H_{+1} と H_{-1} はそれぞれ $\vec{w} \cdot \vec{v} - b_+ = 0$，$\vec{w} \cdot \vec{v} - b_- = 0$ と表せ，さらに必要なら方程式全体を -1 倍してやれば，$b_+ > b > b_-$ かつ $b_+ - b = b - b_-$ が成り立つ．すると，ベクトル $\vec{v}$ が (a) $\vec{w} \cdot \vec{v} - b > 0$ のときは X_+，(b) $\vec{w} \cdot \vec{v} - b < 0$ のときは X_- とすることで分類器をつくることができる．もちろん，このような分類器をつくれる超平面のペアはた

くさんある．しかし，平行な超平面の組 $(H_+, H_-) \in \mathfrak{H}$ に対しては超平面間の**距離**が定義されているので，この距離が最大であるような $(H_+, H_-) \in \mathfrak{H}$（これは唯一つに定まる）を使って分類器をつくることにする．新しいデータ点が与えられたときにそれがどのクラスに属するかを決めたい，という問題を解く線形分類器としては，これが最善だろう．

現実には必ずしも $X = X_{+1} \cup X_{-1}$ が線形分離とは限らない．そしてその場合，上のような構成はうまくいかない．しかし，いまの議論は線形分離できない場合の最適化問題の手がかりを与えてくれる．アイディアは，有限次元内積空間内の二つのクラスに別れた点集合と超平面に対して，**損失関数**を定義してやろう，というものである．まず，我々が最適化したいのはベクトル $\vec{w} \in V$ と実数 b のペア $(\vec{w}, b)$ であることを思い起こそう．この二つから超平面 $\vec{w} \cdot \vec{v} - b = 0$ が定まる．各データ点 $x_i \in X$ に対して，$y_i \in \pm 1$ を $x_i \in X_{+1}$ なら $y_i = 1$，$x_i \in X_{-1}$ なら $y_i = -1$ と定義しよう．そして，各データ点 x_i ごとに損失関数

$$\mathfrak{L} = (i, \vec{w}, b) = \max(0, 1 - y_i(\vec{w} \cdot x_i - b))$$

を計算する．この式を見ると，$\mathfrak{L} = 0$ となるのは $y_i = +1$ かつ $\vec{w} \cdot x_i - b \geq 1$ のとき，あるいは $y_i = -1$ かつ $\vec{w} \cdot x_i - b \leq -1$ のときとなっている．つまり，損失関数は $x_i \in X_{+1}$ が分類器 $\vec{w} \cdot x_i - 1 \geq 0$ で正しく分類されているとき，および同様に X_{-1} 内の点が正しく分類されているときに 0 になる．どちらの分類器でも分類されない点は二つの超平面 $\vec{w} \cdot \vec{v} - b = 1$ と $\vec{w} \cdot \vec{v} - b = -1$ の間にあり，これらの点では損失関数は正の値になるが，その大きさは各点が二つの超平面にどれだけ近いかによる．全体としての**ハードな**[†]**損失関数**は，和

$$\sum_{i=1}^{N} \mathfrak{L}(i, \vec{w}, b)$$

で与えられるので，この値の最小化を目指す．X_{+1} と X_{-1} が線形分離可能なら，上で見た線形分離可能な場合の解析を見てすぐわかるように，この値を 0 にできる．そこで線形分離不可能な場合にもこの損失関数を使おうと単純に考えてもよいが，実はパラメータ λ を導入して以下の変形した損失関数を考えるのが便利である．

$$\frac{1}{N}\left[\sum_{i=1}^{N} \mathfrak{L}(i, \vec{w}, b)\right] + \lambda||\vec{w}||$$

† ［訳注］ここでは「厳格な」という意味．

このようにする目的は，大きすぎる $||\vec{w}||$ にはペナルティを課したいからである．その理由は以下のようなものである．一つの超平面を $\vec{w}\cdot\vec{v}-b=0$ という方程式で表す方法はたくさんある．なぜなら，方程式に 0 でない実数 C を掛けても同じ平面を表す式が得られるからである．しかし，C を掛けると，超平面の対 $\vec{w}\cdot\vec{v}-b=\pm 1$ は変わる．$C\to\infty$ となるに従って，これらの平面はどんどん接近する．極限をとると，超平面間の「帯」は縮んで二つの超平面は一つになってしまう．そうすると，ハードな損失関数は正しく分類されなかった点の数を調べているに過ぎなくなる．これは一般には厳格すぎる条件である．データ点の位置を少し変えたときには損失関数もあまり大きく変わってほしくない．λ を導入すれば，分類器を調整して，わずかなデータの変更に対して頑健なモデルをつくることができる．

この手法は，データ集合を三つ以上のクラスに分類する問題にも拡張できる．さらに，非線形な場合にも拡張できる．よく使われる方法としては，非線形な写像を用いて問題をより高次元の内積空間に埋め込み，その中で線形分類を行うというものがある．より詳しい内容については Vapnik (1998) を参照してほしい．

線形代数を用いて分類を行う手法としては，他に**ロジスティック回帰**もある．一番単純な場合では，この手法を使うのに必要なデータ集合は，独立変数とよばれる連続変数の組と，$\{0,1\}$ に値をとる一つの目的変数からなる．この手法の目標は，独立変数が与えられたときに目的変数が 1 になる確率を推定する手続きをつくることである．そして，この確率は $\sigma(\sum_i c_i x_i + b)$ という式で与えられると仮定する．ここで，x_i は独立変数，c_i と b は推定すべきパラメータであり，σ はロジスティック関数とよばれ，実数 t に対して以下の式で与えられる．

$$\sigma(t)=\frac{1}{1+e^{-t}}$$

モデルをフィットさせるためには，最適化するための評価指標を決めなければならない．標準的に評価指標として使われるのは，**最大尤度関数**である．いまデータ点 $\{\vec{x}_1,\ldots,\vec{x}_N\}$ が与られており，各 $\vec{x}_i$ に対する目的変数が $y_i\in\{0,1\}$ であったとする．係数ベクトル $\vec{c}$ と b を決めてモデルを決めたとき，データ点 $\vec{x}_i$ で目的変数が 1 になる尤度は $h_{\vec{c},b}(\vec{x}_i)=\sigma(\vec{c}\cdot\vec{x}_i+b)$，0 になる尤度は $1-h_{\vec{c},b}(\vec{x}_i)$ となる．したがって，すべての i で目的変数が正しい値になる尤度は，

$$\prod_{i|y_i=0}(1-h_{\vec{c},b}(\vec{x}_i))\prod_{i|y_i=1}h_{\vec{c},b}(\vec{x}_i)$$

あるいは同じことであるが，

$$\prod_i (1 - h_{\vec{c},b}(\vec{x}_i))^{(1-y_i)} h_{\vec{c},b}(\vec{x}_i)^{y_i}$$

となる．この関数を勾配降下法[†]を用いて最大にする．ロジスティック回帰も，三つ以上のクラスへの分類問題に拡張できる．この手法については，Hastie et al. (2009) に良い解説がある．

2.2 非類似度行列と距離

$\mathbb{R}^2$ や $\mathbb{R}^3$ での距離の概念を $\mathbb{R}^n$ に拡張する方法として，単純に

$$d(\vec{v}, \vec{w}) = \sqrt{(\vec{v} - \vec{w}) \cdot (\vec{v} - \vec{w})}$$

とする方法がある．これを使うと，データ点の集合 $S = \{\vec{v}_1, \ldots, \vec{v}_N\}$ が与えられたとき，対称行列である距離行列 $\mathfrak{D}(S)$ を

$$\begin{bmatrix} d(\vec{v}_1, \vec{v}_1) & \cdots & d(\vec{v}_1, \vec{v}_N) \\ \vdots & & \vdots \\ d(\vec{v}_N, \vec{v}_1) & \cdots & d(\vec{v}_N, \vec{v}_N) \end{bmatrix}$$

としてつくることができる．

この行列は**非類似度行列**とみなすことができる．なぜなら，距離が離れているということは似ていないということを，距離が近いということは似ているということを示していると考えられるからである．

定義 2.1 非類似度行列とは，対角成分が 0 である非負対称行列である．非類似度行列を有限集合 X の構造として考えることも役に立つ．非類似度行列を関数 $\mathfrak{D} : X \times X \to [0, +\infty)$ で表そう．ただし，この関数は (a) 対角成分では 0 であり，(b) 対称性 $\mathfrak{D}(x, x') = \mathfrak{D}(x', x)$ を満たすものとする．集合 X と，$X \times X$ 上の関数で上の条件 (a) と (b) を満たす $\mathfrak{D}$ の組 $(X, \mathfrak{D})$ のことを，**非類似度空間**とよぶ．非類似度行列がさらに，(a) 非対角成分はすべて 0 でなく，(b) 三角不等式

$$\mathfrak{D}_{ik} \leq \mathfrak{D}_{ij} + \mathfrak{D}_{jk}$$

---

† ［訳注］微分を用いて，関数を最小にするパラメータを求める数値計算法．

を満たすとき，非類似度行列は**距離型**であるという．そして，X を行列 $\mathfrak{D}$ の列の集合としたとき，非類似度行列に対応する $X \times X$ 上の関数を**距離**とよび，X と関数 $\mathfrak{D}$ の組を**距離空間**とよぶ．

調べたいデータがユークリッド空間に埋め込まれていなくても，非類似度行列を構成できる場合がある．いくつかの例を示そう．

1. さまざまなカテゴリーデータに対して，抽象的な距離がいくつかある．たとえば，ハミング距離（2.3 節を参照）がユークリッド空間の部分集合から構成されるものではないのは明らかである．
2. ユークリッド空間に埋め込まれたリーマン多様体 M 上からサンプリングした点があるとき，非類似度としてユークリッド距離よりは M 上の測地距離を使うほうがよいかもしれない．$\mathbb{R}^n$ に埋め込まれたデータの場合，近くにある点をつなげることでグラフ構造をつくり，このグラフを基に距離をつくる方法がいくつかある．ISOMAP アルゴリズムが有用なのは，この特徴によるところが大きい (Tannenbaum et al. 2000).
3. 人間が直感的ではあるが定量的に決めた類似度があり，これを幾何学的に解析するのが望ましい場合がある．たとえば，Sneath & Socal (1973) には生物学での例が多数載っている．

したがって，ベクトル表現を使わずとも直接非類似度を取り扱える手法やアルゴリズムがあると便利である．

このようなアルゴリズムとして，まずは**多次元尺度構成法** (multidimensional scaling, MDS) をとり上げよう (Borg & Groenen 1997)．点の集合 $S = \{x_1, \ldots, x_n\}$ に対する $n \times n$ の非類似度行列があるとする．MDS では S を d 次元ユークリッド空間 $\mathbb{E}^d$ の中に，損失関数

$$\sum_{i<j} (||\tilde{x}_i - \tilde{x}_j|| - d(x_i, x_j))^2$$

が最小になるように埋め込む．ここで，$\tilde{x}_i$ は $x_i \in S$ に対応する $\mathbb{E}^d$ 中のベクトルである．いい換えると，MDS では，ユークリッド空間に埋め込まれた点の間の距離が，非類似度行列の最も良い近似になっている．状況によっては別の損失関数を使うこともできるが，この損失関数の魅力的なところは，データがユークリッド空間にあるとき，非類似度のズレの最小値を予測できるところである．これは以下の

解析でわかる．$\mathfrak{D}$ を，ユークリッド空間の距離 $d_{ij} = ||\tilde{x}_i - \tilde{x}_j||$ による行列とする．行列 K を

$$K = -\frac{1}{2}H\mathfrak{D}H$$

で定義する．ここで，$H = I - \frac{1}{N}\mathbf{1}\mathbf{1}^T$ であり，$\mathbf{1}$ はすべての成分が1のベクトルである．$\mathfrak{D}$ がユークリッド間内の距離行列であるとき，K は半正定値行列であるので，非類似度 $\mathfrak{D}$ の最も良い近似は $\Lambda^{1/2}Z^T$ と表せる．ここで，Λ は対角成分に上位 k 個の固有値が並んだ対角行列，Z は対応する K の固有ベクトルを並べたものである．さらにいえば，この結果はユークリッド空間内のデータに PCA を行ったものに等しい．したがって，埋め込むユークリッド空間の次元を決めてやれば，MDS を次元削減の手法として使うことができる．しかし，MDS の良いところは，非類似度行列が必ずしも距離関数から定義されたものである必要がなく，対称な非類似度行列であれば使えるということである (Borg & Groenen 1997)．明らかに MDS は教師なしデータ解析手法であり，上の議論からわかるように PCA の一般化となっている．

教師なしデータ解析手法として，他に**クラスター分析**というものもある．この場合，アウトプットはユークリッド空間への埋め込みではなくデータの分割である．クラスター分析の手法は非常に多岐にわたるので，それらを網羅的に見るのはやめ，いくつか簡単な例を見てみよう．より詳しい話は Everitt et al. (2011) を参照されたい．

ここで**クラスタリングアルゴリズム**というのは，非類似度空間 $(X, \mathfrak{D})$ が入力されたとき，データの X の分割を与えるアルゴリズムのことを指す．分割されたブロックのことを**クラスター**とよぶ．以下に例を示そう．

▶例 2.2 ——　非類似度空間 $(X, \mathfrak{D})$ における**スケールパラメータ r による最短距離法クラスタリング**では，二つの点 x と x' が同じクラスターに入るかどうかを以下のように決める．もし X 内の要素の列 $x_0, x_1, \ldots, x_n$ で (a) $x_0 = x$，(b) $x_n = x'$ かつ (c) すべての i に対して $\mathfrak{D}(x_i, x_{i+1}) \leq r$ となるものがあれば，x と x' は同一のクラスターに属する．もしそうでなければ，異なるクラスターに属する．すぐにわかるように，この方法を使えば X の分割が得られる．この手法は考え方としては非常に単純だが，r を指定する必要があり，これをうまく決めることができない場合がある．後でこの点について軽く触れる．◀

▶**例 2.3** ―― ***K*-平均クラスタリング**はユークリッド空間内の部分集合に対して使われる手法で，あらかじめクラスターの数 K を指定しておく必要がある．この手法では，以下で定義する目的関数 F を最適化することでクラスタリングを行う．K 個のクラスター S_i が与えられたとき，μ_i を S_i 内のベクトルの平均とする．このとき，$F(\{S_i\}_i)$ は和

$$\sum_{i=1}^{K} \sum_{\nu \in S_i} ||\nu - \mu_i||^2$$

で与えられる． ◀

▶**例 2.4** ―― 最短距離クラスタリングはスケール変数 r の値で結果が変わる．この閾値 r をうまく決めるのは難しい．統計学者は，効率的に計算できて，すべての r の値に対してクラスタリングの情報を与えてくれる数学的構造があることを見つけた．これは**樹形図**とよばれるもので，一例を図 2.1 に示す．

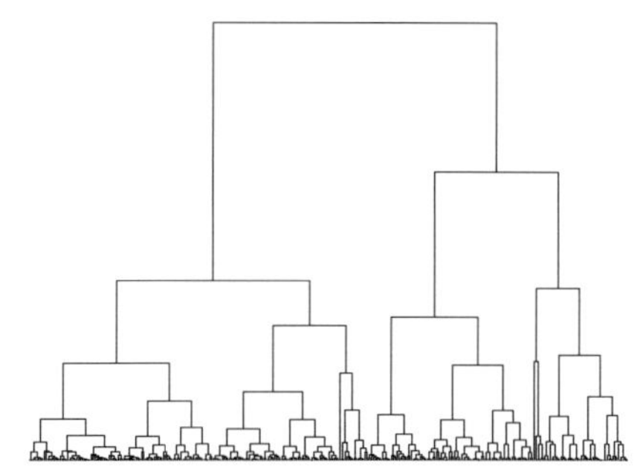

図 2.1 階層型クラスタリングの樹形図．図はパーマーペンギンのデータセットを群平均法でクラスタリングした結果を示す (Horst et al. 2020).

樹形図の正確な定義は 4.1 節で与えるが，特徴として，図 2.1 のように樹形図が与えられたとき，高さ r で水平に切って断面を見ると，水平線と樹形図の交点の集まりが閾値 r でクラスタリングを行ったときの結果に一対一で対応している．さらには，r を大きくするに従ってどのようにクラスターが結合するかもわかる．このような構成手法を**最短距離階層型クラスタリング**という． ◀

▶**例 2.5** ―― 最短距離階層型クラスタリングについては別の解釈もできる．クラスターの結合を繰り返すことで樹形図が出来上がる，と考えよう．二つのクラスターが結合すると，二つのクラスターの和集合からなる新しいクラスターが出来上

がる．非類似度空間 $(X, \mathfrak{D})$ に対して，まず2点間の距離が $\mathfrak{D}$ の最小の正の値になる2点を取り出し，これを結合する．この時点で X のクラスタリングが一つ出来る．ここで，すべてのクラスターは X の部分集合なので，クラスターの各ペア (ξ, ξ') に対して

$$\mathfrak{L}(\xi, \xi') = \min_{x \in \xi, x' \in \xi'} \mathfrak{D}(x, x')$$

を求めることができる．そこでつぎに，$\mathfrak{L}$ の正の最小値を与えるクラスターのペアをすべて結合する．この手続きを繰り返すことで，解像度が異なるさまざまなクラスタリングを得ることができる．各ステージでの $\mathfrak{L}$ を調べれば，このようにして得られるクラスタリングが最短距離階層型クラスタリングとなっていることがわかる．このやり方は，$\mathfrak{L}$ を他の関数に変えて一般化することができるので便利である．たとえば，すべての $x \in \xi$ と $x' \in \xi'$ の組み合わせについて（ただし $\xi \neq \xi'$ とする）距離 $\{\mathfrak{D}(x, x')\}$ を求め，その平均を $\mathfrak{L}^{\text{ave}}(\xi, \xi')$ として $\mathfrak{L}$ の代わりに用いることができる．あるいは，相異なるクラスター ξ, ξ' に対しすべての $x \in \xi$ と $x' \in \xi'$ のペアについての $\mathfrak{D}(x, x')$ を求め，その最大値を $\mathfrak{L}^{\max}(\xi, \xi')$ と定義して $\mathfrak{L}$ の代わりに使うこともできる．$\mathfrak{L}$ を変えると階層型クラスタリングの方式も変わり，$\mathfrak{L}, \mathfrak{L}^{\text{ave}}, \mathfrak{L}^{\max}$ に対応するものはそれぞれ**最短距離法**，**平均距離法**，**最長距離法**とよばれる．多くの場合，平均距離法や最長距離法は，最短距離法のもつ**連鎖**という問題を避けられるので有用である．連鎖とは，一つの巨大なクラスターに非常に小さなクラスターが次々と結合していくようなクラスターの列が生じることをいい，最短距離法でよく見られる．この問題については，Everitt et al. (2011) を参照してほしい． ◀

クラスター分析は，データ科学の分野では非常に深く研究されている分野である．包括的な取り扱いについてはEveritt et al. (2011) を参照されたい．

2.3 カテゴリカルデータと文字列

多くのデータは数値の行列ではないし，自然な非類似度がないこともある．こういったものを行列や非類似度といった形に押し込める方法があると大変ありがたい．簡単な例を考えよう．ある店の「買い物かご」を調べたデータセットがあるとしよう．このかごの集合について何らかの形で理解したい．データ集合の各入力は店に置いてある商品のリストで，同じ商品をいくつも買う場合があるからおそらく

重複があるが，どういう順番でレジを通ったかは重要でないから入力内の商品の並び方は意味がない．このようなデータは商品の識別子のリストとして記述できるだろう．この識別子は数字だったり英数字だったりするかもしれないが，数字の大きさはデータを区別する以上の意味をもたない．この場合，そのままでは 2.1 節や 2.2 節で説明した方法は使えない．なぜなら，ベクトルという形でも非類似度という形でも，数値行列による表現ができていないからである．おまけに，データは，かご内での商品の並びという余計な情報まで付け足された形で与えられている．これらの問題をまとめて解決するために，**one-hot 表現**を導入しよう．S を有限集合，X を S の部分集合を要素とするデータ集合とする．ベクトル空間 $\mathbb{R}^{\#(S)}$ を以下のように構成する．標準基底を $\{e_s\}_{s\in S}$ とし，各部分集合 $S_0 \subset S$ に対してベクトル $v_0 = \sum_s c_s e_s$ を対応させる．ここで c_s は，$s \in S_0$ なら $c_s = 1$，$s \notin S_0$ なら $c_s = 0$ とする．こうして各部分集合にベクトルを対応させれば，データの行列が得られ，いままで述べてきた行列向けの手法が使えることになる．S の部分集合の集まりは，部分集合間の距離が対称差分を使って定義できるので，非類似度空間とみなせる．この構成法は．各要素が 2 回以上現れることが許される多重集合（Hein 2003 を参照）の場合にも単純に拡張できる．

別の例として，会社が自社の訪問販売員について調べる場合を考えよう．販売員たちのデータは販売員の離散集合に値をとる rep と，会社製品の離散集合に値をとる productid のペア (rep, productid) で表される．各データ点は一人の販売員による一つの取引を表している．会社としては，販売員の成績について知りたいだろう．与えられたリストから直接販売員について知るのは難しい．なぜなら，各データ点は一度の取引しか示していないからである．我々としては，データ点の一つひとつが一人の販売員に対応し，その販売員が売った製品の集合について教えてくれる，そんなデータ集合がほしい．このようなデータ集合は**ピボットテーブル**を使うことでつくることができる．

この場合，各販売員に対して，製品の多重集合が与えられている．i 番目の販売員に，製品の集合 S_i が紐付けられているとしよう．販売員売上についての**ピボットテーブル変換**を行うには，まず

$$(\mathrm{rep}, p)$$

という形の取引データから始める．ここで，p は製品である．同じ rep の値をもつデータ点はたくさんあるが，取引 1 回につき一つだけ rep が決まる．ピボットテー

ブル変換では，取引データの集合と

$$(\mathrm{rep}, \{p_1, p_2, \ldots, p_n\})$$

という形のデータの集合を紐付ける．ただしここで，各 rep の値は 1 度しか現れず，波括弧で囲まれた第 2 の変数は一つの製品ではなく複数の製品からなる多重集合である．これは，販売員 rep がこれまでに売ったすべての商品の多重集合を示す．これを行列を使って表現するには，one-hot 表現を使って，$(\mathrm{rep}, \nu_{\mathrm{rep}})$ を要素とするデータ集合をつくる．これは，販売員の人数を m，製品の全種類数を n とすると，$m \times n$ 行列と対応している．この変形は非常に有用で，いくつかの要素が離散集合の元ではなく，実際に数値であるときにも使える．たとえば，取引のデータ集合が取引時の商品価格 x を用いて (rep, x) のペアで表される場合を考えてみよう．この場合，販売員売上についてピボットテーブル変換を行うと，

$$(\mathrm{rep}, \{x_1, \ldots, x_n\})$$

というペアができる．ここで，$\{x_1, \ldots, x_n\}$ は販売員 rep が関わった取引のすべての金額の集合である．あるいは，rep が関わった取引の総額に興味があるかもしれない．その場合は，別のベクトル化として，集合 $\{x_1, \ldots, x_n\}$ を和 $x_1 + \cdots + x_n$ に置き換えることもできる．販売員が行った取引の平均金額が知りたければ，代わりに x_i の平均を使えばよい．同様に，x_i の最大値や最小値を考えることもできる．

一般にピボットテーブル変換は二つの段階に分けて定義される．データ集合 X が変数 x_s から出来ているとしよう．ここで，s はある有限集合 S の要素 $s \in S$ である．s は異なる型の変数に対応していてもよいとする．たとえば，あるものは有限集合の要素，あるものは実数，あるものは正の整数，さらには有限集合の部分集合，といった具合である．さらに，S は二つの集合 S_0 と S_1 の直和であるとしよう．S_i-ベクトルは変数 s の型をもつ量 x_s の組 $\{x_s\}_{s \in S_i}$ とする．ここで，$i = 0, 1$ に対し $\pi_i(x)$ が S_i-ベクトルとなるように，写像 $\pi_0(x)$ と $\pi_1(x)$ をすべての $x \in X$ に対して定義する．ピボットテーブル変換の第 1 段階は，集合 X に対して S_0-ベクトル ξ と S_1-ベクトルの集合 $\hat{S}$ の組 $(\xi, \hat{S})$ の集合 $\mathfrak{B}(X)$ を結び付ける†．ここで，x を X 内のさまざまな値にとると，それに応じて $\pi_0(x)$ もさまざまな値をとるが，$\pi_0(x)$ を決めたときに集合 $\mathfrak{B}(X)$ の要素はただ一つに決まるようにする．また，ξ が与えられたとき，多重集合 $\hat{S}$ は $\pi_0(x) = \xi$ となるすべての $x \in X$ につい

† ［訳注］原文では S となっているが，紛らわしいため表現を $\hat{S}$ に改めた．

て $\pi_1(x)$ を求めて得られるすべての S_1-ベクトルからなるものとする．第 2 段階は**ベクトル化**で，S_1-ベクトルの集合に対してベクトルを割り当てる．上に述べた one-hot 表現や，実数の集合についての和，平均，最大，最小を求めるというのはベクトル化の例だが，他にもさまざまな方法が考えられる．

上の例では，データの集まりがあるが，どのように要素が並んでいるかに関心がない場合を考えた．しかし，順番に興味がある場合も多い．重要な例はゲノム科学で見られるもので，そこではアミノ酸を表す 20 種類のアルファベットといった文字列を考える．この場合，簡単なベクトル化手法がある．要素数 M のアルファベット集合 A の要素からなる，長さ N の文字列を考えよう[†]．one-hot 表現を用いれば，A の各要素 a に対し，長さ M のベクトル $h(a)$ を割り当てられる．さらに，文字列 $(a_1, \ldots, a_N)$ にベクトル $(h(a_1), \ldots, h(a_N))$ を対応させれば，これは長さ MN のベクトルとなる．このベクトル化手法は簡単だが，いまの場合は直接，非類似度を計算するほうが便利である．アルファベット集合 A の要素からなる長さ N の二つの文字列 σ と σ' に対して，**ハミング距離**を $\sigma_i \neq \sigma'_i$ となる要素 $i \in \{1, \ldots, N\}$ の総数として定義する．これは明らかに非類似度の条件を満たし，実際には距離にもなっている．この非類似度やその変形はさまざまな場合，とくにゲノム科学において有用である．包括的な取り扱いについては Gusfield (1997) を見られたい．

2.4 テキスト

自然言語処理の世界にはとても興味深いデータ型がある．それは**文書コーパス**のデータ型である．一つひとつの文書は単語の並びであるが，その長さはさまざまである．たとえば，文章に込められた感情を分析したり，収集した新聞記事からトレンドを調べたりする際には，文書コーパスは有用である．一般的な設定では，コーパスは文書の集まりであり，文書は単語の並びで，その中には句読点も入っているだろう．文書は（単語の順序の情報を無視すれば）単語の集合とみなせるから，一つの単語を一つの標準基底ベクトルに対応させるといった方法で，one-hot 表現を直接使うことができる．この方法は実質的に，辞書に載っているすべての単語に対して文書中に出てくる回数を数え，その回数のリストを各文書に紐付けていることになる．確かにこの方法でベクトル化は可能だが，“the” のような非常によく使われる単語

† ［訳注］原文では要素数は a となっているが，紛らわしいため表現を M に改めた．

が他の意味ある単語より圧倒的に多いことを考えると，満足いくものとはいえない．この問題を解決するのが **tf–idf** (term-frequency–inverse-document-frequency，単語頻度 - 逆文書頻度) という手法である．

D を文書 d の集まりとして，つまり**コーパス**として考えよう．tf–idf 法では，各単語と文書のペア (w, d) に対して単語 w が文書 d で出てくる回数を求め，これを w の d における**単語頻度** (term frequency) $\mathrm{tf}(w, d)$ で表す．頻出単語の問題に対処するため，この回数に重みを付けよう．そこで，w を含む D 内の文書の数を使うことを考える．一番標準的な重みの付け方は**逆文書頻度** (inverse document frequency) によるもので，以下の式で定義される†.

$$\mathrm{idf}(w, D) = \log \frac{\mathfrak{D}}{|\{w \in d \text{ を満たす } d \in D\}|}$$

ここで，$\mathfrak{D}$ はコーパス内の文書の総数である．各文書 d にベクトル $\{\mathrm{tf}(w, d) \times \mathrm{idf}(w, D)\}_w$ を割り当てれば，$\mathfrak{D}$ 行 W 列のデータ行列が得られる．ここで，W は辞書中の単語の数である．このベクトル化を使うと，すべての文書に出てくる単語は必ず値が 0 になることに注意しよう．そのため，データ行列でこの単語に対応する列は無視できる．tf–idf 法は多くの例でうまくいく．実際，この行列に主成分分析を適用して，多くの面白い結果が得られている．しかしながら，tf–idf 法は文書を単なる単語の多重集合として扱っているので，文章がもつ構造を活用しきっているとはいえない．たとえば，単語の順序の構造を生かす方法としては，**k-grams**，つまり k 個の単語の並びを使うこともできるだろう．

他にも，自然言語処理の方針としては，**単語埋め込み**を使うという方法もある．単語埋め込みでは，内積空間を考えて，そこに辞書内の単語 w を埋め込む．標準的なやり方の一つは，上に述べた one-hot 表現を使ったものである．この場合ベクトル空間 V は $\mathbb{R}^W$ となり，v_w はベクトル空間 $\mathbb{R}^W$ の標準基底 e_w となる．単語埋め込みのポイントは，単語を W よりずっと低い次元のベクトル空間に埋め込んで，ベクトル間の距離が単語の相関を何らかの意味で反映するようにすることである．こういった単語埋め込みと idf による重み付けを組み合わせることもできる．埋め込みの方法のうち標準的なものとしては，PCA を使ってトップ数百変数を選ぶというものがある．他にも人気のある手法としては word2vec や Glove といっ

† ［訳注］原文では右辺の分子は N であるが，どこにも定義されていないので，通常よく使われる，以下に出てくるコーパス内の文書の総数 $\mathfrak{D}$ とした．

たものがある．自然言語処理の参考文献としては，Manning & Schütze (1999) と Eisenstein (2018) などが有用だろう．

2.5 グラフデータ

(a) データがグラフ構造をもっている，あるいは (b) データ集合の要素がグラフである，といった場合は多い．一言でグラフといってもいくつかの種類がある．辺に向きがあるものもあれば，ないものもある．辺や頂点に重みやラベルが付いているかもしれない．どんなものが考えられるか，いくつか例を示そう．

1. インターネットは上の (a) 型のデータ集合 W の一例で，グラフには向きがあり，ウェブページが頂点，ハイパーリンクが辺になっている．ウェブページの集合はデータ集合と考えられるが，W のグラフ構造を使って特徴量をつくることができる．たとえば，**ページランク**や hubs and authorities[†]（Easley & Kleinberg 2011 を参照）を用いて頂点の特徴量を数値化できる．他にも，グラフ理論上の性質を使って簡単な特徴量をつくることもできる．たとえば，全次数，入次数，出次数といったものである．さらには，半径 k の隣接ネットワークをつくればそのグラフを特徴量として扱えるし，他の局所的な性質を用いてグラフをつくり，それを特徴量とすることもできる．この考え方では，W を (b) 型のデータとみなしているともいえる．また，ウェブページやハイパーリンクをたどった数を基に，辺と頂点に重み付けを与えることもできるだろう．
2. あらゆる分子は，原子を頂点とし化学結合を辺とする向きのないネットワークとみなせる．さらに，原子量や原子番号，元素名などの重みやラベルを頂点に付けることもできる．したがって，分子のデータベースは (b) 型のデータの例である．もちろん，原子の数や結合に関するさまざまな集計量といった簡単な量も特徴量として使えるが，データに含まれるすべての情報を反映したものではない．標準的な特徴量群として **SMILES** とよばれるものがある (Weinberg 1988 を参照)．後に 6.2 節で，トポロジカルデータ解析を使って新たに有用な特徴量を体系的につくる方法について議論しよう．
3. 結晶は，規則的に並んだ原子や分子の集合体である．結晶の理論は物理学，

† ［訳注］日本では HITS（Hyperlink-Induced Topic Search）とよばれることが多い．

化学，そして数学の分野でよく研究されてきている．高い規則性のおかげで，複雑な対称群の理論を用いた洗練された理論をつくることが可能である．しかし，興味ある物質の中には**非晶質**（アモルファス）のものも多い．こういった物質では，原子は完全に規則的に並んでいるわけではないが，何らかの幾何学的な構造をもっている．こういった構造の研究にはさまざま手法が使われてきた．非晶質固体の情報は，頂点を原子や分子とし，辺を化学的，あるいは物理的性質に基づいて定義すれば，グラフで表すことができる．実際には，原子間の結合を見つけて，それを辺とすることが多い．あるいは，原子間距離に閾値を決めて辺を定義することもある．6.10 節では，こういった手法を使ってさまざまな非晶質固体のクラスについて特徴量をつくることができ，そしてそれが化学的，物理的な情報をもっていることを示そう．

4. ゲノム科学で非常に重要な概念として，**系統樹**がある．これは，さまざまな生物種における進化のパターンを記述するもので，とくにウイルスの研究においては非常に価値がある．**木のモジュライ空間**は有用な概念であり，Rabadan & Blumberg (2019) で詳しく調べられている．

2.6 画　像

画像データは，いままで挙げてきたものとは異なる面白いデータ型である．通常，画像データは画素が長方形に並んだものとして与えられ，各画素にはグレースケールでの値が与えられている．あるいは，色を表現する方法を一つ決めて，色ごとの濃さの値の集合になっている場合もある．つまり，画素を $M \times N$ の長方形に並べてできる画像の集合は，列の数が MN である行列になる．ここで，この行列には一種の幾何学的構造が入っていることに注意しよう．つまり，各画素が四つの隣接画素とつながっている格子グラフとみなすこともできるし，平面の部分集合として画素の間の距離関数があるとみなすこともできる．したがって，行列があるだけではなくて，どの頂点がどの頂点と近いといった情報がある．さらには，格子構造のおかげで画像を平行移動することもできる．画像を処理する際には，以下に示すようにさまざまな形で格子構造を利用する．

1. 画像を**平滑化**するのはしばしば有用である．これは，点 p における画素の値を，p からの距離の逆数に応じて重み付けした他の画素での値の和で置き換えることで実現できる．

2. **畳み込みニューラルネットワーク** (convolutional neural networks, CNN) (Aggarwal 2018 を参照）は画像データ集合をコンピュータで扱う手法の一つである．CNN では，格子構造を利用して比較的疎なニューラルネットワークを構成する．このネットワークはさまざまな画像処理，とくに分類について非常に高い性能を示す．
3. CNN では，平行移動の性質も利用している．これにより，画像の左下隅にいる物体も右上隅にいる物体も同様に認識できることが保証された物体認識法が得られる．
4. 格子構造は特徴量をつくるのにも役立つ．たとえば，いわゆる**ガボールフィルタ**はその例である（Feichtinger & Storhmer 1998 を参照）．

2.7　時系列

時系列データは，一連の何かの観測結果からなるデータであり，とくによくあるのは一定の時間間隔でとられたものである．観測結果が実数で与えられることが一番多いが，値がベクトルの場合もやはり関心が高い．他のデータ型をとることもありうる．たとえば，定期的に発行される文書といったものが一例である．画像が特徴量を長方形に並べたものであったのと同様に，時系列データは変数を 1 次元の直線上に並べることができる．

時系列データのモデリングについては膨大な文献がある（たとえば Kirchgässner & Wolters 2007 や Kantz & Schreiber 2004 を参照）．定常時系列データの場合，平均と分散の値は時間に対して不変となるが，この場合よく使われるのは**自己回帰移動平均モデル** (autoregressive movinge average, ARMA) である．このモデルでは，たとえば $i \geq 0$ に対して観測量 $\{X_i\}_i$ をつくることを考える．ここで，X_i は時刻 t_i での観測量である．さらに，t_i は時間軸上で等間隔になっているとする．そしてさらに，時刻 t_i での観測結果は，直前のいくつか決まった数（p としよう）の観測結果に線形に依存し，系のノイズについてもモデルが与えられているとする．形式的に書くと，

$$X_t = c + \epsilon_t + \sum_{i=1}^{p} \varphi_i X_{t-i} + \sum_{i=1}^{q} \theta_i \epsilon_{t-i}$$

である．通常，変数 ϵ_i は独立同一分布な乱数で，平均 0 の標準正規分布で与えられると仮定する．正規分布以外の分布を使うこともできるが，その場合でも変数が独立同一分布であるとする．乱数 ϵ_t があるので，上のモデルは通常の線形回帰モデルとはいえず，むしろ X_t の分布を与えるものである．そのため，モデルのフィッティングには分布をフィッティングするための手法を使う．よく使われるのは**最尤推定法**である（Hastie et al. 2009 を参照）．この手法はベクトル値の時系列にも簡単に拡張できる．他にも，**自己回帰和分移動平均モデル** (autoregressive integrative moving average, ARIMA) という拡張もあり，これは時系列が定常でなくても使える．

このような線形モデルが適切ではなくても，k を正の定数として，直前 k 個の観測結果からつぎの観測結果を予測したい場合はもちろんある．これを実現する方法として，**遅延埋め込み**や**ターケンス埋め込み**とよばれる手法がある．

これを説明するためにまず，ある非類似度空間内のデータの並びから新たな非類似度空間をつくる方法を考えよう．$(X, \mathfrak{D})$ を非類似度空間とする．k 個のデータの組に対する非類似度空間 $X(k) = (X^k, \mathfrak{D}_k)$ をつくるとき，$\mathfrak{D}_k$ の定義の仕方はいくつかある．一番よく使われるのは，L_p-距離を列データに直接当てはめて，

$$\mathfrak{D}_k((x_1, \ldots, x_k), (y_1, \ldots, y_k)) = \left(\sum_{i=1}^{k} \mathfrak{D}(x_i, y_i)^p \right)^{1/p}$$

とするものである．

$p = 1$ のときの非類似度は簡単である（単に二つの列に対して要素ごとに非類似度を計算して足し合わせるだけである）が，実際には $p = 2$ にすることが非常に多い．なぜなら，新しい距離は観測値を並べたものに対するユークリッド距離になるからである．

さて，一つの時系列データ $\mathfrak{t} = \{x_i\}_{i=1}^{N}$ に対して，遅延 ϵ，次元 k の**遅延埋め込み**を，以下の時系列データで定義する．

$$T_{k,\epsilon}\mathfrak{t} = \{(x_{i-(k-1)\epsilon}, \ldots, x_{i-\epsilon}, x_i)\}_{i=1+(k-1)\epsilon}^{N} \subseteq X(k)$$

$\mathfrak{T} \subseteq X^N$ が時系列データサンプルの集合で，$\mathfrak{t} = (x_1, \ldots, x_N) \in \mathfrak{T}$ が時間 $(t_1, \ldots, t_N)$ におけるデータからなる一つの時系列データのとき，集合内の一つひとつの時系列データに対して遅延埋め込みを適用することで，新しい時系列データの集合 $T_{k,\epsilon}\mathfrak{T} = \{T_{k,\epsilon}\mathfrak{t} | \mathfrak{t} \in \mathfrak{T}\}$ をつくることができる．

ターケンス埋め込みについては，6.4 節で改めて説明する．そこでは，$T_{k,\epsilon}\mathfrak{T}$ の時間順序を無視して点群をつくり，これをパーシステントコホモロジーで解析することで，時系列のもつ準周期性の情報が得られることを見る．

2.8 点群データの密度推定

統計学において，**密度推定**の理論は非常に研究が進んだ分野である．この分野についての総括を行うつもりはないので，詳しく知りたい方は Scott (2015) や Duvroye (1987) を参照してほしい．ここでは，密度として役に立つ概念を紹介しよう．これらは第 III 部のケース・スタディでまた何度か見ることになる．

一つの考え方として，密度が高い点とは，その点から k 番目に近い点までの距離が小さい点であるとみなすことができる．例を挙げれば，図 2.2 の左図において，30 番目に近い点までの距離は密度の高い領域にあるときのほうが密度の低い領域にあるときより明らかに小さい．そこで，データ集合が与えられたとき，点 x から k 番目に近い点を $\nu_k(x)$ と書こう．そして，**余密度** $\delta_k(x)$ を $\delta_k(x) = d(x, \nu_k(x))$ と定義する．この量は密度が下がると大きくなる．したがって，$1/\delta_k(x)$ を**密度**の推定に使うことができるし，あるいは，余密度を直接使って，密度の高い点を選ぶ代わりに余密度が小さい点を選ぶといったこともできる．

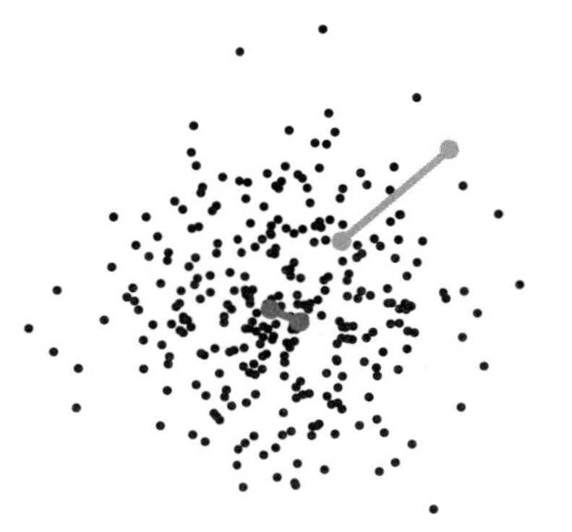
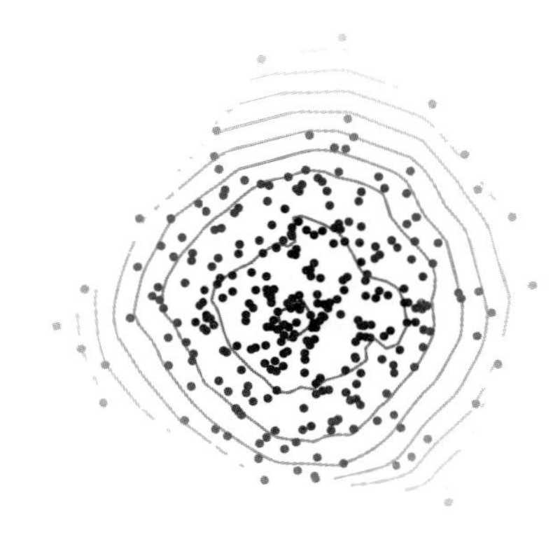

図 2.2　2 変量正規分布に従い，300 個の点を生成した図．分散は両軸ともに 1.0 に設定してある．左図では，右上のほうにある高い余密度をもつ点に対し，この点から 30 番目に近い点を線で結んで示している．また，余密度が低い点についても同様に線で結んで示している．右図では，各点の余密度 δ_{30} をグラデーションで示している．

ここで，パラメータ k を変えると推定される構造が変わることに注意が必要である．図 2.2 の右図は $k=30$ として得られたものである．図 2.3 では，$k=5$ のときと $k=200$ のときの $\delta_k(x)$ を用いたときの結果を示した．

図 2.3 図 2.2 と同一の点に対し，左図は δ_5，右図は δ_{200} を示したもの．グレーの点は 25% 稠密点，すなわち $\mathcal{P}(5,25)$ および $\mathcal{P}(200,25)$ をそれぞれ表す．

k を小さくとると余密度はより急峻となり，ほとんどの点に対して小さな値となる一方，外れ値に当たったとき，突然大きくなることになる．これに対し，k を大きくとれば余密度の増加はより緩やかに増加し，中心に近いところでも中ぐらい，あるいは大きな余密度が現れる．

一般に，考える隣接点の数が増えるほど，余密度の振る舞いは滑らかになり，より大域的な構造を反映した特徴量を捉えることになる．

こうして，**密度**を数値的に捉える方法が得られた．後は，高密度の点とは何かを考える仕事が残っている．そこで，二つ目のパラメータを導入する．集合 $\mathcal{P}$ に対し，$\mathcal{P}(k,T)$ を $\mathcal{P}$ 内の T% 稠密点としよう．つまり，余密度の等しい点が存在しないとき，$\mathcal{P}$ を余密度の順番に並べて値が小さいほうから $\frac{T}{100}|\mathcal{P}|$ 個の点を選んだものである．

少し混乱するかもしれないが，部分集合 $\mathcal{P}_0 \subset \mathcal{P}$ を調べるときは，$\mathcal{P}_0(k,T)$ と書いて，$\mathcal{P}_0$ に含まれる点のうち余密度（これはすべての $\mathcal{P}$ に対するものとする）が小さいもの $\frac{T}{100}|\mathcal{P}_0|$ 個のことを表すものとする．

第Ⅱ部

理　論

第3章 トポロジー

3.1 歴　史

Euler (1741) は通常，トポロジーの最初の論文として引用される．この論文でオイラーは，いわゆる「ケーニヒスベルクの橋」問題を研究している．

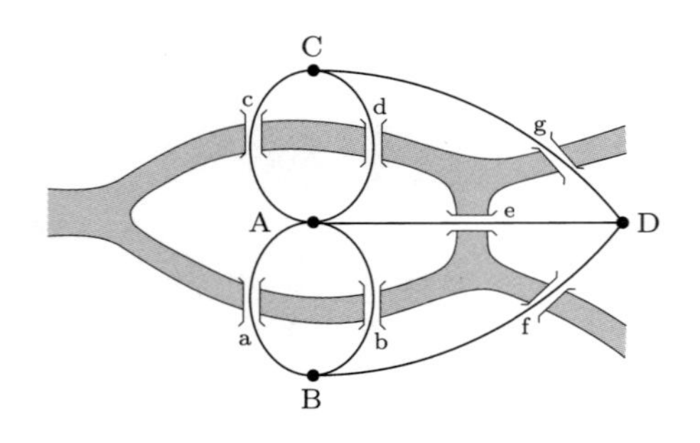

橋についての問題は，すべての橋を 1 回だけ渡って出発点に戻ることが可能かどうかというものである．オイラーは，この問題が橋のつくるネットワークの経路に関する問題であることに気づき，解答を与えた．実は，この問題には，経路を通過する速度とは無関係な，経路のある種の性質だけが関わっている．彼の成果は，経路の無限クラス，すなわちネットワークにおけるある種のパターンの特性に関するものであった．また，オイラーは，多面体の頂点，辺，面の数を関連付ける**多面体公式**を導き出した (Euler 1752a, 1752b)．このテーマ（トポロジー）は，その後 1 世紀半にわたって散発的に発展した．ヴァンデルモンドの結び目理論 (Vandermonde 1771)，ガウス - ボンネの定理の証明（ガウスは発表しなかったが，Bonnet 1848 で特殊事例を証明)，リスティングによるこの分野の最初の本 (Listing 1848)，リーマンによる多様体という概念についての研究 (Riemann 1851) などの発展があった．ポアンカレの論文 (Poincaré 1895) は，天体力学を動機として，ホモロジーと基本群の概念が導入された画期的な研究である．そして，20 世紀に入ってから，このテーマはとてつもない早さで発展していった．パーシステントホモロジーの最初の論文は Robins (1999) で，それ以来，トポロジカルな手法を有限距離空間に適用

するという趣旨の研究が急速に発展している．

3.2　定性的な性質と定量的な性質

3.2.1　トポロジカルな性質

トポロジカルな性質という概念は，数学では古くからあるものである．まず，トポロジカルな性質とは何を意味するのか，そして，なぜデータサイエンスにおいてトポロジカルな性質が重要なのかを説明する．

科学の問題では，一つの物理的な問題に対して，異なる座標系を与えることができる場合が多い．たとえば，ユークリッド空間のデータに対して剛体運動（回転や平行移動）を適用することができる．このような座標変換は，たとえば物理学では至るところで行われている．それは点間の距離を保つという便利な性質をもっている．しかし，観察や実験から得られたデータの幾何学的性質（距離など）を歪めるような，剛体運動ではないより複雑な座標変換を考慮する必要がしばしばある．

▶例 3.1 ―― 温度は，摂氏，華氏，ケルビンなど，さまざまな尺度で測ることができる．摂氏 C から華氏 F への変換は，以下の式で与えられる．

$$F = \frac{9}{5}C + 32$$

この変換は距離を保持するのではなく，一定の係数で距離を拡張するものである．摂氏 C からケルビン K への変換法則は次式で与えられる．

$$K = C + 273.15$$

この変換では，距離，すなわち温度の大きさは保持される．◀

▶例 3.2 ―― データの性質を明らかにするためによく使われる座標変換が，いわゆる対数座標系への変換で，すべての点 (x, y) を $(\log(x), \log(y))$ に置き換えたものである．これは，べき乗則で与えられる曲線を，傾きの異なる直線に変換するものである．距離を保つものではない．◀

▶例 3.3 ―― 極座標は，多くの問題を研究するのに便利な方法である．極座標から直交座標への変換則は，距離を保たない．◀

▶例 3.4 —— 非直交行列の乗算を適用した座標変換は，平面上または空間上の集合の幾何学的性質を歪めてしまう．たとえば，拡大（恒等行列の正の倍数による乗算）により，原点を中心とした円は，原点を中心とした半径の異なる円に写される．一般的な対角行列（おそらく異なる固有値をもつ）の乗算は，原点を中心とした円を，原点を中心とした楕円に変換する． ◀

▶例 3.5 —— よく，トポロジーはコーヒーカップとドーナツを同じものとみなす分野だといわれる．つまり，ある座標系ではコーヒーカップである集合が，新しい座標系ではドーナツになるような座標変換が存在するのである．下のイラストを参照してほしい．

◀

▶例 3.6 —— 複雑な座標変換により，あるフォントで与えられた文字を，新しいフォントで同じ文字に変換することができる．

A A A A A A A

同様に，座標変換で文字「C」を文字「I」に写すことができる．

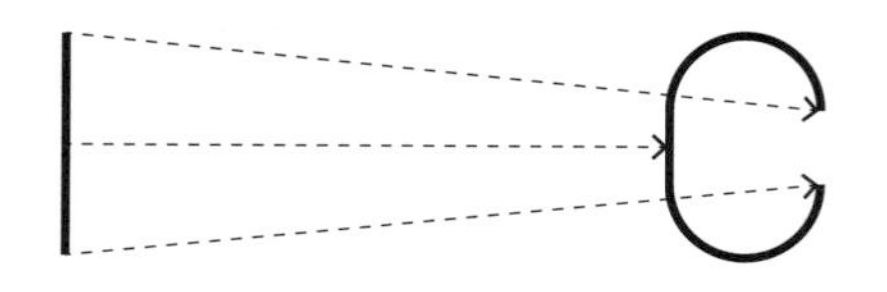

◀

座標を任意に連続的に変化させても変化しない性質を**トポロジカル**という．以下，トポロジカルな性質の例をいくつか挙げる．当面は，厳密ではなく，直感的に考えることにする．これらの性質の厳密な定義は追って行う（定義 3.21）．

▶例 3.7 —— 平面の部分集合 X に対して，X を分割する**連結片**の数を問うことができる．連結片とは，部分集合 $Y \subset X$ であって，Y のすべての点の組を $\boldsymbol{Y}$ に

含まれる経路で結ぶことができるようなもののことである．この数は，X を調べるときに用いた座標系に依存しないことは明らかである．この考え方は，高次元空間 $\mathbb{R}^n$ の部分集合にも明らかに拡張できる．◀

▶例 3.8 ―― 平面の部分集合 X に対して，穴の数を問うことができる．この問題を解くのに有効なのは，それぞれの穴には「穴を囲むような X 内のループ」が対応していることを使うことである．X 内の**独立なループ**をうまく定義して数えればよい．この独立したループの数は，トポロジカルな性質でもある．下図の場合，この数は 3 である．

◀

▶例 3.9 ―― X を再び平面の部分集合とする．このとき，X の**端**の個数を問うことができる．下図は四つの端をもっている．

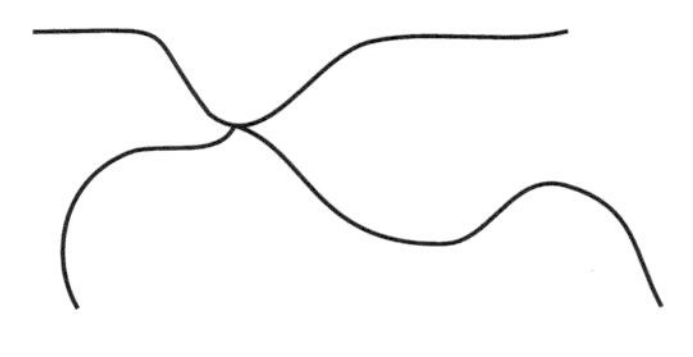

◀

このような性質は他にもたくさんあり，これから体系的に構成していく．データサイエンスにおけるトポロジカルな性質の適用方法は，少なくとも 2 種類ある．

一つ目の適用方法は，データセットの大規模な構造を理解するためのツールとしてであり，二つ目の適用方法は，データセットの簡略化モデルを生成する関連作業のためのツールとしてである．大雑把にいえば，データセット $\mathbb{D} \subset \mathbb{R}^n$ が**部分集合** $\boldsymbol{X} \subset \mathbb{R}^n$ **によってモデル化される**のは，適切な意味において $\mathbb{D}$ のすべての点が X

に近いときである．$\mathbb{D}$ の点は，X からサンプリングされた点にノイズが加わったようなものになることもあるだろう．たとえば線形回帰分析を行えば，データがある直線のすぐ近くに集まることもありうる．モデル空間 X のトポロジカルな性質から，データ内で特定の現象が起こっていることを示唆する有用な手がかりが得られ，また，線形回帰で行われているように，$\mathbb{D}$ に対して良い人工モデルが提示されるのである．

1. もし X がいくつかの連結片に分かれることがわかれば，その各連結片ごとにグループにまとめることで，$\mathbb{D}$ の適切な分類法が得られるだろう．このような分類法は，データの一種のモデルであり，多くの場合，データに対する良い理解をもたらす．また，新しい点がどの分類単位に属するかを識別する分類器を構築することも可能である．
2. もし X がループをもつ構造であることがわかれば，それは周期的あるいは反復的な動作に由来するデータであることを示唆する．このとき，データは時間とともにループの周りを移動しているように見えることが多い．
3. X に端があることがわかれば，それらは，正常な振る舞いのモードと解釈される頂点から離れた点をもつということで，異常な振る舞いのモードと解釈されることがしばしばある．たとえば，旅客機に搭載された各種センサーからデータを収集したとすると，(1) 非乱流状態での高度飛行，(2) 離陸，(3) 着陸，(4) 乱流状態での高度飛行の四つのモードを考えることができるだろう．このようなデータのモデル空間は「Y」の字型になるに違いない．すべての辺が交わる中心が状況 (1) に，辺の先端が状況 (2)，(3)，(4) に対応するということである．
4. もし X の構造に「0 次元」の（不連続な）断片もしくは「1 次元」のループを含む気泡があることがわかったら，それは，何らかの理由でデータにはない特徴の組み合わせ（ミッシングミドル）があることを示唆している．この例として，6.9 節では，アメリカ合衆国下院の投票パターンを見る．そこでは，各政党から部分的にしか支持されていない法案が存在しないことを観察することができる．投票に至るほとんどの法案は，少なくとも一つの政党が全面的に支持しており，これはデータのトポロジカルな特徴として現れている．

注意 3.10 データセット $\mathbb{D}$ に対してモデル空間という概念を用いたが，注目すべきトポロジカルな性質を同定するために，そのようなモデルの存在を仮定する必要はないことが知られている．本書では，空間 X を明示的に構成することなく，データセットに直接トポロジカルな性質を付与できる手法の議論を多く行っている．

トポロジカルな性質のデータサイエンスへの第 2 の応用は，**特徴生成**の方法としてである．データサイエンティストは，しばしば「構造化」データと「非構造化」データを区別している．構造化データとは，行列，データベースの表，表計算ソフトなど，数値で表現されるデータを指し，非構造化データとは，それ以外のすべての種類のデータを指す．しかし，非構造化データに見えるものでも，実は上記のような標準的な構造とは異なる何らかの構造を備えていることがよくある．たとえば，分子のデータベースは，各データ点が原子と位置のリスト，および原子をつなぐ結合からなる構造を備えているかもしれない．このようなデータを行列や表計算ソフトで効果的に表現することは困難である．その理由は数多くある．たとえば，原子の数は分子ごとに異なるだろうし，結合の数も異なるだろう．また，分子を何らかの行列で表現するためには，原子と結合の集合にある順序を選択しなければならないが，これは「自然界」には想定されていない順序なので，完全に人為的なものである．これを示しているのが以下の分子結合図で，そこでは原子の間に自然な順序関係は明らかに存在しない．

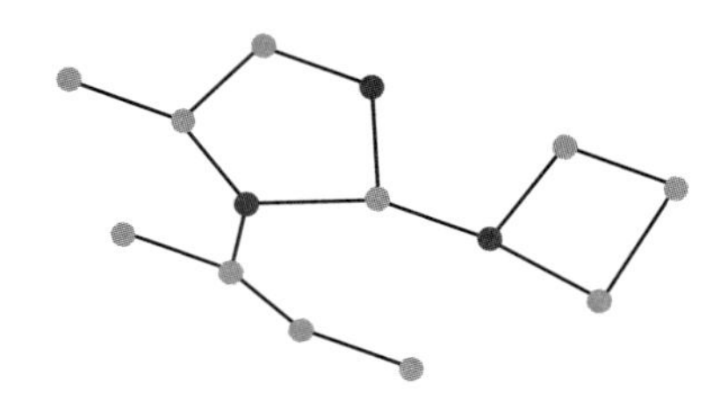

機械学習のアルゴリズムの多くは行列表現に依存しているため，非構造化データが行列形式でないことは，データサイエンティストにとって問題である．このことは，非構造化データの**特徴生成**のための手法が非常に重要であることを意味している．もちろん，このような特徴の生成は，データ中に存在する構造に根本的に依存する．分子のデータベースの場合，各データ点（＝分子）自体がループや末端などの幾何学的・トポロジカルな性質をもつ．このような特徴を特定し，数値化することができれば，その値をそれぞれ分子に付随する特徴として扱うことができ，その特徴を分子に付与されるデータ行列の項目として利用することができるのである．

6.2 節でこの考え方の応用を見ることになる．画像のデータベースも，このようなトポロジカルな特徴生成に適している．

本書の最終的な目標は，これまで話してきたトポロジカルな性質を，数学的・計算的に正確に理解することである．そのため，**位相空間**の概念を定義しよう．これにより，トポロジカルな性質を調べられる対象がどんなものかが定まる．まずは $\mathbb{R}^n$ から始めるが，位相空間を $\mathbb{R}^n$ の一般化として捉え，そのうえで連続写像のようなおなじみの概念を定義することが非常に有効であることがわかるだろう．考え方はつぎのとおりである．$\mathbb{R}^n$ では，距離関数の性質を研究することが多い．通常の ϵ–δ の連続性の定義では距離関数しか使われていないので，それを使って連続関数を定義できる．しかし，任意の連続変換が非常に簡単に距離を歪めることがわかる．すなわち，距離関数を保つ変換に基づくトポロジカルな性質を定義することはできない．ここでやりたいのは，抽象的にいえば「無限小」の距離の保存である．つまり，十分に近い点どうしは，十分に近いままであるべきである．もちろん，点の組に無限小の近さの概念はない．しかし，距離空間では，ある点が集合に限りなく近いということができる．(X, d) を距離空間とし，$x \in X, U \subset X$ に対して，あらゆる $\epsilon > 0$ に対して，$d(x, u) < \epsilon$ を満たすような点が $u \in U$ に存在するとき，x は U に**限りなく近い**という．ある集合 U に限りなく近いすべての点の集まりを U の**閉包**とよび，$\bar{U}$ と表記する．ある点が集合 U に限りなく近い場合，連続変換は距離を保存しなくても，その性質を保存することに注意する．

▶**例 3.11** —— 開区間 $(0, 1)$ の閉包は，閉区間 $[0, 1]$ である． ◀

▶**例 3.12** —— $\mathbb{R}^n$ における集合 $\mathbb{R}^n - \{0\}$ の閉包は，集合 $\mathbb{R}^n$ 全体である． ◀

▶**例 3.13** —— $\frac{n}{2k}$ の形のすべての点（ただし $0 \leq n \leq 2k$ かつ $k \geq 0$）の集合の閉包は，閉区間 $[0, 1]$ 全域である． ◀

閉包は，$\mathbb{R}^n$ の部分集合に対する演算子とみなすことができる．この演算は $\bar{\bar{U}} = \bar{U}$ という意味で**べき等**であることがわかる．ある種の性質をもった部分集合の族に対する抽象的な閉包演算子だけを用いて，位相空間の概念を展開することができる．しかし，位相空間は閉集合と開集合の概念を用いて展開するのがより一般的である．$\mathbb{R}^n$ の**閉集合** V は，$\bar{V} = V$ となる部分集合である．$\mathbb{R}^n$ の部分集合 U は，その X における補集合が閉であるとき，すなわち，ある閉集合 V に対して $U = X \setminus V$

であるとき，**開**である．集合が開球 $B_r(x) = \{y \in \mathbb{R}^n \mid d(x,y) < r\}$ の任意の和集合である場合に限り，開であるという別の特徴もある．距離空間 $\mathbb{R}^n$ の開集合はつぎの三つの性質を満たす．

- $\emptyset$ と X は，いずれも X の開集合である．
- 開集合の任意の和集合は開である．
- 開集合の有限共通部分は開集合である．

これらの性質を特定することで，位相空間という概念が導かれる．

定義 3.14　**位相空間**とは，X を集合とし，つぎの三つの性質を満たす X の部分集合（開集合とよぶ）族 $\mathcal{U}$ の組 $(X,\mathcal{U})$ である．

1. $\emptyset \in \mathcal{U}$, $X \in \mathcal{U}$.
2. A を任意のパラメータ集合とする開集合の族 $\{U_\alpha\}_{\alpha\in A}$ に対して，$\bigcup_{\alpha\in A} U_\alpha$ は $\mathcal{U}$ に含まれる．
3. A を任意の有限パラメータ集合とする開集合の族 $\{U_\alpha\}_{\alpha\in A}$ についても，$\bigcap_{\alpha\in A} U_\alpha$ は $\mathcal{U}$ に含まれる．

この集合族 $\mathcal{U}$ は，X 上の**位相**とよばれる．部分集合 $C \subseteq X$ が**閉**であるとは，$X \setminus C$ が開であるときをいう．

$\mathbb{R}^n$ における開集合と閉集合の例を挙げる．

▶**例 3.15** ――　開区間や閉区間は，それぞれ $\mathbb{R}$ における開集合や閉集合である．◀

▶**例 3.16** ――　開球や閉球は，それぞれ $\mathbb{R}^n$ における開集合や閉集合である．◀

▶**例 3.17** ――　$\mathbb{R}^n$ の有限個の点集合はつねに閉集合である．有限集合の補集合は開集合である．◀

▶**例 3.18** ――　連続関数 $f : \mathbb{R}^n \to \mathbb{R}$ に対して，点 $\{v \in \mathbb{R}^n \mid f(v) < 0\}$ の集合はつねに開集合である．同様に，$>$ についてもこれは成り立つ．点 $\{v \in \mathbb{R}^n \mid f(v) \leq 0\}$ の集合はつねに閉集合である．再び同様に，$\geq$ についてもこれは成り立つ．これらの用語は，解析学で使われる開条件と閉条件の概念と一致する．◀

▶**例 3.19** —— $\mathbb{R}^n$ から $\mathbb{R}$ への連続関数の任意の族 $f_1, f_2, \ldots, f_k$ に対して，集合 $\{v \in \mathbb{R}^n \mid$ すべての i に対して $f_i(v) = 0\}$ は閉集合である．これは，代数多様体（代数方程式で定義される点の集合）が $\mathbb{R}^n$ の閉集合であることを意味する． ◀

以降，本書では位相空間の例を数多く挙げていく．ここでは，最も初歩的な例を紹介する．

定義 3.20 任意の部分集合 $X \subseteq \mathbb{R}^n$ に対して，$U \subseteq X$ が**開集合**であるとは，ある開部分集合 $V \subseteq \mathbb{R}^n$ に対して，$U = V \cap X$ となるとき，またその場合に限る，と定義する．これによって X 上の位相を定義する．この定義により，球やドーナツ状の図形のような，よく知られた空間が位相空間として定義される．

ここで，**トポロジカルな性質**とは何を意味するのかを明確にすることができる．

定義 3.21 $\mathbb{R}^n$ の部分集合の性質が**トポロジカル**であるとは，上で定義した位相にのみ依存するとき，またそのときに限ることをいう．もちろん，トポロジカルな性質は他の位相空間でも定義可能である．

位相空間の定義は $\mathbb{R}^n$ を出発点としているので，もちろん $\mathbb{R}^n$ にも当てはまる．この定義の威力は，$\mathbb{R}^n$ とはかけ離れた空間であっても，位相空間の公理を満たすものが数多く存在することにある．これにより，予想もしなかった場合に幾何学的かつトポロジカルな直感が使えるようになることがわかる．

▶**例 3.22** —— 任意の集合 X に対して，X の有限補集合をもつすべての部分集合の族を開集合とすることができる．これは位相空間を与えている． ◀

▶**例 3.23** —— p を素数とする．整数の集合である $\mathbb{Z}$ 上の位相 $\mathcal{U}$ は，つぎのような集合 U の集まりと定義することで与えられる．U とは，任意の $n \in U$ に対して，集合 $\{n + kp^r \mid k \in \mathbb{Z}\}$ が U 自身に含まれるような正の整数 r が存在する集合である．これは p-進位相とよばれ，整数論に利用されている． ◀

3.2.2 連続写像と同相写像

多変数の微積分において，$\mathbb{R}^m$ から $\mathbb{R}^n$ への連続写像の概念は，ϵ–δ 論法によって定義される．つぎのように，$\mathbb{R}^n$ 上の位相を用いて直接連続性を特徴付けることができる．

命題 3.24 写像 $f:\mathbb{R}^m\to\mathbb{R}^n$ が連続であるのは，すべての開集合 $U\subseteq\mathbb{R}^n$ に対して $f^{-1}(U)$ が開であるとき，またそのときに限る．

このことから，位相空間 X と Y の間の連続写像の概念が導かれる．

定義 3.25 X と Y を位相空間とし，$f:X\to Y$ を集合の写像とする．このとき，f が連続であるとは，すべての開集合 $V\subseteq Y$ に対して，$f^{-1}(V)$ が開であるとき，またそのときに限る．

注意 3.26 任意の位相空間において閉包作用素の概念を定式化することができ，上の定義は「$x\in X$ が部分集合 $U\subseteq X$ の閉包に属するならば，$f(x)$ は $f(U)$ の閉包に属する」ということを要求するものと解釈することができる．

この写像の概念を用いて，今度はトポロジカルな性質を正確に語るための重要な概念を確認する．

定義 3.27 $f:X\to Y$ を位相空間の連続写像とする．互いに逆となるような連続関数 $g:Y\to X$ が存在すれば，すなわち $f(g(y))=y$ かつ $g(f(x))=x$ であれば，f は**同相写像**であり，X と Y は**同相である**という．

注意 3.28 この定義は，群の同型写像や集合の全単射という概念の正確な類似である．すなわち，写像 f が逆写像をもち，その逆写像が連続的であることを意味する．また，この定義は「Y を，単に X のパラメータを付け直したものとみなす」という考え方に厳密な意味を与えている．さらに別の観点では，「X を連続的に伸ばしたり変形させたりして Y を得る（ただし，引き裂いたりバラバラにしたりすることはしない）」という考え方の厳密な表現ともいえる．

ここでは，同相空間の組の例を示す．

▶**例 3.29** —— $X=\{(x,y)\mid x^2+y^2=1\}\subseteq\mathbb{R}^2$ を単位円とし，Y を方程式

$$\frac{x^2}{a^2}+\frac{y^2}{b^2}=1$$

で与えられる楕円とする．両集合とも，定義 3.20 で定義された部分位相を備えている．すると，写像 $(x,y)\to(ax,by)$ は円から楕円への同相写像であるから，円と楕円は同相であることがわかる． ◀

▶例 3.30 —— $y = x^2$ で与えられる放物線と実数直線は同相であり，その同相写像は写像 $(x, y) \to x$ で与えられる. ◀

▶例 3.31 —— $X \subseteq \mathbb{R}^2$ を集合 $X = \{(x, y) \in \mathbb{R}^2 \mid x^2 + y^2 > 1\}$ とし，$Y \subseteq \mathbb{R}^2$ を部分集合 $\mathbb{R}^2 - \{\vec{0}\}$ とする．極座標は，写像 $g : X \to Y$ を記述するのに向いていて，写像 g は

$$g(r, \theta) = (r - 1, \theta)$$

で定義される．逆写像は

$$g^{-1}(r, \theta) = (r + 1, \theta)$$

で与えられる. ◀

▶例 3.32 —— X を，方程式

$$(c - \sqrt{x^2 + y^2})^2 + z^2 = a^2$$

で定義される3次元空間のトーラスとする．ただし，$0 < a < c$ である．$Y \subseteq \mathbb{R}^4$ を，方程式

$$\begin{cases} x^2 + y^2 = 1 \\ z^2 + w^2 = 1 \end{cases}$$

で定義される $\mathbb{R}^4$ の部分空間とする．そして，写像 $f : X \to Y$ を

$$f(x, y, z) = \left(\frac{x}{\|(x, y)\|_2}, \frac{y}{\|(x, y)\|_2}, \frac{c - \|(x, y)\|_2}{a}, \frac{z}{a} \right)$$

という式によって定義する．ここで，$\|(x, y)\|_2$ は $\sqrt{x^2 + y^2}$ を表す．この写像が Y に像をもつことと，単純な式で定義されているため連続的であることも簡単に検証できる．よって，f は同相であることがわかる. ◀

上の例の写像 f が同相であることを証明する一つの方法は，逆写像の式を示すことである．例 3.32 の場合でもその式はやや煩雑で，より複雑な例では式はもっと煩雑になる可能性がある．逆写像の具体的な式を求めずに済む，簡単な主張がある.

命題 3.33 $f : X \to Y$ を連続写像とし，X と Y はそれぞれ $\mathbb{R}^m$ と $\mathbb{R}^n$ の部分集合とする．$\mathbb{R}^n$ の部分集合が有界であるとは，ある $R > 0$ があって球 $B_R(0) = \{v \mid \|v\| < R\}$ に含まれるときをいう．X と Y が閉かつ有界とする.

写像 f が集合の写像として全単射であれば，f は同相写像である．

上の例 3.32 では，両方の集合が閉かつ有界があることと，f を集合の写像とみなして全単射であることは簡単に確認できる．したがって，f は同相写像であると結論付けることができる．

> **注意 3.34**　例 3.32 における位相空間の二つの記述には，それぞれ異なる強みがあることに注意する．最初の記述は 3 次元空間にあるため，容易に視覚化することができる．二つ目の記述は，それを定義する方程式がはるかに単純であることである．解析の種類によっては，異なる座標系が有効な場合がある．

また，二つの空間が**同相でない**ことをどのように示すか，ということも問われるべきである．$X = [0,1] \subseteq \mathbb{R}$ とし，$Y \subseteq \mathbb{R}^2$ は閉じた単位球 $\{(x,y) \in \mathbb{R}^2 \mid x^2+y^2 \leq 1\}$ とする．この二つの空間は非常に異なって見えるので同相ではないと思われるが，それを確信するためには，一方にあって他方にないトポロジカルな性質を見つける必要がある．直感的に考えると，X から点 $1/2$ のような一点を取り除くと，$[0,1/2)$ と $(1/2,1]$ というような二つの交わらない空間に分かれるが，Y からどの一点を取り除いても必ず単一の連結片のままであることがわかる．本書ではまだ連結性をきちんと定義していないが（3.2.8 項で定義する），この大雑把な議論から，任意の座標変換によって空間を変形させる場合においても有効な，空間どうしを区別するトポロジカルな性質の開発方法がわかる．

3.2.3　距離空間

ユークリッド空間 $\mathbb{R}^n$ は，次式で与えられる距離関数を備えている．

$$d(\vec{x},\vec{y}) = \sqrt{(\vec{x}-\vec{y})\cdot(\vec{x}-\vec{y})}$$

この距離関数から，点どうしがどれだけ近いかを正確に測る方法が得られる．つまり，任意の部分集合 $X \subseteq \mathbb{R}^n$ に対して，ユークリッド空間上の距離関数を X に制限して得られる距離関数が存在する．数学において，部分集合の例として最も重要なのは，方程式や不等式，あるいは連立方程式や連立不等式に対する解集合である．ここでは，その中でもとくに出現頻度の高い例を紹介する．

▶**例 3.35** ―― $D^n \subseteq \mathbb{R}^n$ を，集合

$$\{\vec{x} \mid \vec{x} \cdot \vec{x} \leq 1\}$$

と定義する．これは $\mathbb{R}^n$ における**単位円板**とよばれる． ◀

▶**例 3.36** ―― $\mathbb{R}^{n+1}$ における**単位球**（$S^n \subseteq \mathbb{R}^{n+1}$ と表す）は，集合

$$\{\vec{x} \mid \vec{x} \cdot \vec{x} = 1\}$$

である． ◀

▶**例 3.37** ―― **標準 $\boldsymbol{n}$ 単体**は，$\Delta^n \subseteq \mathbb{R}^{n+1}$ と書き，集合

$$\left\{(x_0, x_1, \ldots, x_n) \,\middle|\, \sum_i x_i = 1 \text{ かつ，すべての } i \text{ について } x_i \geq 0\right\}$$

である． ◀

▶**例 3.38** ―― **大半径 $\boldsymbol{R}$ と小半径 $\boldsymbol{\rho}$ ($\boldsymbol{\rho < R}$) の埋め込みトーラス**とは，点 $(R, 0)$ を中心とする xz 平面上の半径 ρ の円を z 軸の周りに回転させて得られる回転曲面のことである．これは，座標 (θ, ϕ) を用いて，

$$\begin{cases} x = (R + \rho\cos\phi)\cos\theta \\ y = (R + \rho\cos\phi)\sin\theta \\ z = \rho\sin\phi \end{cases}$$

という式でパラメータ付けすることができる．この空間については，例 3.32 ですでに述べた． ◀

ユークリッド空間の部分集合に対してさまざまな構成を行って，新しい空間を得ることができる．

定義 3.39　$X, Y \subseteq \mathbb{R}^n$ とする．このとき，X と Y の**非交和集合** $X \coprod Y$ とは，部分集合

$$\{(\vec{x}, 0) \mid \vec{x} \in X\} \cup \{(\vec{y}, 1) \mid \vec{y} \in Y\} \subseteq \mathbb{R}^{n+1}$$

のこととする．

定義 3.40　$X \subseteq \mathbb{R}^m$ と $Y \subseteq \mathbb{R}^n$ とする．このとき，X と Y の**直積** $X \times Y$ とは，部分集合

$$\{(\vec{x}, \vec{y}) \in \mathbb{R}^{m+n} \mid \vec{x} \in X, \vec{y} \in Y\}$$

のこととする．

定義 3.41　$X \subseteq \mathbb{R}^n$，$r \in \mathbb{R}$ とする．このとき，頂点が r である X 上の**錐**とは，つぎのように定義される部分集合 $C_r(X) \subseteq \mathbb{R}^{n+1}$ のこととする．

$$C_r(X) = \left\{(\vec{x}, t) \;\middle|\; 0 \leq t \leq 1, \text{ある } t \text{ と } \vec{\xi} \in X \text{ に対して } (\vec{x}, t) = (t\vec{\xi}, (1-t)r)\right\}$$

X の**懸垂**（SX と表す）は，二つの錐 $C_1(X)$ と $C_{-1}(X)$ の和である．

▶**例 3.42** ——　任意の閉集合 $X \subseteq \mathbb{R}^n$ に対して，X の**一点コンパクト化**を $X \cup \{\infty\}$ と定義することができる．$X \cup \{\infty\}$ の部分集合が開であるとは，(a) X の開部分集合であるか，(b) $U \cup \{\infty\}$ の形である．ただし，U はある $R > 0$ に対して $\{v \in \mathbb{R}^n \mid |v| > R\}$ の形の集合を含む X の開部分集合である．◀

ここまで，ユークリッド空間における点の組，つまりユークリッド空間の部分集合における点の近さの概念を記述するために，距離関数の概念を用いてきた．この距離関数の最も重要な性質を抽象化し，より一般的な距離関数の概念を開発することは興味深く，有用である．これにより，ユークリッド空間の部分集合として埋め込むことができない，あるいは，人工的な方法でしか埋め込めないような新しい空間が与えられることになる．ここでは，これらを**距離空間**とよぶことにする．距離空間とは，X を集合，$d : X \times X \to [0, +\infty)$ を関数とする一組の (X, d) のことである．ユークリッド距離関数の重要な性質に以下のものがある．これは，d も満たさなければならない．

- **非負性**：すべての x, y に対して $d(x, y) \geq 0$ である．$d(x, y) = 0$ であるのは $x = y$ のときであり，またそのときに限る．
- **対称性**：$d(x, y) = d(y, x)$．
- **三角不等式**：すべての x, y, z に対して $d(x, z) \leq d(x, y) + d(y, z)$．

任意の $r > 0$ と $x \in X$ に対して，集合 $\{x' \in X \mid d(x, x') < r\}$ を $B_r(x)$ と表記することにする．ここでは，それを **$\boldsymbol{x}$ を中心とする半径 $\boldsymbol{r}$ の開球**とよぶことにする．

もちろん，ユークリッド距離関数とそのユークリッド空間の任意の部分集合への制限は，これらの公理を満たしている．他にもいくつか例がある．

▶**例 3.43**［固有距離］── $\mathbb{R}^n$ の任意の部分集合 X が弧状連結，すなわち任意の点の組 $x, x' \in X$ に対して，$\phi(0) = x$ と $\phi(1) = x$ を満たす連続写像 $\phi: [0,1] \to X$ が存在するものに対して，x から x' への**固有距離**を

$$\inf_{\phi} \lambda(\phi)$$

と定義する．ここで，ϕ は x で始まり x' で終わるすべての経路の範囲を動き，λ は ϕ の弧長を表す．この考え方はリーマン多様体の概念につながり，リーマン多様体は独自の距離の概念をもつ．◀

▶**例 3.44**［ハミング距離］── $\mathcal{B}^n$ を**ブール $\boldsymbol{n}$-空間**，すなわち集合 $\{0,1\}$ の要素の順序付き n-タプル（組）の集合とする．このとき，ベクトル $\vec{x}$ と $\vec{y}$ の**ハミング距離**は，$x_i \neq y_i$ となる座標 i の数として定義される．この距離関数は，各変数に重み付けを導入することにより，補正することが可能である．すなわち，

$$d^{\mathrm{Hamming}}(\vec{x}, \vec{y}) = \sum_i \alpha_i \delta(x_i, y_i)$$

である．ただし，(α_i) は重み付けベクトルで，$x = y$ のとき $\delta(x,y) = 0$，$x \neq y$ のとき $\delta(x,y) = 1$ である．◀

▶**例 3.45**［グラフ距離］── $\Gamma = (V, E)$ を組合せ論的な意味でのグラフとする．ここで，V は集合で，$E \subseteq V \times V$ は $(x, x') \in E \Leftrightarrow (x', x) \in E$ という対称性をもつ任意の部分集合である．Γ の**辺経路**は，すべての i について $(v_i, v_{i+1}) \in E$ となるような列 $(v_0, v_1, ..., v_n)$ のことである．この数 n は辺経路の**長さ**とよばれる．V 上の距離関数は，v から w までの距離を，v から始まり w で終わる最短の辺経路の長さとすることによって定義する．◀

▶**例 3.46**［編集距離またはレベンシュタイン距離］── A を任意のアルファベット，すなわち集合とし，通常は有限であるとする．A の要素からなる文字列の集合上に距離を定義する．このような二つの文字列 α, β が**隣接している**とは，α から以下のいずれかの「ムーブ」を介して β を得ることができるときをいう．

- A の任意の要素を α の記号の一つに代入する.
- α の記号を一つ削除する.
- 文字列 α の連続する任意の二つの記号の間に A の任意の要素を挿入する.

このとき，二つの文字列 σ と τ の**編集距離**または**レベンシュタイン距離**を，以下のような文字列の列 $(\sigma_0, \sigma_1, ..., \sigma_n)$ が存在する最小の整数 n と定義する.

- $\sigma_0 = \sigma$
- $\sigma_n = \tau$
- σ_i と σ_{i+1} は，すべての $i = 0, \ldots, n-1$ に対して隣接している.

この指標は，DNA やタンパク質配列のバイオインフォマティクス解析において重要な役割を担っている．一見，計算が難しそうであるが，計算しやすいアルゴリズムが開発されている. ◀

▶例 3.47 —— 距離空間 (X, d) と $[0, +\infty)$ 上の狭義単調増加関数 f が与えられたとする．関数 f が

- $f(0) = 0$ かつ
- $f(x+y) \leq f(x) + f(y) \quad x, y \in [0, +\infty)$

を満たすならば，関数 $f \circ d : X \times X \to \mathbb{R}$ も X 上の距離を定義することが観察される. ◀

▶例 3.48［コサイン類似距離］—— 単位球

$$S^n = \left\{ \vec{x} \in \mathbb{R}^{n+1} \mid \vec{x} \cdot \vec{x} = 1 \right\}$$

を考える．このとき，関数 $d(\vec{x}, \vec{y}) = \cos^{-1}(\vec{x} \cdot \vec{y})/\pi$ は，S^n 上の距離を定義する．なお，$\cdot$ 積はベクトル間の角度の余弦に過ぎないことに注意する. ◀

距離空間 (X, f) は集合 X 上の距離 d によって X 上の位相を構成することができるので，重要である.

定義 3.49 (X, d) を距離空間とする．このとき，**d に付随する位相**とは，開球 $B_r(x)$ の任意の和集合である部分集合の族である．この族が位相であることを確認するのは簡単である.

注意 3.50 このことは，集合 X 上の距離を選択すること（これは一般に位相を直接指定するよりもはるかに単純である）が，位相空間を構成する方法を与えるということを教えてくれる．

つぎのような物理的状況を考えてみよう．ある星の周りを惑星が回っていて，それを地球と宇宙望遠鏡の2箇所から観測しているとする．ここでは，両方の観測点で惑星の位置が記録されていると仮定する．各観測記録は，望遠鏡を中心とし，望遠鏡から恒星までの直線を z 軸とする座標系でデータを記録することになる．座標系は軸がすべて互いに垂直であること，また，距離はすべて両系統ともキロメートル単位であることを前提とする．各観測点は，その座標系に惑星の位置を記録することで，3次元ユークリッド空間の点の集合を生成することになる．これにより，ある惑星の位置を表す，$\mathbb{R}^3$ 上の二つの異なる点の集合が得られる．しかし，剛体座標変換（剛体運動，すなわち距離と角度を保持した並進と3次元回転の合成）を行うことで，一方の集合がもう一方の集合から得られることに注意する．科学者の関心は，座標の選択など，測定の細部に起因する人為的なものではなく，系に内在する物理的な特性にある．そのため，剛体座標を変更しても変化しない系の性質に強い興味がある．この種の不変性は重要なので，距離空間の設定に一般化する．

定義 3.51 (X, d_X) と (Y, d_Y) を距離空間とする．集合の写像 $f : X \to Y$ が**等長である**とは，それが全単射であり，すべての点の組 $x, x' \in X$ に対して，

$$d_X(x, x') = d_Y(f(x), f(x'))$$

が成り立つときをいう．X から Y への等長写像が存在する場合，X と Y は**等長である**という．

したがって，等長写像は距離を正確に保存する．二つの等長な距離空間は，一方の空間の距離情報が他方から復元できるため，実質的に互いを区別できない．したがって，点の名前を付け替えるだけで，一方が他方から得られる．ユークリッド空間の部分集合において，二つの部分集合が等長であるということは，剛体運動によって一方が他方から得られると解釈することができる．さまざまな応用で関心のもたれる集合において，備わっている座標系は恣意的に選択されていることもあるだろう．しかし，我々が興味をひかれる性質や量のほとんどは，座標の選択に依存しないはずである．つまり，これらの性質や量は等長写像を適用しても変わること

はない．したがって，以下を得る．

命題 3.52 $f:(X,d_X)\to(Y,d_Y)$ が距離空間の等長写像であれば，f は付随する位相空間の間の同相写像である．

また，距離空間の間の連続写像の概念についても調べておく必要があるだろう．二つの距離空間 X と Y が与えられたとすると，集合写像 $f:X\to Y$ は，「近くの点を近くの点に運ぶ」場合，連続的であると考えられている．この考えを数学的に正確に表現すると，つぎのようになる．

定義 3.53 (X,d_X) と (Y,d_Y) を距離空間とする．集合写像 $f:X\to Y$ が**点 $\boldsymbol{x}\in\boldsymbol{X}$ で連続である**とは，任意の $\epsilon>0$ に対して，$d_X(x,x')\le\delta$ であれば $d_Y(f(x),f(x'))\le\epsilon$ を満たすような $\delta>0$ が存在するときをいう．写像 f が**連続である**とは，すべての $x\in X$ に対して，x で連続であるときをいう．

この連続の定義は，ユークリッド空間の部分集合間の連続写像に対する日常的な感覚と合っている．もちろん同相写像はつねに連続である．

命題 3.54 $f:(X,d_X)\to(Y,d_Y)$ を，X の各点で連続である距離空間の写像とする．このとき，f は付随する位相空間の連続写像である．

ここまで見てきたようなすべての概念はユークリッド空間の部分集合に対してよく当てはまっているが，より一般的な距離空間にも当てはまる．後々，このような普遍性が重要であることを見る．

3.2.4 ホモトピーとホモトピー同値

実数値の二つの特徴量をもち，$\mathbb{R}^2$ の単位円の周りに集中しているデータセットを調べているとする．ここで，データには小さな数 ϵ で等しく抑えられる誤差があるとする．これは，極座標で $A_\epsilon=\{(r,\theta)\mid 1-\epsilon\le r\le 1+\epsilon\}$ で表される環状の A_ϵ にデータがあることを意味している．測定値の誤差はコントロールできないので，観測できる形状は A_ϵ であり，単位円ではない．単位円が観測できるのは，無限の精度で測定できるときのみであると考えられる．つぎに，追加で測定することができ，データが $\mathbb{R}^3$ にあるとする．さらに，この新しい特徴が情報をもたず，たとえば，小さな区間上で平均 0 の単純な一様分布であるとする．3 次元空間で測定を行うならば，$\mathbb{R}^3$ において，単位円を含む中身の詰まったトーラス $\mathbb{T}$ にデータが集中することが予想される．したがって，3 次元空間において観測が期待できる空間は，このトーラスである．データ解析の観点からは，第 3 の変数は情報量が少ないので，$\mathbb{R}^2$ と $\mathbb{R}^3$ のどちらで測定しても，解析結果が変わらないことが望ましいと思われる．しかし，環状とトーラスは**同相でない**ことは容易に確認できる．このため，同相性よりも柔軟な同値性の概念，すなわち**ホモトピー同値**とよばれるものを研究することは非常に有用である．ホモトピー同値の考え方では，一点に押しつぶせる集合はすべて同じものとみなす．たとえば，すべての単位円板 $D^n \subseteq \mathbb{R}^n$ はホモトピー同値である．まず，二つの連続写像の間のホモトピーという概念を定義する必要がある．

直感的には，f から g へのホモトピーは，f で始まり g で終わる連続した 1 パラメータの変形写像の族である．

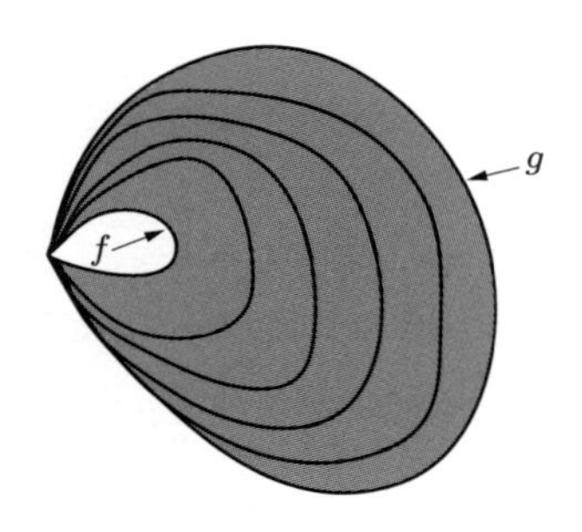

上の図は，円 S^1 からユークリッド平面への二つの写像 f と g の間のホモトピーを表している．それぞれの軌道は，変形の族の一つの元に対応し，S^1 から平面への写像である．これを数学的に定式化するために，位相空間の積の概念を導入する必要がある．

定義 3.55　X と Y を二つの位相空間とする．X と Y の積 $X \times Y$ とは，順序対 (x, y) $(x \in X, y \in Y)$ の集合であって，開集合が $U \times V$ の形の集合の任意の和集合となるものである．ただし，U，V はそれぞれ X，Y の開集合である．この集合の族が $X \times Y$ 上の位相を形成していることは容易に検証できる．

▶例 3.56 ——　積 $[0, 1] \times [0, 1]$ は集合 $\{(x, y) \in \mathbb{R}^2 \mid x \in [0, 1], y \in [0, 1]\}$ に同相である．◀

▶例 3.57 ―― 積 $S^1 \times [0,1]$ は集合 $\{(x,y,z) \in \mathbb{R}^3 \mid x^2+y^2=1, 0 \le z \le 1\}$ に同相である．すなわち，缶の境界の垂直部分に相当する．また，円環 $\{(x,y) \in \mathbb{R}^2 \mid 1 \le \sqrt{x^2+y^2} \le 2\}$ に同相である．

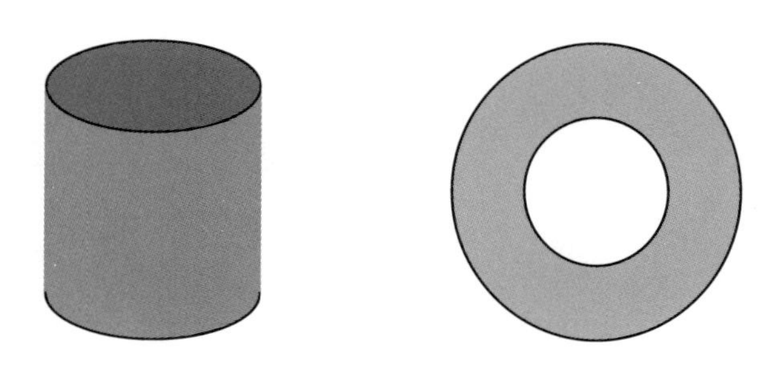

◀

▶例 3.58 ―― 円の二つのコピーの積 $S^1 \times S^1$ は，例 3.32 で定義した（同相であることを示した）空間に同相である．したがって，トーラスに同相である． ◀

ここで，連続写像のホモトピーという概念を正確に定義することができる．

定義 3.59 $f, g : X \to Y$ を，空間 X から空間 Y への連続写像とする．f から g への**ホモトピー**とは，$H(x,0) = f(x)$ かつ $H(x,1) = g(x)$ となるような連続写像 $H : X \times [0,1] \to Y$ のことである．ここで，通常どおり，$[0,1]$ は $\mathbb{R}$ の単位区間を表す．f から g へのホモトピーがあるとき，f と g は**ホモトピックである**といい，$f \simeq g$ と表記する．

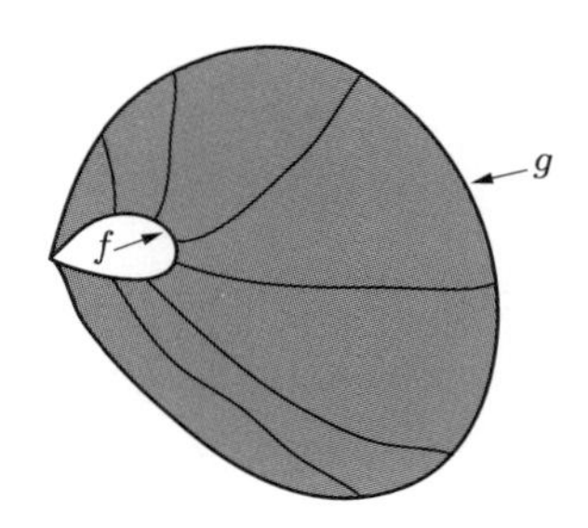

上図は，写像 H を $x \times [0,1]$ $(x \in X)$ の形の集合に限定して得られる円弧を示している．

ここでは，ホモトピーの例をいくつか紹介する．

▶**例 3.60** —— 空間 X が一点から構成されているとする．このとき，X から Y への連続写像は，単に Y の点 y を選ぶだけである．点 y と y' に付随する写像は，$\phi(0)=y$，$\phi(1)=y'$ のような $[0,1]$ から Y への連続写像 ϕ が存在すれば，正確にホモトピックとなる．直感的に解釈すると，2 点を結ぶ**経路**が Y に存在することになる． ◀

▶**例 3.61** —— 像となる空間 Y を $\mathbb{R}^n$ とし，$f,g:X\to Y$ を任意の二つの連続写像とする．このとき，

$$H(x,t)=(1-t)f(x)+tg(x)$$

で与えられる写像 $H:X\times[0,1]\to Y$ は，f から g へのホモトピーであり，加算演算子は $\mathbb{R}^n$ における通常のベクトルの加算とする．この**直線的なホモトピー**は，像となる空間が凸であれば，いつでも有効である．つまり，ユークリッド空間への任意の二つの写像はホモトピックである． ◀

▶**例 3.62** —— $f(z)=z^n$ と $g(z)=2z^n$ で与えられる，穴あき複素平面 $\mathbb{C}^*=\mathbb{C}-\{0\}$ から自身への二つの写像を考えよう．このとき，$H(z,t)=e^{(\ln 2)t}z^n$ で与えられる f から g へのホモトピーが存在する．なお，空間 $\mathbb{C}^*$ への写像のホモトピーを構成しているので，写像 H が決して値 0 をとらないようにしなければならないことに注意する． ◀

> **注意 3.63** $m\neq n$ であるとき，二つの写像 $f(z)=z^m$ と $g(z)=z^n$ をとると，f と g は $\mathbb{C}^*$ から自身への写像として**ホモトピックではない**ことがわかる．ただし，この証明はまだできない．

定義 3.64 $f:X\to Y$ を連続写像とする．f が**ホモトピー同値写像**であるとは，$f\circ g$ が Y 上の恒等写像にホモトピックで，$g\circ f$ が X 上の恒等写像にホモトピックであるような連続写像 $g:Y\to X$ が存在するときをいう．二つの空間が**ホモトピー同値である**とは，一方から他方へのホモトピー同値写像が存在するときをいう．$x_0\in X$，$y_0\in Y$ という固定基点があるとき，$f(x_0)=y_0$ となる写像 $f:X\to Y$ を**基点写像**，すべての t について $H(x_0,t)=y_0$ となるホモトピーのことを**基点ホモトピー**といい，類似概念として**基点ホモトピー同値写像**がある．

明らかに，二つの空間が同相ならば，それらはホモトピー同値である．一方，空間がホモトピー同値であっても，同相でない場合が多く存在する．

▶例 3.65 ――　包含写像 $\{\vec{0}\} \hookrightarrow \mathbb{R}^n$ はホモトピー同値である．つまり，一点空間と $\mathbb{R}^n$ はホモトピー同値である．具体的に書けば，合成

$$\{\vec{0}\} \hookrightarrow \mathbb{R}^n \to \{\vec{0}\}$$

は恒等写像に等しく，合成

$$\mathbb{R}^n \to \{\vec{0}\} \hookrightarrow \mathbb{R}^n$$

はホモトピー

$$H(\vec{v}, t) = t\vec{v}$$

によって恒等写像にホモトピックである．$\mathbb{R}^n$ は複数の点から構成されているので，この二つの空間が同相でないことは明らかである．◀

一点空間とホモトピー同値な空間を**可縮**とよぶ．

▶例 3.66 ――　極座標で考え，$r = 1$ で定義される円を S^1，$1 \leq r \leq 2$ で定義される円環を A とする（図 3.1）．このとき，包含写像 $i : S^1 \hookrightarrow A$ はホモトピー同値写像となる．

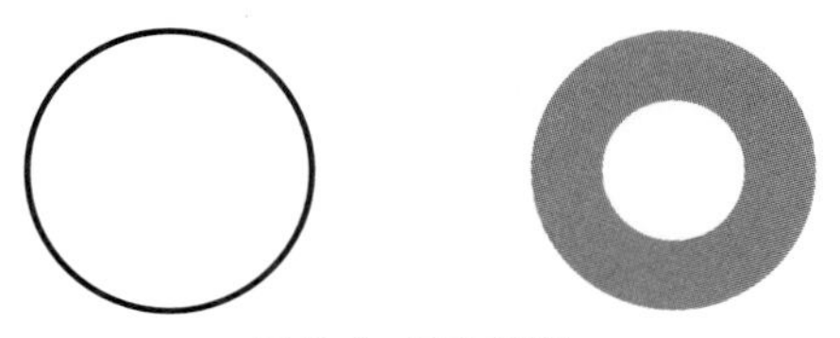

図 3.1　円と円環．

これを見るために，写像 $\rho : A \to S^1$ を極座標で定義すると，$\rho(r, \theta) = (1, \theta)$ となる．合成 $\rho \circ i$ が S^1 上の恒等写像に等しいことは明らかである．一方，合成 $i \circ \rho$ は，極座標で

$$H(r, \theta, t) = (r - t(r - 1), \theta)$$

で与えられるホモトピーによって，恒等写像にホモトピックとなることがわかる．下図の矢印は，t が 0 から 1 へ増加するときの円環の点の軌跡を表している．

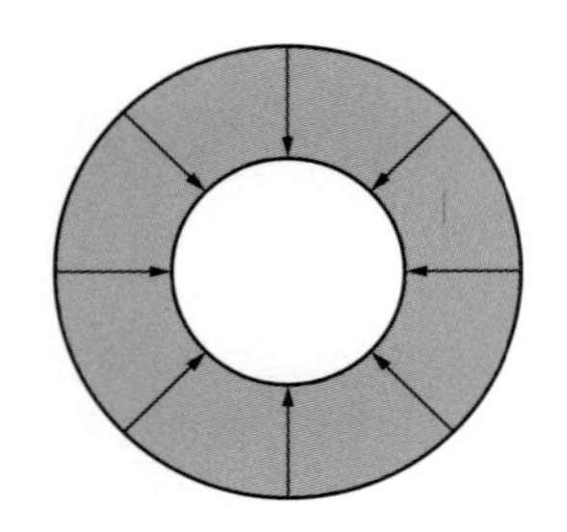

◀

▶例 3.67 —— $\mathbb{R}^2$ 上の球（つまり円）と穴あき平面 $\mathbb{R}^2 - \{0\}$ はホモトピー同値であるが，同相ではない．

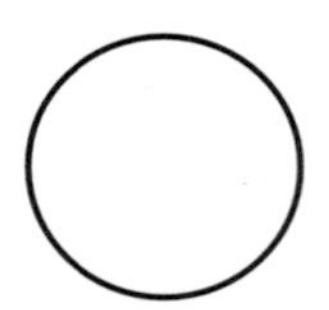

◀

▶例 3.68 —— 下図の変形に示すように，文字「D」と「P」はホモトピー同値である．しかし，それらは同相ではない．

◀

二つの空間がホモトピー同値でないことを示すのは，同相でないことを示すよりはるかに難しい．以降，本書ではこれを証明するための道具を構成する予定であるが，その前に，ホモトピー同値でない空間の例をいくつか挙げておく．

▶例 3.69 —— 直感的には，平面上の領域の「穴の数」は，ホモトピー同値写像の下では変化しない．したがって，つぎの図の二つの空間はホモトピー同値ではない．

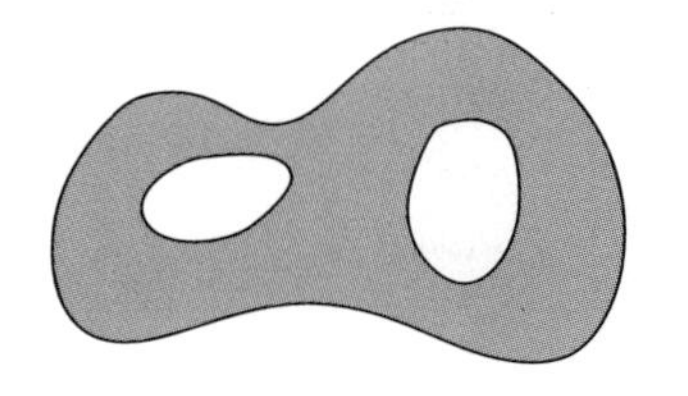
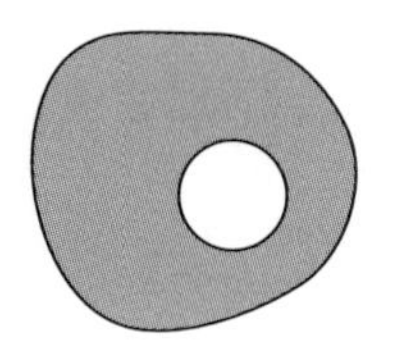

◀

▶**例 3.70** —— 円 S^1 と球面 $S^2 = \{(x, y, z) \mid x^2 + y^2 + z^2 = 1\}$ はホモトピー同値ではない．両者を $\mathbb{R}^3$ 上に置くと，球面には 2 次元の穴，すなわち「空洞」があるが，円にはない． ◀

▶**例 3.71** —— 二つの空間がホモトピー同値であれば，同じ数の連結片に分解されるはずである．このことから，連結片の数が異なる空間はホモトピー同値でないことがわかる． ◀

3.2.5 同値関係

本項では，技術的に少し寄り道をする．本項の内容は，空間の構成やホモトピー不変の特徴量を検出する道具の構成を含む，この後の章で行うすべてのことに不可欠なものである．

集合 X 上の（二項）関係とは，$X \times X$ の部分集合である．x と x' が関係をもつことを示すために，しばしば関係 $\sim$ と表し，$x \sim x'$ と記す．

定義 3.72 集合 X 上の関係 $\sim$ が**同値関係**であるとは，つぎの三つの条件が成立するときをいう．

1. すべての $x \in X$ に対して $x \sim x$.
2. $x \sim x'$ ならば $x' \sim x$.
3. $x \sim x'$ かつ $x' \sim x''$ ならば $x \sim x''$.

$x \in X$ の**同値類** $[x]$ とは，集合

$$\{x' \mid x \sim x'\}$$

のことである．すべての $x \in X$ に対する集合たち $[x]$ は，集合 X の分割をなす．

集合 X と X 上の同値関係 $\sim$ に対して，$\sim$ の下の同値類の集合を $X/\sim$ と表し，

$\sim$ に関する X の**商**とよぶことにする．

定義 3.73 X を集合とし，$\sim$ を X 上の二項関係であるとする．**$\sim$ によって生成される同値関係**とは，関係 $\simeq$ のことである．ここで，$x \simeq x'$ であるとは，有限列 $\{x_0, x_1, \ldots, x_n\}$ $(x = x_0, x' = x_n)$ が存在して，各 i について組 (x_i, x_{i+1}) と (x_{i+1}, x_i) の少なくとも一方が $\sim$ の関係にあるとき，またそれに限るときをいう．$\simeq$ が同値関係であることは容易に確認できる．

▶例 3.74 —— 有理数 $\mathbb{Q}$ は，一般に整数の組 (m, n) かつ $n \neq 0$ で記述され，m は分子，n は分母である．(m, n) と (mk, nk) の組は同じ有理数を表すので，表現は明らかに一意ではない．ここでは，整数の集合を $\mathbb{Z}$，集合 $\mathbb{Z} - \{0\}$ を $\mathbb{Z}^*$ と表記する．集合 $\mathbb{Z} \times \mathbb{Z}^*$ 上で $(m, n) \sim (m', n')$ であるとは，$mk = m', nk = n'$ となるような 0 でない整数 k が存在するとき，またそれに限るときという要件により二項関係 $\sim$ を定義する．ここで，$\sim$ が生成する同値関係 $\simeq$ を考えると，$\mathbb{Q}$ が商 $\mathbb{Z} \times \mathbb{Z}^* / \simeq$ と同一視できることは容易に確認できる． ◀

▶例 3.75 —— X を有限集合とし，X に成分をもつ n 個の列の集合である $Y = X^n$ を考える．Y 上には，二つのベクトル $(x_1, \ldots, x_n)$ と $(x'_1, \ldots, x'_n)$ について，座標を並べ替えて一方から他方を得ることができるとき同値である，という同値関係 $\simeq$ が存在する．この場合，同値類の集合は，X に成分をもつサイズ n のすべての多重集合から構成される．データは表計算ソフトでは順番に並んでいることが多いが，ここで関心があるのは，データの順番に関係なくそれらを調べることである．買い物を例にとれば，レジの精算係が品物を取り出す順番は，まったく気にしないということである．このように，データのある側面を無視してデータセットの特徴を探索することは，しばしば非常に興味深い問題である．5.2 節では，このような特徴探索の別の例を見ることになる． ◀

▶例 3.76 —— X を区間 $[0, 2\pi]$ とする．ここで，$\simeq$ は同値関係 $\Delta \cup \{(0, 2\pi), (2\pi, 0)\}$ を表すとする．ただし，Δ は対角線の集合 $\{(x, x) \mid x \in X\}$ である．すると，$\simeq$ による X の商は，$t \in [0, 2\pi]$ を $(\cos t, \sin t)$ に写す関数によって，円 S^1 と同一視することができる．なお，この関数は 0 と 2π を S^1 の同じ点に写す．

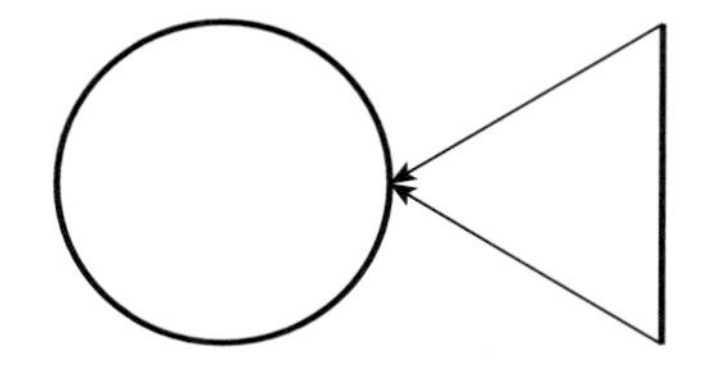

◀

上の例では，**集合**としての円が商 $[0,1]/\simeq$ と同一視できることを示しただけである．位相空間 X とその上の同値関係 $\simeq$ が与えられると，集合 $X/\simeq$ 上に自然に定義された位相が存在することがわかる．

定義 3.77 X を位相空間とし，$\simeq$ を集合 X 上の同値関係とする．$\pi^{-1}(U)$ が X の開集合であるすべての集合 $U \subseteq X/\simeq$ からなるものを $X/\simeq$ 上の**商位相**と定義する．ここで，$\pi : X \to X/\simeq$ は $\pi(x) = [x]$ で与えられる射影である．この要件が $X/\simeq$ の位相を定義していることは容易に確認できる．

例 3.76 は，この構成で最も単純な場合の一つである．ここでは，そのような関係のクラスを紹介する．

▶**例 3.78** —— 集合 X に対する群 G の作用とは，各 $g \in G$，$x \in X$ に新しい要素 $gx \in X$ を割り当てるものであって，$g, h \in G$ に対して $(gh)x = g(hx)$ を満たす規則のことである．G が集合 X に作用し，その作用は $x, x' \in X$ に対して $gx = x'$ となるような $g \in G$ があるとき，$x \sim_G x'$ とすることによって X 上の同値関係 $\sim_G$ を定義する．これが同値関係であることは容易にわかり，その同値類は**作用の軌道**とよばれる．位相空間の台集合に対する群 G の作用があるとき，その**作用が連続的である**とは，各元 $g \in G$ に対して関数 $g\cdot : X \to X$ が同相であるときをいう（ここで，g の右の黒丸 $\cdot$ は関数 g の族について論じていることを示す）．この場合，位相空間上の同値関係が得られるので，商位相を使って軌道空間を形成することができる．3.2.6 項では，これらのアイディアを縦横に使って，ある空間から新しい空間を生成する． ◀

▶**例 3.79** —— X と Y を位相空間とする．X から Y へのすべての連続写像の集合 $F(X, Y)$ を考えると，ホモトピーは $F(X, Y)$ 上の二項関係を構成する．これは，つぎの図が示すように，実際には $F(X, Y)$ の同値関係である．

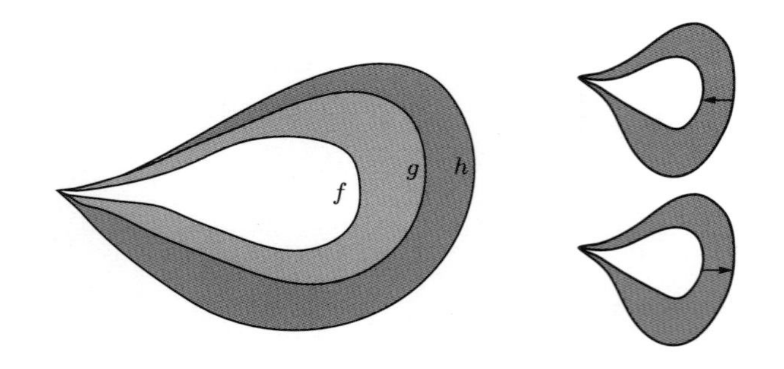

左図は，定義 3.72 の性質 3 “推移性” が成り立つことを示している．すなわち，f と g がホモトピー H を介してホモトピックであり，g と h がホモトピー H' を介してホモトピックである場合，H と H' を「つなぎ合わせる」ことが可能なので，f と h はホモトピックであることを示すことができる．右図は，定義 3.72 の性質 2 “対称性” を示すものである．f から g へのホモトピーは，変換 $t \to 1-t$ によって t を再パラメータ付けすることにより，g から f へのホモトピーを生成できることを示している． ◀

以下，写像 $f: X \to Y$ の同値類の集合を $[X, Y]$ と表記する．

ここまでは，離散集合上の同値関係，および位相空間上の同値関係を扱ってきた．位相空間の不変量を得るための作業の多くは，代数的手法，とくに体上のベクトル空間の代数に大きく依存しているため，ベクトル空間の部分空間による商の概念も紹介しておく．V を体 $\mathbb{k}$ 上のベクトル空間とし，$W \subseteq V$ を部分空間とする．V 上の同値関係 $\sim_W$ をつぎのように定義する：$v \sim_W v'$ であるのは，$v - v' \in W$ であるとき，またそのときに限る．$\sim_W$ が同値関係であることを確認するのは簡単である．商 $V/\sim_W$ を形成することができ，$V/\sim_W$ はそれ自身が $\mathbb{k}$ 上のベクトル空間であり，$[v]+[v'] = [v+v']$ および $k[v] = [kv]$ を満たす加算およびスカラー倍という演算をもつことがわかる．この特殊な場合，$V/\sim_W$ を V/W と表記し，V の W による商空間とよぶことにする．同値類は**コセット**または **W-コセット**とよばれ，$v+W$ $(v \in V)$ で表される．元 $v \in V$ は明らかに一意に決まらない．しかし，代表元 v を二つとったとき，その差は必ず部分空間 W の要素になっている．商は一見すると抽象的な概念であるが，いくつかの方法で明示的に記述することができる．

命題 3.80 ベクトル空間 V の基底 B をもち，$B' \subseteq B$ が部分集合であるとする．W を B' で張られる V の部分空間とすると，商 V/W は要素 $\{[b] \mid b \notin B'\}$ を基底とするので，V/W の次元は $\#(B) - \#(B')$ となる．より一般には，W' が V における W の補集合で，$W + W' = V$，$W \cap W' = \{0\}$ とすると，合成

$$W' \hookrightarrow V \xrightarrow{p} V/W$$

は全単射線形写像であり，V/W の次元が W' の次元と等しくなる．ただし，p は $v \in V$ を $\sim_W$ の下での同値類 $[v]$ に割り当てる写像である．

また，商は行列を用いた解釈もできる．V と W を順序付き基底をもつベクトル空間とし，$f : V \to W$ を与えられた基底に付随する行列 $A(f)$ をもつ線形写像とする．f の**像** $\mathrm{Im}(f)$ は W の部分空間であり，商空間 $W/\mathrm{Im}(f)$ を $\theta(f)$ と表記する．

命題 3.81 $g : V \to V$ と $h : W \to W$ を可逆な線形変換とする．このとき，$\theta(f)$ は $\theta(hfg)$ と同型になる．これは，行列の式 $A(f')=A(h)A(f)A(g)$ が与えられると，$\theta(f')$ は $\theta(hfg)$ と同型であることから従う．

[証明] これは，$w \sim_{\mathrm{Im}(f)} w'$ であるのは

$$h(w) \sim_{\mathrm{Im}(hf)} h(w')$$

であるとき，またそのときに限る，という基本的な観察から導かれる． □

命題 3.82 ベクトル空間 $\Bbbk^m$ を W とし，ある n に対して体 $\Bbbk$ に成分をもつ $m \times n$ 行列 A が与えられたとする．この行列は $V = \Bbbk^n$ から W への線形写像とみなすことができ，その列で張られる空間は変換 A の像となる．このとき，任意の行または列の操作（行または列の順列変更，行または列に $\Bbbk$ の 0 でない元を掛ける，ある行または列の倍数を別の行または列に加える）を適用して行列 A' が得られれば，$\theta(A)$ は $\theta(A')$ と同型である．

注意 3.83 体上の任意の行列 A に対して，行と列の操作を適用して，

$$\begin{bmatrix} I_n & 0 \\ 0 & 0 \end{bmatrix}$$

の形にすることができることに注意する．ここで，n は A の階数である．この場合，商の次元は命題 3.80 を用いて容易に計算することができる．

以降では，商の基底を構成したくなる場面にしばしば遭遇する．この構成法として，**ガウスの消去法**とよばれる，行列を被約行階段形式にする簡単な手順がある．ガウスの消去法は，行列の核空間を構成する方法として説明されることが多いが，商空間の基底を構成するのにも用いることができる．この方法の標準的な使用法は，行列が

$$\begin{bmatrix} 1 & * & 0 & * & * & 0 & * & * & * \\ 0 & 0 & 1 & * & * & 0 & * & * & * \\ 0 & 0 & 0 & 0 & 0 & 1 & * & * & * \\ 0 & 0 & 0 & 0 & 0 & 0 & 0 & 0 & 0 \end{bmatrix}$$

の形になるまで行変形を適用することであった．ここで，記号 $*$ は体の任意の要素を表す．これは行列の被約行階段形式とよばれ，形式的には，以下のように定義される：階数 r の $m \times n$ 行列 A が与えられたとする．それが以下の性質をもつとき，被約行階段形式であるという．

1. $i > r$ の場合，第 i 行の成分はすべて 0 となる．
2. 単調増加関数 $\rho : \{1, \ldots, r\} \to \{1, \ldots, n\}$ が存在して，(a) $i \leq r$ かつ $j < \rho(i)$ の場合は $a_{ij} = 0$，(b) $i \leq r$ の場合は $a_{i,\rho(i)} = 1$ である．値 $\rho(i)$ に対応する列を**ピボット列**とよび，数値 $\rho(i)$ それ自体を**ピボット**とよぶ．ピボットでないインデックス j は**非ピボット**とよばれる．
3. $i' \neq i$ の場合，$a_{i',\rho(i)} = 0$ である．

被約行階段形式の行列 A に対して，A の核空間の基底 $\mathcal{B}$ のつぎのような明示的記述が存在する．この基底 $\mathcal{B}$ は，A の非ピボット列の集合と一対一に対応する．非ピボット $j \in \{1, \ldots, n\}$ に対して，以下の条件を満たす n-ベクトル $\vec{v}(j)$ を核空間内に構成する．

- $\vec{v}(j)_{\rho(i)} = -a_{ij}$
- $\vec{v}(j)_j = 1$
- j' が非ピボットで $\neq j$ の場合，$\vec{v}(j)_{j'} = 0$

すべての非ピボット j に対するベクトル $\vec{v}(j)$ は，A の核空間の基底を形成する．

上記の手法と類似したやり方で商空間の基底を構成できる．まず明らかなことだが，行列 A の被約列階段形式というものが定義できる．定義の仕方は色々あるだろうが，ここでは行列 A が被約列階段形式であるとは転置行列 A^T が被約行階段形式であること，と定義する．これは列変形を適切に用いることによって実現でき

る．以下，A の列空間を $C(A)$ と表記する．階数 r の $m \times n$ 行列 A が被約列階段形式である場合，関数 $\rho : \{1, \ldots, r\} \to \{1, \ldots, m\}$ が存在する．この関数 ρ は，行階段形式を定義するときに用いたものと完全に類似の性質をもっている．また，それに対応するピボット行の概念もあり，ピボットと非ピボットの概念もある．A の列空間による $\Bbbk^m$ の商空間は，非ピボット i に付属する標準基底ベクトル $\vec{e_i}$ のコセット $\vec{e_i} + C(A)$ からなる基底をもつことが確認できる．また，この基底を用いたコセット $\vec{v} + C(A)$ の展開（$\vec{v}$ は $\Bbbk^m$ 中の任意のベクトル）を決定できることも重要で，つぎのように明示的に決定することが可能である．まず，i がピボットである要素 $\vec{e_i} + C(A)$ の基底展開を求めれば十分である．なぜなら，一般的なベクトルはこれらの元の線形結合として得られるからである．$i = \rho(j)$ であるピボット i に対して，$\vec{e_i} + C(A)$ の展開は，線形結合

$$- \sum_{i' : \text{非ピボット}} a_{i'j} \vec{e_{i'}}$$

である．これにより，二つのコセットが同じかどうかを決定するアルゴリズムが得られる．また，ベクトル空間 V から商空間 V/W への線形写像の行列表現も得られる．

3.2.6 商と積を用いた，位相空間と写像の構成

データのモデリングは，データ解析の最も重要な役割の一つである．したがって，データ解析には，モデルを構築するための優れた手法が必要である．我々が行うのは**トポロジカルなデータモデリング**なので，トポロジカルモデル，すなわち位相空間を構成する良い方法をもつことが重要である．位相空間を厳密に定義するためには，無限個の集合の族，すなわち開集合の族を指定する必要がある．直接的に定義しても，一般には実用的なものにはならないので，もっとコンパクトで，なおかつ幾何学的直観に合った方法を考えなければならない．また，すでに理解している空間上で新しい空間を構成したり，連続写像を指定したりできるようにしたい．そこで，同値関係による位相空間の商，また単体複体の幾何学的実現について紹介する．

距離などの他の情報から空間を構成することも有用だが，元々あった空間から新しい空間を構成することも有用である．非常に便利な方法の一つに，**等化空間**がある．この考え方は非常に単純である．それはよく知られている**メビウスの帯**の例でうまく説明でき，実際に物理的に実現することができる．長方形の短冊を用意し，

両端をひねってくっつける．短冊の両端をくっつけることは，両端を互いに同一視することであると考える．つぎの図を参照してほしい．

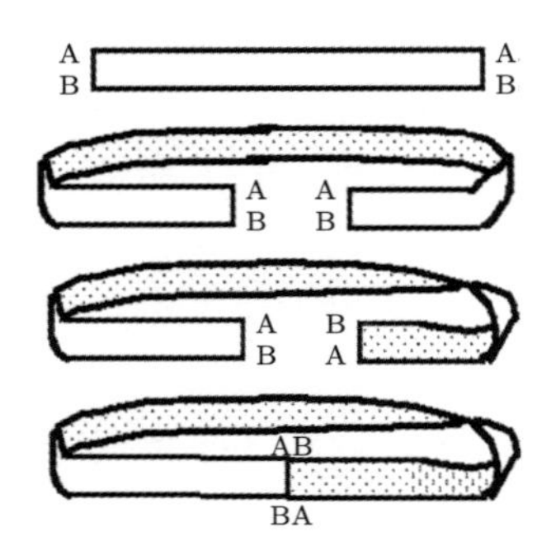

この手順を定式化すると，つぎのようになる．まず，$\mathbb{R}^2$ 上の矩形 $\mathcal{D}$，たとえば $[0,10]\times[-1,1]$ を用意する．

$$\mathcal{R}=\Delta\cup\{((0,t),(10,-t))\mid t\in[-1,1]\}$$

で定義される関係 $\mathcal{R}\subseteq\mathcal{D}\times\mathcal{D}$ を考えよう．$\mathcal{R}$ は $\mathcal{D}$ 上の同値関係であり，$\mathcal{R}$ によって $\mathcal{D}$ の商を形成することができる．この効果は，x 座標が 0 に等しい点と，x 座標が 10 に等しい点を同一視またはくっつけることである．X 上の同値関係による商を形成することによって，空間 X から新しい空間を構成するという一般的な考え方は非常に有用であり，本項ではその性質について述べることにする．

3.2.5 項の同値関係，同値類，商の位相の概念を思い出そう．

▶例 3.84 ［円］—— X を空間 $[0,1]$ とし，$\simeq$ を $r\in(0,1)$ のとき $[r]=\{r\}$ であり，$r=0,1$ では $\{0,1\}$ の形の同値類をもつ同値関係であるとする．その同値関係による商では，点 0 と点 1 を同一視したことになる．点 0 を点 1 に寄せて，それをくっつけるイメージである．直感的には，商集合が円と一対一対応であることは明らかである．$X/\simeq$ が実際に円に同相であることを示すには，商の構成に関する二つの結果が必要である． ◀

命題 3.85 $f:X\to Y$ を位相空間の写像とし，X 上の同値関係 $\simeq$ が与えられたとする．さらに，$x\simeq x'$ のときはいつでも $f(x)=f(x')$ が成り立つとする．すると，すべての $x\in X$ に対して $f_{\simeq}([x])=f(x)$ という性質をもつ連続写像 $f_{\simeq}:X/\simeq\to Y$ が存在する．

この命題を例 3.84 に適用すると，$\varphi(t) = (\cos(2\pi t), \sin(2\pi t))$ で定義される連続写像 $\varphi : [0,1] \to S^1$ は $\varphi(0) = \varphi(1)$ という性質をもっているので，写像 $[0,1]/\simeq \to S^1$ を因子にもつ，という結論が得られる．この写像が点に対して全単射であることは容易に確認できるが，ここでは同相写像であることを結論にしておきたい．この場合，逆写像を直接調べてもよいのだが，以下の一般論から結論を出すことができる．

命題 3.86 X と Y を $\mathbb{R}^n$ の閉有界部分集合とし，X に同値関係 $\simeq$，Y に有限群 G の作用が与えられていると仮定する．さらに，各点上で全単射な連続写像 $f : X/\simeq \to Y/G$（ここで Y/G は G 作用の軌道空間（例 3.78 を参照）を表す）が与えられたとする．このとき，f は同相写像である．

注意 3.87 命題 3.86 の結果は，より一般的な結果の特殊な場合であり，本書では取り扱わない．そのより一般的な結果を説明するためには，コンパクト性の概念と位相空間の分離公理，とくにハウスドルフの性質が必要である．それについては，Munkres (1975) を参照されたい．

ここで，命題 3.85 と命題 3.86 を合わせると，同相写像 $I/\simeq \to S^1$ が存在することの証明が得られる．

▶**例 3.88**［トーラス］—— 平面内の単位矩形 $\{(x,y) \mid 0 \leq x, y \leq 1\}$ を X とする．X 上の同値関係 $\simeq$ を，その同値類を与えて定義する．その同値類は

$$\begin{cases} \{(x,y)\} & (0 < x, y < 1 \text{ のとき}) \\ \{(x,0),(x,1)\} & (0 < x < 1 \text{ のとき}) \\ \{(0,y),(1,y)\} & (0 < y < 1 \text{ のとき}) \\ \{(0,0),(1,0),(0,1),(1,1)\} & (\text{その他のとき}) \end{cases}$$

である．この場合，商空間は通常のトーラスに同相であり，これは単に積位相をもつ $S^1 \times S^1$ として与えることもできるし，例 3.32 のように $\mathbb{R}^4$ の部分空間として実現することも可能である．ここでは後者を用い，$\alpha(s,t) = (\cos(2\pi s), \sin(2\pi s), \cos(2\pi t), \sin(2\pi t))$ と設定することで，まず $[0,1] \times [0,1]$ 上の写像 α を定義する．これがその同値関係と矛盾なく，$\simeq$ の下での同値類の集合から $S^1 \times S^1$ の点への全単射写像を生成することは容易に確認できる．この結果は，命題 3.85 と命題 3.86 から導かれる．この等化空間を図示する簡便な方法として，

下図のような四角形を描き，同値関係にある辺を同じ色で表すことがよくある．

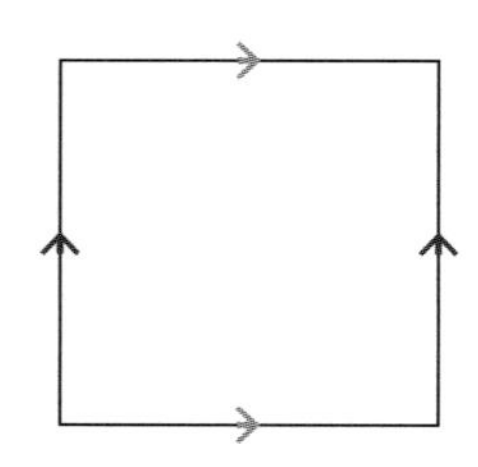

ここで，その商空間はトーラスである．◀

▶例 3.89 ［クラインの壺］―― 再び，平面内の単位長方形 $\{(x, y) \mid 0 \leq x, y \leq 1\}$ を X とする．X 上の第2の同値関係を定義する．その同値類は

$$\begin{cases} \{(x,y)\} & (0 < x, y < 1 \text{ のとき}) \\ \{(x,0),(x,1)\} & (0 < x < 1 \text{ のとき}) \\ \{(0,y),(1,1-y)\} & (0 < y < 1 \text{ のとき}) \\ \{(0,0),(1,0),(0,1),(1,1)\} & (\text{その他のとき}) \end{cases}$$

である．この場合の商空間は「クライン壺」とよばれ，つぎのような図で描かれることが多い．

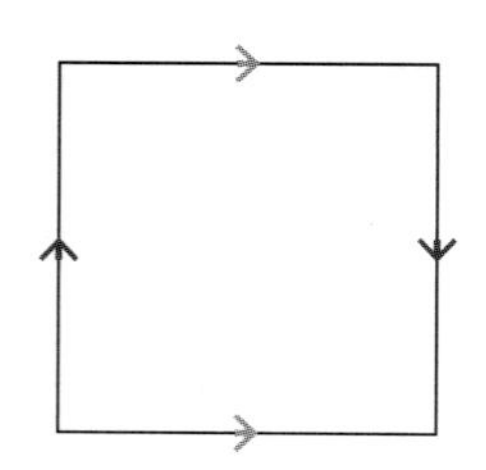

◀

▶例 3.90 ［クラインの壺，バージョン2］―― トーラス $\mathbb{T} = S^1 \times S^1$ を考える．例題 3.32 と同様に，方程式

$$\begin{cases} x^2 + y^2 = 1 \\ z^2 + w^2 = 1 \end{cases}$$

で定義される $\mathbb{R}^4$ の部分集合として座標を与えることにする．$\mathbb{T}$ 上の群 $C_2 = \mathbb{Z}/2\mathbb{Z} = \{e, \tau\}$ の作用を

$$\tau(x, y, z, w) = (-x, -y, z, -w)$$

で定義し，クラインの壺を C_2 作用による軌道空間（例 3.78 を参照）と定義する．すなわち $\nu \in \mathbb{T}$ に対して，$\Delta \cup \{(\nu, \tau(\nu)) \mid \nu \in \mathbb{T}\}$ からなる同値関係により定義する．ここで，例 3.89 の構成からこのモデルへの写像を定義する．そのために，まず，

$$\beta(s,t) = (\cos(\pi s), \sin(\pi s), \cos(2\pi t), \sin(2\pi t))$$

という式で $[0,1] \times [0,1]$ から $\mathbb{T}$ への写像 β を定義する．クラインの壺は $\mathbb{R}^4$ の閉じた有界部分集合上の有限群作用の軌道空間であるから，命題 3.86 より，写像 β が同値関係と矛盾なく，各点上で全単射であることを証明できれば，それが同相であることを証明できる．この両方の事実を確認するのは簡単である．◀

▶例 3.91［射影平面］——　X を平面上の単位円板とし，$\simeq$ をその同値類がつぎのようなものになる同値関係とする．

$$\begin{cases} \{(x,y)\} & (x^2 + y^2 < 1 \text{ のとき}) \\ \{(x,y), (-x,-y)\} & (x^2 + y^2 = 1 \text{ のとき}) \end{cases}$$

その結果得られる商空間は**実射影平面**とよばれ，その点は 3 次元ユークリッド空間における原点を通るすべての直線の集合とつぎのように同一視することができる．まず，xy 平面上の単位円板と 3 次元空間上の球面上の「北半球」は，円板上の各点をその上にある球面上の点に送れば，同一視することができる．つぎに，原点を通るどの直線も北半球と交差している．この線が xy 平面上にない場合，北半球とちょうど一点で交差することになる．xy 平面上にある場合，北半球とは 2 点で交差しており，互いに正反対である．これは，原点を通る直線の集合が，上記の商空間によって正確にパラメータ化されることを意味する．xy 平面上にない直線は，一意の交点を含む同値類に対応し，xy 平面上にある直線は，α を「赤道」との交点の一つとする同値類 $\{\alpha, -\alpha\}$ に対応する．◀

▶例 3.92［錐］——　X を任意の位相空間とする．このとき，X と単位区間 $[0,1]$ との積 $X \times [0,1]$ を考える．この空間に，同値類が

$$\begin{cases} \{(x,t)\} & (t < 1 \text{ のとき}) \\ \{(x,1)\}_{x \in X} & (\text{その他のとき}) \end{cases}$$

となるような同値関係を定義する．商空間 $X \times [0,1]/\simeq$ は，X 上の**錐**とよばれる．同値類 $\{(x,1)\}_{x \in X}$ に対応する点を**錐点**とよぶ．つぎの図を参照してほしい．

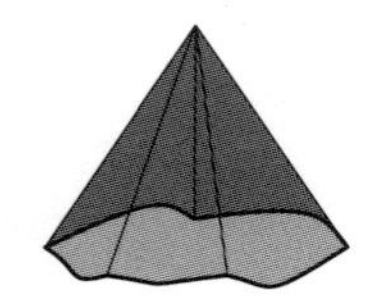

◀

▶**例 3.93** ［懸垂］―― 再び，X を任意の位相空間とする．X と単位区間 $[0,1]$ との積 $X \times [0,1]$ を考え，この空間上に別の同値関係 $\sim$ をつぎのように定義する：任意の $x, y \in X$ に対して $(x,0) \sim (y,0)$ と $(x,1) \sim (y,1)$，他のどの点とも同値でない各 (x,t) をそのままとする．商空間 $SX = X \times [0,1]/\sim$ は，X が二つの錐点の間に吊り下げられているように描けるので，X 上の**懸垂**とよばれる．下の図では，その全体が X 上の懸垂を表している（X は薄い色の図形）．

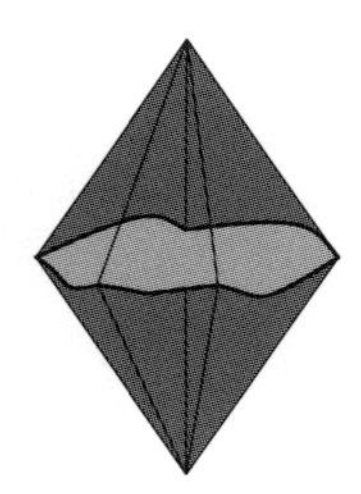

◀

注意 3.94 これら二つの構成は，空間 X がユークリッド空間の部分集合であるとき，3.2.3 項で行った構成に同相である．

定義 3.95 X と Y を位相空間とする．このとき，X と Y の**積空間**（$X \times Y$ と表す）とは，集合 $X \times Y$ を台集合とし，部分集合 $U \subseteq X \times Y$ が開集合であるとは，すべての点 $(x_0, y_0) \in U$ に対して，(a) $(x_0, y_0) \in U_X \times U_Y$，および (b) $U_X \times U_Y \subseteq U$ となる開集合 $U_X \subseteq X$，$U_Y \subseteq Y$ が存在するとき，またそのときに限る，となるものである．

積の側面と懸垂の側面を組み合わせた構造として，二つの空間の**結合**がある．

▶**例 3.96** ―― X と Y を位相空間とする．このとき，X と Y の**結合空間**（$X * Y$ と表す）は，$X \times Y \times [0,1]$ において，

1. $(a, b_1, 0) \sim (a, b_2, 0)$,
2. $(a_1, b, 1) \sim (a_2, b, 1)$

で生成された同値関係による商とする．商は，B 因子のどんな変化も点 0 で無関係

になり，A 因子のどんな変化も点 1 で無関係になる．すなわち，$A \times B \times \{0\}/\sim = A$ かつ $A \times B \times \{1\}/\sim = B$ となる．直感的には，結合空間は，A の各点から B の各点に線分を追加することによって，非交和集合から構成される位相空間と考えることができる．多くの構成は，結合空間の特殊な場合である．たとえば，

- 例 3.92 の錐は，錐の基底空間と一点空間を結合した結合空間 $CX = \{*\} * X$ である．
- 例 3.93 の懸垂は結合空間 $SX = S^0 * X$ である．
- 二つの球の結合は別の球である．すなわち，$S^n * S^m = S^{n+m+1}$． ◀

3.2.7 単体複体

本項では，距離や「近さ」の概念をもたない純粋な組合せ情報から位相空間を構成する方法を紹介する．この構成は，とくに点群の研究を含め，この後のすべてにおいて重要である．これについて取っ掛かりを得るために，球面と四面体の境界が同相であることに注意する．四面体の境界は，四つの三角形の組み合わせで，それぞれの組は辺で交わっている．六つの辺があり，各辺の組は四つの頂点のいずれかで交わっている．すべての三角形，辺，頂点と，それらの間に成り立つすべての包含関係を列挙した組み合わせ情報は，四面体の境界，あるいはそれに同相な空間を再構成するのに十分であることがわかる．トポロジーの研究者が扱うほとんどの空間は，三角形と**単体**とよばれる高次元物体の和としてつくられた空間に同相であること，そして，それらの空間はそのような単体の集合とそれらの間の包含関係から単純に再構成できることがわかっている．正確な定義を以下で見ていこう．

$V = \{v_0, v_1, \ldots, v_n\} \subseteq \mathbb{R}^n$ を有限部分集合とする．V が**一般的な位置にある**とは，$\mathbb{R}^n$ の $n-1$ 次元のどのアフィン部分空間にも含まれないときをいう．

> **注意 3.97** $\mathbb{R}^2$ および $\mathbb{R}^3$ の場合，それぞれ次元 1（それぞれ次元 2）のアフィン部分空間は線（それぞれ面）である．高次元空間のアフィン部分空間の定義は，この概念を正確に一般化したものである．したがって，$\mathbb{R}^3$ 内の点の三つ組は点どうしが共線でないとき一般的な位置にあり，四つ組は点どうしが共面ではないとき一般的な位置にある．

点の集合 V が一般的な位置にあるとき，その集合 V で張られる**単体**を V の**凸包**と定義する．すなわち，$r_0 + r_1 + \cdots + r_n = 1$ となる $r_i \geq 0$ を用いて線形結合 $r_0 v_0 + r_1 v_1 + \cdots + r_n v_n$ と表せる点の集合である．低次元の場合，点の組で張

られる単体は点どうしの線分，3 点で張られる単体はその点が結ぶ三角形，4 点で張られる単体は四面体となる．点の集合 V を V で貼られる単体の**頂点**の集合とよび，V で張られる単体の**次元**を $\#(V)-1$ とする．点集合 V の部分集合 W があるとき，W で張られる単体は V で張られる単体の**面**である．たとえば，四面体は四つの 2 次元の面，六つの 1 次元の面（つまり線分），四つの 0 次元の面（つまり頂点）をもっている．**単体複体**とは，以下の二つの性質をもつ単体のリスト $\mathcal{L}$ の和として記述できる空間 X と定義する．

- ある単体が $\mathcal{L}$ に含まれるなら，その面も同じく含まれる．
- $\mathcal{L}$ の任意の二つの単体 σ と τ について，その共通部分 $\sigma \cap \tau$ は σ と τ の両方の面である．

単体複体 X の**部分複体**とは，X に属する単体の集まりで，上記の条件を満たすものである．以下の各図は，2 次元の単体複体の例である（同じ次元の複体は同じ濃さで表している）．それぞれ三角形の集まりで，三角形は線分で交差し，線分は頂点で交差している．

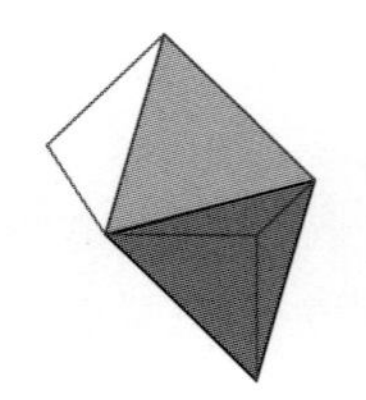 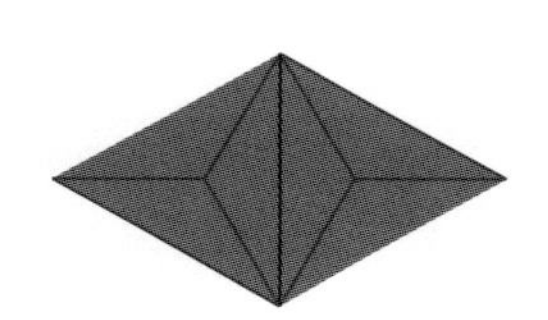 

任意の単体複体に付随して，**抽象単体複体**とよばれる完全に組合せ論的な対象がある．

定義 3.98 抽象単体複体とは，頂点集合とよばれる有限集合 V，$\sigma \in \Sigma$ かつ $\emptyset \neq \tau \subseteq \sigma$ のとき $\tau \in \Sigma$ となる V の空でない部分集合族 Σ の組 (V, Σ) である．Σ の要素を単体とよぶ．任意の単体複体 X に対して，その付随する抽象単体複体は X の頂点集合 V をもち，頂点集合が Σ に含まれるのは X の単体を張るとき，またそのときに限る．この定義が抽象的な単体複体を与えることは，容易に確認できる．このとき，集合 Σ は非交和集合 $\Sigma = \bigsqcup_{k=0}^{n} \Sigma_k$ と分解されることに注意する．ここで，Σ_k は基数 $k+1$ の要素を表し，k は単体の**次元**を示している．任意の抽象単体複体 $X = (V_X, \Sigma_X)$ に対して，X の**部分複体**とは，部分集合 $U \subseteq V_X$ と，U の部分集合の集まり Σ_U からなり，(a) $\Sigma_U \subseteq \Sigma_X$ を満たし，(b) 組 (U, Σ_U) それ自体が抽象単体複体であるものである．

抽象単体複体 (V, Σ) が与えられたとすると，頂点 V に $\mathbb{R}^{|V|}$ の標準基底ベクトルを，そして，単体 $v_0, \ldots, v_n$ には対応する基底ベクトルの凸包を付随させることで，そこから $\mathbb{R}^{|V|}$ に埋め込まれた単体複体（区別して幾何的という）を生成することができる．その単体の和は幾何的単体複体となることがわかり，抽象単体複体 (V, Σ) の**幾何的実現**とよばれ，$|(V, \Sigma)|$ と表される．幾何的単体複体 X が与えられると，それはその付随する抽象単体複体の幾何学的実現に同相であることが示される．

▶**例 3.99** —— $J = \{j_0, \ldots, j_k\}$ とし，X を頂点集合 J をもつ抽象単体複体とする．ただし，単体の集まり Σ は J の空でない部分集合すべての集まりである．この複体 X は $\boldsymbol{J}$ **上の標準 $\boldsymbol{k}$-単体**とよばれ，$\Delta[J]$ で表される．$J = \{0, \ldots, k\}$ のとき，単に標準 k-単体とよび，Δ^k と表す．$k = 0, 1, 2, 3$ の場合，Δ^k の幾何的実現はそれぞれ一点，区間，三角形，四面体に同相である．一般的な k では，Δ^k は $\mathbb{R}^{k+1}$ における標準基底ベクトル集合の凸包に同相である．同相写像を除けば，$\Delta[J]$ は J の基数のみに依存するので，$\Delta[J]$ は $\Delta^{\#(J)}$ に同相である．ここでは，表記法を乱用して，上記の抽象単体複体とその幾何的実現の両方を Δ^k と表すことにする． ◀

▶**例 3.100** —— $k > 0$ を固定し，$\partial\Delta^k$ を $0, \ldots, k$ に等しい頂点集合をもつ抽象単体複体を表すとする．ただし，単体の集まり Σ は，$0, \ldots, k$ のすべての非自明な真部分集合の集まりである．$\partial\Delta^k$ の幾何的実現は，標準 k-単体の実現の境界と同相であり，これは $(k-1)$-球に同相である． ◀

▶**例 3.101** —— X を任意の抽象単体複体とし，Σ を単体の集まりとする．$\Sigma[k] \subseteq \Sigma$ を，V_X の部分集合のうち，基数 $\leq k+1$ であるものすべてで構成するとする．組 $(V_X, \Sigma[k])$ はそれ自体が単体複体であり，X の $\boldsymbol{k}$**-骨格**とよばれる．それを $X^{(k)}$ と表す． ◀

▶**例 3.102** —— 整数 $k \geq 0$ と部分集合 $J \subseteq \{0, \ldots, k\}$ を固定し，頂点集合が J で，その単体が J のすべての部分集合からなる抽象単体複体として，部分複体 $\Delta[J] \subseteq \Delta^k$ を定義する．その部分複体 $\Delta[J]$ を，部分集合 J に対応する Δ^k の**面**と

よぶ. ◀

二つの抽象単体複体 $X = (V_X, \Sigma_X)$ と $Y = (V_Y, \Sigma_Y)$ が与えられたとすると, X から Y への**単体複体の写像**とは, 集合写像 $f : V_X \to V_Y$ であって, 任意の X の単体 $\sigma = \{v_0, \ldots, v_k\}$ に対して集合 $\{f(v_0), \ldots, f(v_k)\}$ が Y の単体となるものである. 抽象単体複体の写像は, 連続写像 $|f| : |X| \to |Y|$ を誘導する. いい換えると, 空間だけでなく, 連続写像も組み合わせ情報によって構成することができる.

$X = (V_X, \Sigma_X)$ と $Y = (V_Y, \Sigma_Y)$ を抽象単体複体とし, V_X と V_Y が全順序 $\leq_X$ と $\leq_Y$ を備えているとする. この二つの全順序は, $X \times Y$ 上の半順序 $\leq_{X \times Y}$ を与える. X と Y の積により, 頂点集合 $V_W = V_X \times V_Y$ をもつ抽象単体複体 $W = (V_W, \Sigma_W)$ を, 部分集合 $\sigma \subseteq V_W$ が単体であるとは, (a) 半順序 $\leq_{X \times Y}$ の制限が全順序であり, (b) 集合 V_X と V_Y への σ の射影がそれぞれ X と Y の単体であるとき, またそのときに限るもの, と定義できる.

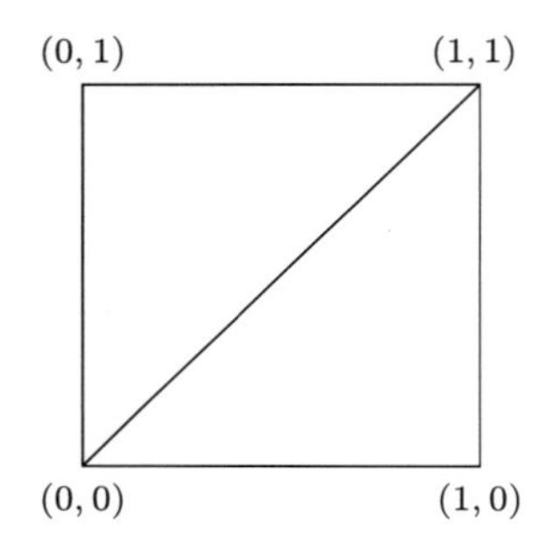

上図では $V_X = V_Y = \{0, 1\}$ とし, $0 \leq 1$ となる全順序を考え, V_W には $(x, y) \leq (x', y') \iff x \leq x'$ かつ $y \leq y'$ となる半順序が入っている. これは全順序ではない. そのため, たとえば頂点の組 $\{(0, 1), (1, 0)\}$ は単体にはならないが, $\{(0, 0), (1, 1)\}$ は単体であることに注意する.

抽象単体複体の概念は, 空間や空間の間の写像を構成するのに非常に強力である. 本書では後ほど, 抽象単体複体を使うと「空間 X からサンプリングした有限の点集合」から空間を作成できること, そして, 得られた単体複体はしばしば X と密接に関係することを確認する. また, 抽象単体複体を用いれば, これから必要となる代数的不変量も定義できるようになる.

▶例 3.103 ―― 例 3.88 で等化空間として見たトーラスは，抽象単体複体として構成することができる．

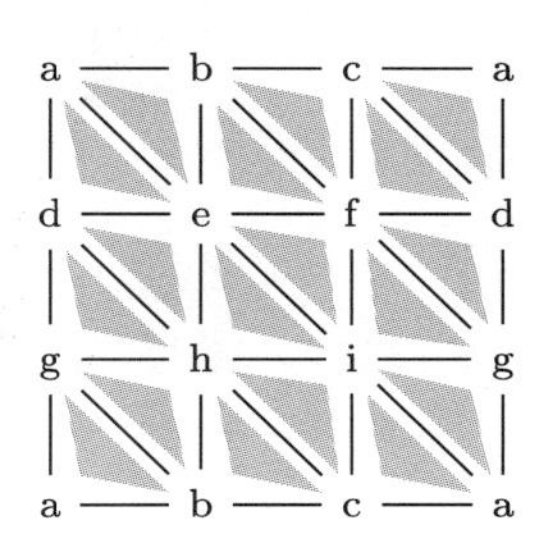

この単体複体は，9 の頂点，27 の辺，18 の三角形をもつ．それぞれ $\partial\Delta^2$ に同型な二つの単体複体の積として得られることに注意する． ◀

▶例 3.104 ―― 例 3.103 の右の辺に沿って二つの頂点 d と g を入れ替えるだけで，例 3.89 のクラインの壺が得られる．

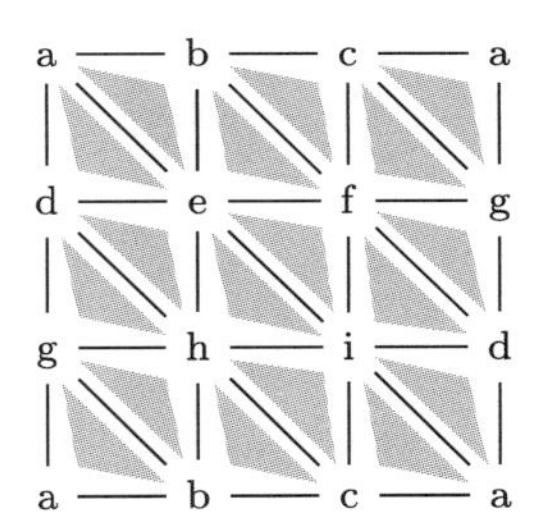

◀

▶例 3.105 ―― 3D レンダリングや 3D プリントのための幾何学的メッシュを格納する OBJ（オブジェクト）ファイル形式は，つぎのような単一行命令で構成されている．

- (x, y, z) にある頂点を表す **v x y z** のリスト．
- i 番目，j 番目，k 番目，…の頂点を通る線（など）を表す **l i j k . . .** のリスト．
- i 番目，j 番目，k 番目の頂点を通る三角形に対する **f i j k** のリスト．

OBJ ファイル形式そのものは，厳密な三角形でないポリゴンデータも格納可能である．しかし，このように定義された自己交差のない三角形のメッシュからは，幾何的単体複体を生み出すことができる．図 3.2 は，グラフィックス研究コミュニティで最も広く知られた 3D メッシュの一つで，表面の単体複体を定義する OBJ

図 3.2　スタンフォードのウサギ．［スタンフォード大学コンピュータグラフィックス研究所より］

ファイルとして取得することができる． ◀

3.2.8 連結情報

幾何学的な対象に関する定性的な情報のうち，最も粗いものが，これから述べる連結情報である．連結情報には，1.2 節のすべての例の大半が含まれている．含まれていない内容は，手書き文字の例で説明した角，辺，曲がり方といった特徴である．連結情報の性質を論じるために，まず，空間の連結成分を定義する．

定義 3.106　空間 X と点 $x \in X$ に対して，x の**連結成分**とは，X の連続的な経路で x に連結できる X の点の集合である．すなわち，$\phi(0) = x$ と$\phi(1) = x'$ を満たす連続写像 $\phi : [0,1] \to X$ が存在する点 x' の集合である．実際，同じ連結成分にあるという性質は，一点から X への写像の集合上のホモトピー関係と同一視できるので，同値関係である．ホモトピー関係が同値関係であることは例 3.79 で見たとおりである．同値類の集合は，X の連結成分の集合とよばれる．X の連結成分の集合を $\pi_0(X)$ と書く．ここで定義した連結成分を「経路成分」とよぶ文献もある．

連結成分の集合の濃度は，互いに同相（あるいはホモトピー同値）な二つの空間が同じ数の連結成分をもつという意味で，X の数値的トポロジカル不変量である．1.2 節の糖尿病の例でデータが指し示しているのは，糖尿病に苦しむ患者の代謝データと相対体重データは，顕性糖尿病患者と化学的病型の患者の二つの連結成分に分かれるということである．

実は，連結成分の集合には関連する不変量があり，それらは階層構造をつくっている．この場合，連結成分は**零次の連結情報**とみなすことができる．以下では，高次の連結情報について述べていこう．厳密な定義をする前に，原点を中心とした半径 1 の円板を取り除いた平面の例を考え，大雑把な議論を行うことにする．

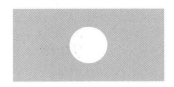

空間内の任意の 2 点間には区分的な線形経路が存在するため，この空間が連結であることはすぐわかる．

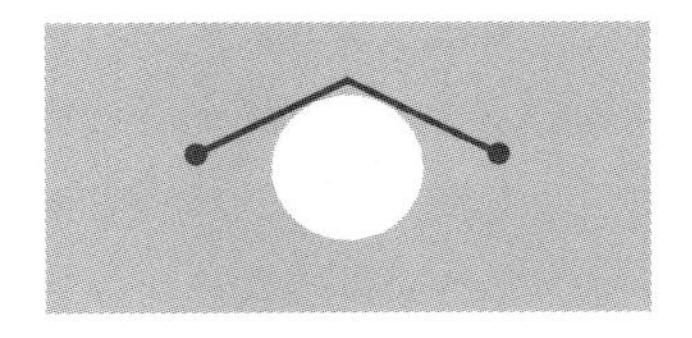

しかし，2 点を結ぶさまざまな方法が存在すること，つまり 2 点を結ぶ経路は何通りも存在することに注意する．

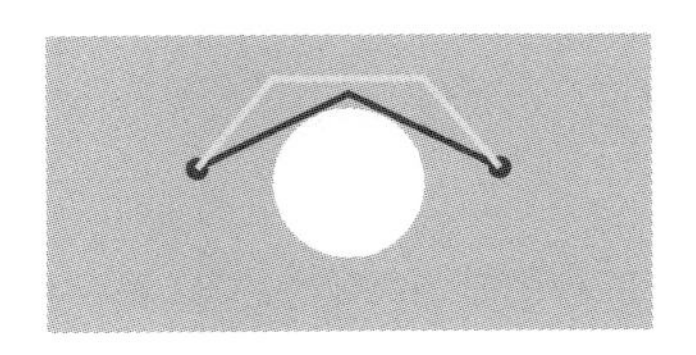

ここでは，これらの経路のいくつかを**本質的に同じもの**とみなすことにして，**ホモトピック**とよぶことにしよう．ある一組の点を結ぶ二つの経路が本質的に同じであるというのは，**空間 X において**，一方の経路から他方の経路に至る経路の連続的な族が存在し，その族に属する経路がつねに同じ端点をもつときである．この考え方は，連結成分の定義に関わる考え方と似ていることに注意する．二つの点は，一方の点から他方の点まで連続した点の系列（つまり連続した経路）が存在すれば連結である．しかし，興味深いのは，空間 X におけるある経路で，他の経路と本質的に同じではないものがあることである．たとえば，X において，つぎの図の上の経路と下の経路は本質的に異なる．

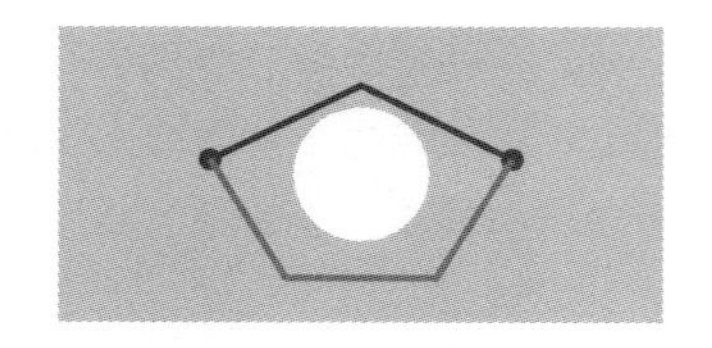

要するに，X の穴の周りで，端点を固定したまま，下の経路を連続的に引っ張って，上の経路に重ねることはできないのである．そうすると，1 次連結性の目的は，同じ連結成分内で，ある点と別の点を連結する本質的に異なる方法の数を記述することであると思ったかもしれない．残念なことに，上記の状況において，終点が固定された本質的に異なる経路の集合の基数は可算なので，この集合はすべての経路の集合よりも小さいが，それでも無限個であることがわかる．平面により多くの穴があいている状況を考えても，本質的に異なる経路の集合の濃度は変わらない．すなわち，整数の濃度である．幸いなことに，他のトポロジカルな相違と同様に，これらの異なる経路を区別する，より洗練された数え方がある．その方法を用いるには，本質的に異なる経路の集まりに代数的な構造が存在することを認識する必要がある．

定義 3.107 X を位相空間とし，$Y \subseteq X$ を部分空間とする．Z を X とは別の空間とし，$f : Y \to Z$ を連続写像とする．二つの連続写像 $g_0, g_1 : X \to Z$ が与えられたとすると，g_0 と g_1 が f を基点として Y に対してホモトピックであるとは，

$$\begin{cases} \text{すべての } x \in X \text{ に対して} & (x, 0) = g_0(x) \\ \text{すべての } x \in X \text{ に対して} & (x, 1) = g_1(x) \\ \text{すべての } y \in Y \text{ および } t \in [0, 1] \text{ に対して} & H(y, t) = f(y) \end{cases}$$

となるような連続写像 $H : X \times [0, 1] \to Z$ が存在するときをいう．f を基点とした Y に対するホモトピーは同値関係であり，その同値類の集合を $[(X, Y), Z; f]$ と表記する．

この概念は，$X = [0, 1]$, $Y = \{0, 1\}$, $f(0) = a$, $f(1) = b$ とすることにより，前述の a, b に端点を固定した経路のホモトピーの概念を内包している．端点 a, b がともに $x \in X$ に等しい場合を考え，それに対応する経路の同値類集合を $\pi_1(X, x)$ と表す．与えられた制約 $g(0) = g(1) = x$ をもつ各写像は，$[0, 1]$ の二つの端点が同じ

点に送られるので，x を基点とする X におけるループと考えることができる．x を基点とする二つのループ $g:[0,1] \to X$ と $g':[0,1] \to X$ が与えられたとすると，

$$\begin{cases} 0 \le t \le \frac{1}{2} \text{に対して} & g * g'(t) = g(2t) \\ \frac{1}{2} \le t \le 1 \text{ に対して} & g * g'(t) = g'(2t-1) \end{cases}$$

という式で新しいループ $g * g'$ を構成できる．なお，$g * g'(0) = g * g'(1) = x$ なのでループであり，$g(1) = g'(0) = x$ なので写像は連続的である．また，演算 $*$ を集合 $\pi_1(X,x)$ に対する乗算にできること，この乗算は結合的であること，乗算の単位元（値 x の定数経路）が存在すること，すべての要素 $\gamma \in \pi_1(X,x)$ は演算 $*$ で一意の逆数をもつことがわかっている．この状況をまとめると，$\pi_1(X,x)$ は単なる集合ではなく，実際には群であるといえる．この群を基点 x における空間の**基本群**とよぶことにする．連結空間については，基点の選び方は基本群の同型類に影響を与えないので，指定しなくてもよい．$\pi_1(X,x)$ が群であることを認識すると，以下の二つの状況を**区別することができる**．

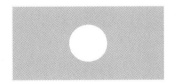

左の空間を X，右の空間を Y とすると，$\pi_1(X,x)$ は一つの生成子上の自由群，すなわち整数の加法群 $\mathbb{Z}$ に同型であることがわかる．一方，$\pi_1(Y,y)$ は二つの生成子上の自由群 F_2 に同型である．これらの群は明らかに同型ではない（F_2 は可換でない）ので，X と Y を区別することができた．さらに慎重に分析すると，穴の数を数えることができる．平面から交わらない n 個の円板を取り除いた空間を Z_n とする．すると，群 $\pi_1(Z_n,z)$ は n 個の生成子上の自由群 F_n と同型になる．有限生成自由群の階数とよばれる同型不変量が存在し，それが F_n 上で n の値をとることは容易に確認できる．このことから，対応する基本群の階数を計算することで，穴の数を数えることができる．

注意 3.108 ここまでは，同相空間が同型の基本群をもつという事実を暗黙のうちに利用してきた．これは，定義から明らかな事実である．また，ホモトピー同値空間は同型の基本群をもつことも事実である．この事実には，それほど大がかりではないが，証明が必要である．

具体的な話でいえば，穴が一つある平面の場合の，$\pi_1(X,x)$ と整数の群 $\mathbb{Z}$ の同一視について，直感を養っておくとよいだろう．これは，**回転数**という概念を通して行うことができる．回転数とは，ループが与えられたとき，向きも込めて「穴の周りを回転する」回数を数えることである．ループが反時計回りであればプラス，時計回りであればマイナスとカウントされる（図 3.3）．

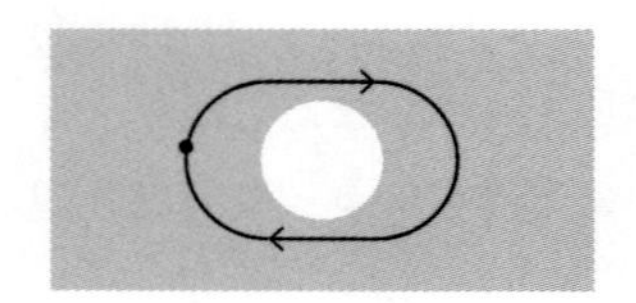 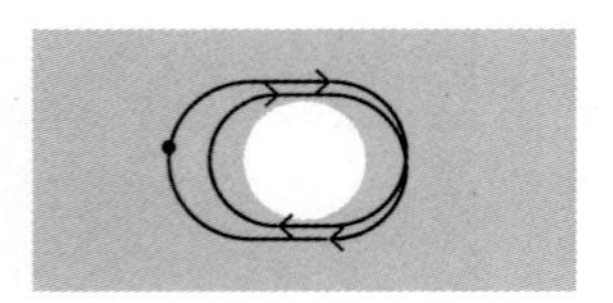 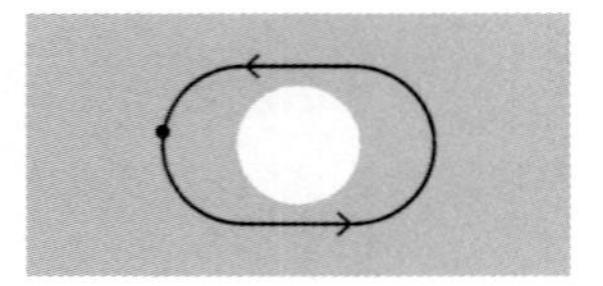

図 3.3 回転数 n が $-1, -2, +1$ のループの図．

いい換えると，任意のループは，穴の周りを n 回回転するモデルループに変形させることができる．ここで，負の n は穴の周りを時計回りに動くことに対応し，穴の周りの**回転数**が同じである任意の二つのループは，互いに変形させることが可能である．

> **注意 3.109** もちろん，平面上の回転数は，複素解析を使って経路上の線積分として計算できる．この手法は，6.7 節のロボット工学の事例で中心的な役割を担っている．

基本群とは，**1 次の連結情報**と考えるべきものである．

この定義のキーポイントは，2 次，3 次，高次の連結情報をどのように定義するかが示されたことである．

X を位相空間とし，$x \in X$ を点とする．$I = [0,1]$ とする．n 乗積 I^n と，ある i について $t_i = 0$ もしくは 1 となるすべての $(t_1, \ldots, t_n)$ からなる部分空間 $\partial(I^n)$ を構成することができる．$\partial(I^n)$ は，$n = 2$ の場合は単位正方形の境界であり，一般の場合は適切に定義された I^n の境界である．$\boldsymbol{x \in X}$ **を基点とする** $\boldsymbol{n}$ **次ループ**を，

$$f(\partial(I^n)) = \{x\} \text{ となるような連続写像 } f : I^n \to X$$

と定義する．ここで，集合 $\pi_n(X,x)$ は

$$[(I^n, \partial(I^n), X; x)]$$

と定義され，x は値 x をもつ定数写像を表す．$n = 2$ に対して $\pi_n(X,x)$ も群構造をもつことがわかる．積 $[f] \cdot [g]$ はつぎのようにして得られる．f と g を隣り合わ

せにして写像 $f * g : [0,2] \times [0,1] \to X$ を得てから，t_1 座標で再パラメータ付けして，$[0,1] \times [0,1]$ から X への写像を得る．この手順は，すべての $n \geq 2$ について同様に行うことができて，したがって，すべての $n \geq 1$ について $\pi_n(X,x)$ の群構造が得られる．$\pi_n(X,x)$ を **n 次ホモトピー群**という．興味深いのは，$n = 1$ の場合とは異なり，$n \geq 2$ の場合 π_n はつねに可換であることである．いくつかの例を挙げる．

▶例 3.110 ―― $\mathbb{R}^3$ から原点を中心とする単位球を取り除いた空間を Y とする．以下を見よ．

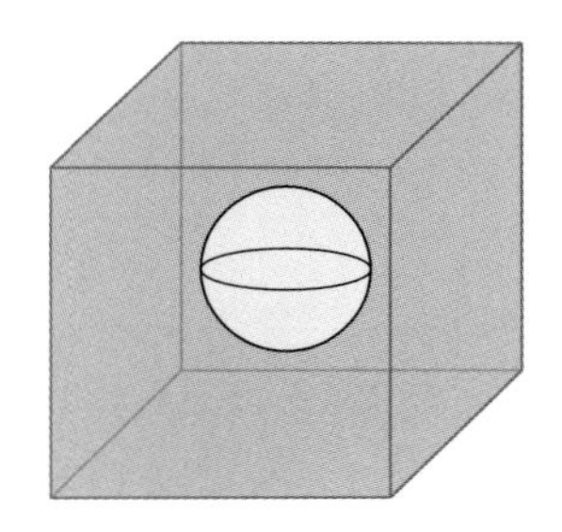

このとき，$\pi_2(Y,y)$ は整数の加法群 $\mathbb{Z}$ と同型であることがわかる．生成元は，真ん中の穴を包む球体への写像である．$\pi_1(Y,y)$ は消失することもわかる．さらに，$\pi_3(Y,y)$ も $\mathbb{Z}$ に同型であることは初期にわかったが，n のより高い値すべてに対して群 $\pi_n(Y,y)$ がわかっているわけではない．◀

▶例 3.111 ―― $\mathbb{R}^3$ から，z 軸を中心とする半径 1 の無限円柱を取り除いた空間を Z とする．

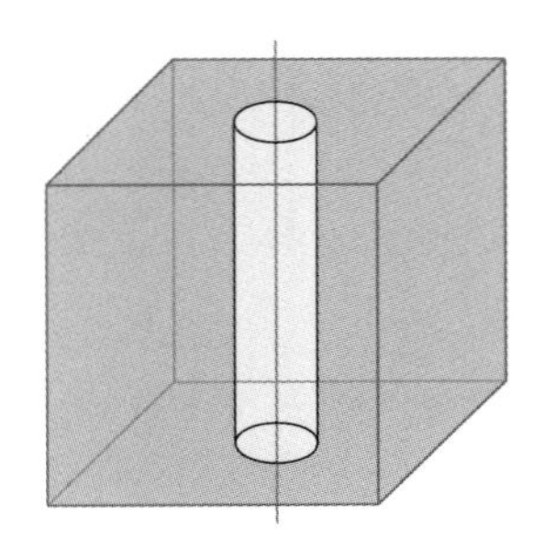

円柱を取り除くと，空間にトンネルができる．トンネルがあることによって，

$\pi_1(Z, z)$ が $\mathbb{Z}$ と同型になり，その生成元はトンネルの周囲を走るループになる．空間は連結しているので，$\pi_0(Z)$ は一つの元からなり，$\pi_n(Z, z)$ はすべての $n \geq 2$ に対して零群であることがわかる． ◀

ホモトピー群は，Čech (1932) と Hurewicz (1935) によって導入されたものである．上記の例 3.110 が示唆しているように，ホモトピー群は概念的には簡単で定義しやすいが，計算するのは非常に困難である．現在に至っても，球のホモトピー群は部分的にしか解明されていない．3.3 節ではホモロジー群とよばれる，定義はより難しいが計算がはるかに簡単な別のクラスの不変量を紹介する．このクラスは，データセットに対して最も自然に拡張できるツールになるだろう．

3.2.9 「硬さ」† という特徴

上記の連結情報は，幾何学的な物体に関する多くの興味深い情報を捉えてはいる．しかし，トポロジカルな手法では直接捉えられないが，我々が定性的とみなすであろう性質も多く存在する．以下に二つの例を紹介する．

▶例 3.112 —— 文字 U と文字 V の違いを認識する問題を考える．実際には同相であるため，連結情報による区別はできない．

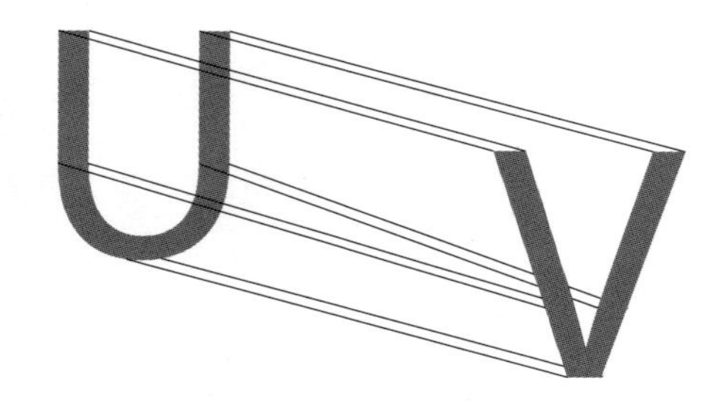

しかし，V の文字の下に尖った箇所があり，それが U の文字にないことは，やはり定性的な特徴といえるだろう．それは，ゴムシートに描かれた文字が伸びても，違う角度から文字を見ても保たれるものなのである．連結情報によって直接検出される性質だけでなく，このような定性的な性質も認識できるようにしたい． ◀

† ［訳注］特異点があるような対象を考えている．

▶**例 3.113** ―― 直方体と正四面体を区別する問題を考える．ただし，ここではその表面を対象とする．表面で囲まれる中身の詰まったものではない．これらは互いに同相である（実際，どちらも 2 次元球に同相である）．

直方体は 12 の辺と八つの頂点をもち，正四面体は六つの辺と四つの頂点をもつこと（図 3.4）に注目すれば，直感的に両者を区別することができる．また，この判定基準は，図形の辺の長さに依存せず，異なる角度から見ても，伸縮変形させても認識できるため，定性的な性質をもっている．

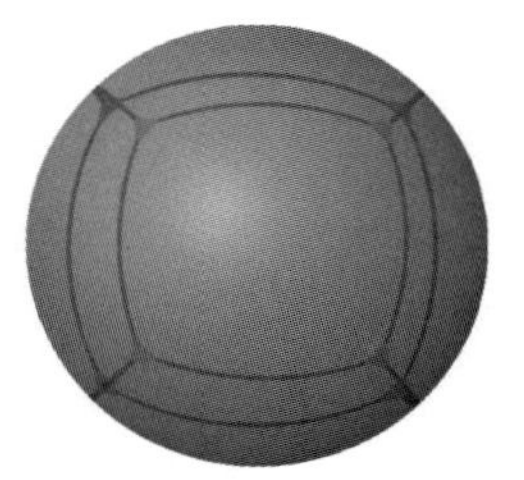

図 3.4　プリズム（角柱）と四面体から球への同相のイメージ図．◀

ここでは，このような定性的な区別をするために，連結情報を使うことが目標である．これまで見てきたように，いずれの場合も比較対象は互いに同相であるため，連結情報を直接利用することはできない．そこで，このような性質を反映した連結情報をもつ新しい空間を構成することを考えてみよう．この空間は**接複体**とよばれ，幾何学的測度論における**接錐**の構成に対応するものである．以下はその定義である．

定義 3.114　$X \subseteq \mathbb{R}^n$ を部分集合とする．このとき，$T^0(X) \subseteq X \times S^{n-1}$ を

$$T^0(X) = \left\{ (x, v) \;\middle|\; \lim_{t \to 0} \frac{d(x + tv, X)}{t} = 0 \right\}$$

と定義する．ここで，$d(y, X)$ は集合 X 上で x が変化するときのユークリッド距離 $d(y, x)$ の集合の下限である．S^{n-1} は $\mathbb{R}^n$ の単位球を表す．ここで，X の**接複体**を，$X \times S^{n-1}$ における閉包 $T(X) = \overline{T^0(X)}$ と定義する．

ここで注意しておきたいことがある．点 (x, v) が $T^0(X)$ に属するのは，X を基点するベクトル v の方向を指す直線が線形よりも速い速度で X に近づいているときである．もし部分集合 X が滑らかな部分多様体ならば，これは X に対する通常

の接ベクトルの概念となる.

▶例 3.115 ―― ユークリッド平面の部分集合として，文字 V を考える．ここでは，$[0,1] \times \{0\}$ と $\{0\} \times [0,1]$ という二つの区間の和として埋め込むことにする.

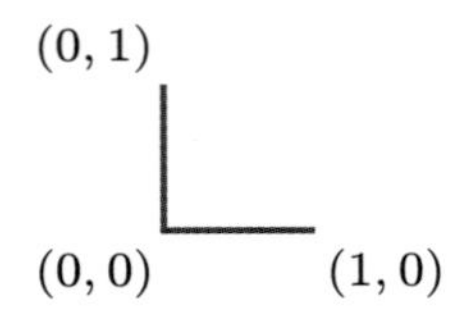

任意の $\xi = (t,0)$ $(t \neq 0)$ の形の点を考える．このとき，(ξ,ν) が $T^0(X)$ に属するのは，$\nu = (\pm 1, 0)$ のとき，またそのときに限る．同様に，$\xi = (0,t)$ $(t \neq 0)$ ならば，(ξ,ν) が $T^0(X)$ に属するのは，$\nu = (0, \pm 1)$ のとき，またそのときに限る．いい換えると，接線ベクトルの ν 成分には二つの選択肢しかないのである．つぎに，$\xi = (0,0)$ とする．そして，$(\xi,\nu) \in T^0(X)$ が成り立つ ν の選択肢は $(\pm 1, 0)$ と $(0, \pm 1)$ だけであることが観察できる．つぎの図は，この例の原点付近の図の異なる部分における接線を説明したものである．右端の図における角は例外で，薄いグレーと濃いグレーの矢印で示すように，二つの接線方向が存在する.

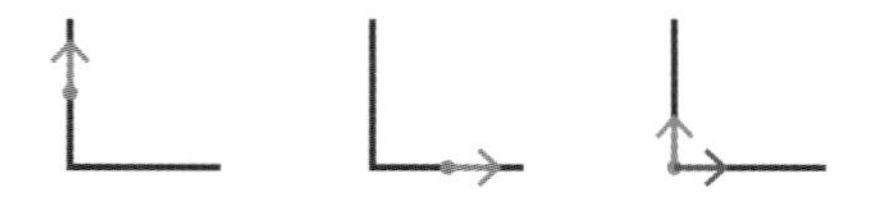

$T(X)$ を詳しく調べるためには，これらのベクトルの集まりの閉包をとる必要がある．ここで，ν が $(\pm 1, 0)$ と $(0, \pm 1)$ の形の四つのベクトルがすべて $T(X)$ に属することがわかる．これを見るためには，任意の $((\epsilon, 0), (-1, 0))$ の形の点が $T^0(X)$ に属しており，ϵ を 0 に近づけると $((0,0),(-1,0))$ に収束する点列が得られることに注目する．ここで，接複体はつぎのように描かれる.

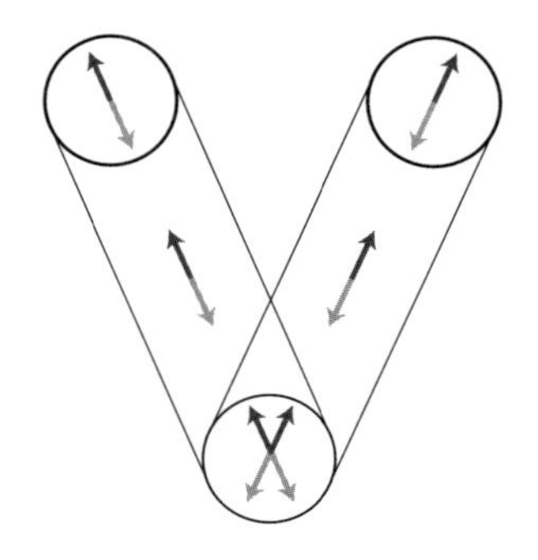

この図ではわからないが，薄いグレー矢印が示す 2 成分も濃いグレー矢印が示す 2 成分と同じように，実は互いに交わらない．それらは空間 $X \times S^1$ によって形成される L 字型チューブの異なる成分上に存在する．すなわち，この空間 X の接複体は，**四つの連結成分**に分かれることに注意する．一方，U の字のような平面上の滑らかな連結曲線の接複体はちょうど二つの成分に分解され，各点で得られる二つの接線方向によって与えられる．

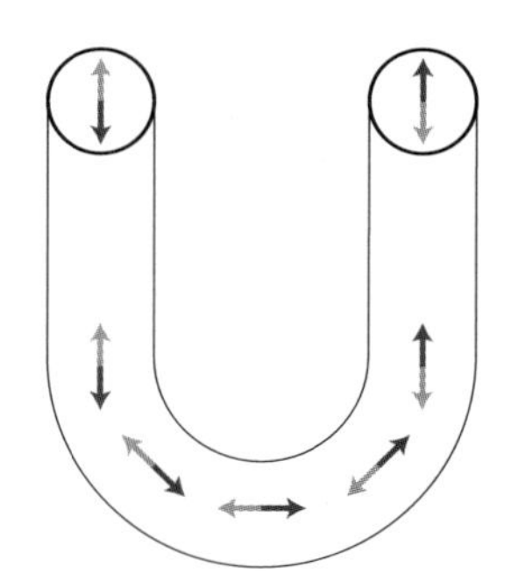

いい換えると，文字そのものはトポロジカルに区別できないが，文字 U と文字 V の接複体の連結情報によって区別しているのである． ◀

この種の方法は高次元に拡張でき，多面体の分類や，錐，円柱，球といった 3 次元空間における 2 次元の幾何学的対象どうしをうまく区別できるようになる．実際にどの程度までこの拡張が可能なのかについては，後ほど詳しく紹介する．

3.2.10 「柔らかさ」†という特徴

前項の例では特異点を伴っていたが，人間が認識できる定性的情報にはそうでないものもある．たとえば，印字された「I」と「C」の違いを認識する問題を考えてみると，台となる空間が同相であるだけでなく，どちらの文字にも互いを区別する特異点がないことがわかる．同様に，円と楕円を見分けようとすると，やはり同相な空間であり，見分けるための特異点は存在しないことがわかる．しかし我々は，このような区別は本質的に定性的なものだと考えている．ここで問題にしているのは，円とある与えられた楕円の比較ではなく，人間が円とすべての楕円をどのように区別しているかということである．同様に，「C」という文字にはさまざまな曲率の値をもつ点が存在するが，人間はそれらをすべて一つの原型となる文字の形として認識することができる．与えられた対象（楕円や文字「C」）のすべての出現データベースを維持することに興味があるのではなく，それらの特徴付ける性質を特定することに興味があるのである．これから述べる方法は，台となる幾何学的対象が $\mathbb{R}^n$ の滑らかな超曲面である場合にのみ有効である．$\mathbb{R}^n$ の部分集合 X が「超曲面」であるとは，その X の次元が $n-1$ であるもののこと，すなわち全体空間 $\mathbb{R}^n$ の次元より一つ小さいもののことをいう．この方法は，滑らかでない状況にも拡張可能である．

$X \subseteq \mathbb{R}^n$ は滑らかに埋め込まれた超曲面であるとする．ここで，X の接複体に，つぎのようなフィルトレーションが与えられる．X は超曲面であるため，X の接平面に対して垂直方向が矛盾なく定義できて，それは**法線**とよばれる．任意の組 $(x, \nu) \in T(X)$ に対して，接線ベクトル ν と法線方向により，点 x を含む空間内の平面が決定される．この平面と曲面との交わりは，平面上の滑らかな曲線 C となり，点 x も含む．このような C に対して，その接触円，すなわち C に「2次接触」して近づく x を含む円を定義することができる．この円は C に接するだけでなく，その曲率も C のそれと一致する．もし曲線 C が平坦なら，接触円は実際には直線であり，円の縮退とみなされる．ここで，接触円の半径を $\rho(x, \nu)$ と書き（値は $+\infty$ をとりうる），

$$\kappa(x, \nu) = \frac{1}{\rho(x, \nu)}$$

と設定する．ここで，任意の与えられた実数値 δ に対して，$\kappa(x, \nu) \leq \delta$ となる組

† ［訳注］「硬さ」と対照的に，特異点がない，滑らかな対象を考えている．

$(x, \nu) \in T(X)$ からなる $T(X)$ の部分空間を $T_\delta(X)$ と書くことにする．もちろん，$\delta \leq \delta'$ ならば $T_\delta(X) \subset T_{\delta'}(X)$ となる．円を楕円と区別する定性的な性質は，つぎの例で示すように「パラメータ付けされた連結情報」の点から定式化できる．

▶例 3.116 —— 半径 R の円 S と一般的な楕円 E を考え，空間 $T_\delta(S)$ と $T_\delta(E)$ の連結情報を調べ，両者の区別を行うことにする．まず円 S について考える．このとき，接複体上の任意の点 (x, ν) が与えられると，対応する接触円は S そのものなので，$\kappa(x, \nu) \equiv \frac{1}{R}$ となる．これは，$\delta < \frac{1}{R}$ に対して，$T_\delta(S) = \emptyset$ となり，$\delta \geq \frac{1}{R}$ に対して，$T_\delta(S) = T(S)$ を意味する．空間 $T(S)$ は二つの円から構成されていると考えることができ，一つ目は ν が時計回りを指す組 (x, ν) から，二つ目は ν が反時計回りを指す組 (x, ν) から構成されている．つまり，$T(S)$ は二つの連結成分からなり，その両方が $\delta = \frac{1}{R}$ で「生まれる」（＝現れる）のである．

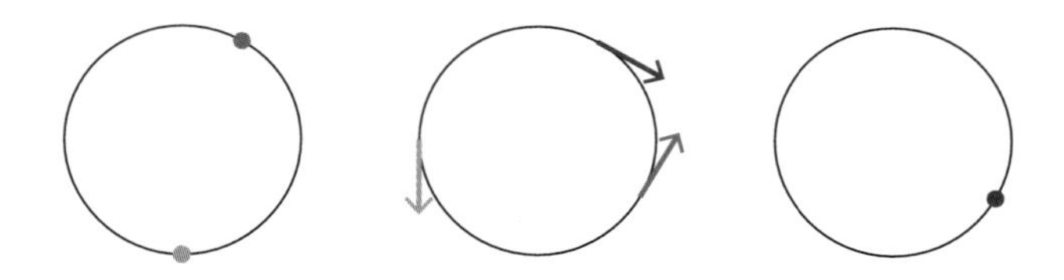

一方，楕円 E については，つぎのような状況になる．関数 κ はもはや一定ではなく，短軸と E の交点を基点とする接ベクトルで最小となり，長軸との交点を基点とする接ベクトルで最大となる．

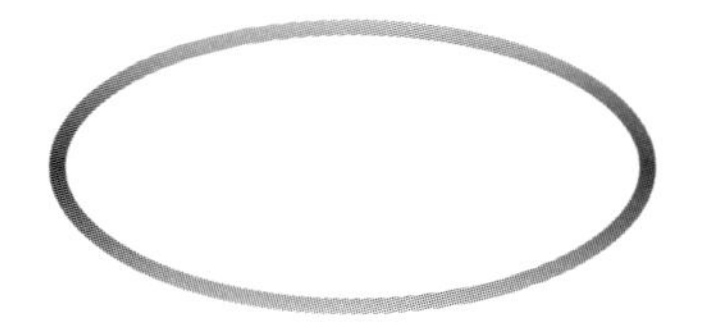

薄いグレー領域は κ の小さい値に，濃いグレー領域は κ の大きい値に対応している．ここで，κ_- と κ_+ はそれぞれ κ の最小値と最大値を表すとする．ここでわかることは，まず $\delta < \kappa_-$ に対して $T_\delta(E) = \emptyset$，$\delta \geq \kappa_+$ に対して $T_\delta(E) = T(E)$ であることである．$\delta = \kappa_-$ のとき，$T_\delta(E)$ は四つの異なる点，すなわち，短半径と E の交わる二つの点での二つの異なる接線方向からなることがわかる．

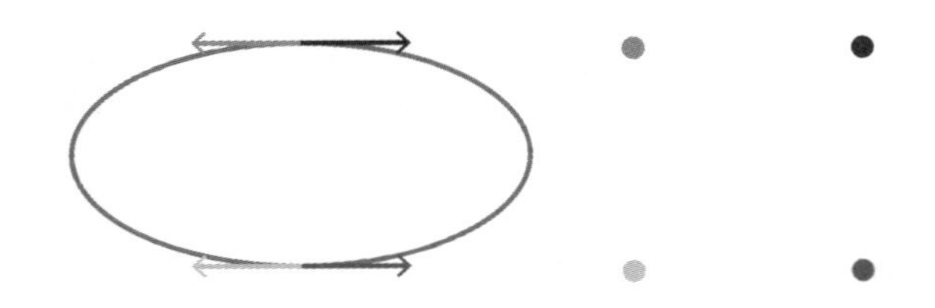

$\kappa_- < \delta < \kappa_+$ のとき，$T_\delta(X)$ は4成分からなり，E と短半径の二つの交点を含む二つの交わらない円弧の和として接複体を形成する．

そこで，連結成分の集合は，つぎのような遷移を経ることがわかる．

$$\emptyset \to 4\ 成分 \to 2\ 成分$$

δ が値 κ_- になると1回目の遷移が起こり，δ が値 κ_+ になると2回目の遷移が起こる．さらに，2回目の遷移では，二つの交わらない組がそれぞれ一つの点に合流する．一方，円の場合は，δ が $\frac{1}{R}$ になったときに，

$$\emptyset \to 2\ 成分$$

という一つの遷移が発生する．このような遷移図で，S と E を区別する． ◀

本書の後半では，このような遷移図を記録するための体系的な方法として，これをどのように定式化するか，また，より高次元の図形について同様の情報をどのように得ることができるかを見ていくことにする．

3.3 鎖複体とホモロジー

3.2.8項の連結情報の議論では，空間の「ループを数える」問題は，空間に基本群とよばれる群を割り当てることで最も良く符号化されることを発見した．また，ホモトピー群とよばれる高次元類似物を構成し，空間における高次元の穴の存在をあ

る程度反映させることができるようにした．これらの構成物は概念として魅力的であり，トポロジー分野でも熱心に研究されている．しかし，いくつかの欠点がある．

1. それらは計算が非常に難しい．2 次元の球でさえ，すべてのホモトピー群がわかっているわけではない．
2. 高次ホモトピーと空間の穴の概念との関連は，やや希薄である．たとえば，2 次元球面 S^2 の 3 次元ホモトピー群は巡回群 $\mathbb{Z}$ と同型である．S^2 は 2 次元の対象なので，3 次元ホモトピー群をその中の穴という観点から解釈することはできない．

本節では，**ホモロジー群**とよばれる，関連するもう一つの不変量の族を紹介する．これらは線形代数的な手法で容易に計算可能であり，空間の穴を数えるという我々の考え方により良く対応している．それらの欠点は，それらの定義により多くの代数的な機構が必要なことである．

3.3.1 ベッチ数

まず，通常**グラフ**とよばれる 1 次元の抽象単体複体について考えることにする．ベッチ数の考え方はこの組合せ論的データに対して，体 $\Bbbk$ の要素を成分とする行列を割り当て，この行列にガウスの消去法を適用することで，興味のある不変量が出てくるというものである．$\Bbbk$ は体 $\mathbb{F}_2 = \{0, 1\}$ が便利であるが（Dummit & Foote 2004 を参照），体 $\mathbb{F}_p$（p は奇数）や有理数体 $\mathbb{Q}$ も一般的な選択肢である．$\mathbb{F}_2$ の利点は，$1 = -1$ という性質があることで，議論が少し簡単になることである．また，体 $\mathbb{F}_2$ の演算はブール演算と考えることができ，和は「排他的論理和」，積は「論理積」に対応する．この考え方を導入するために，体 $\mathbb{F}_2$ と，つぎのように図示することができる特定の例を取り扱う．

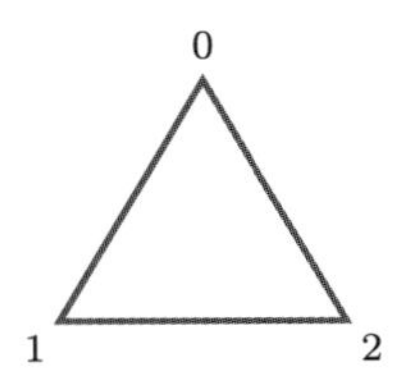

頂点集合は 3 要素集合 $\{0, 1, 2\}$ からなり，1 次元の面（辺とよぶ）の集合は $\{(01), (02), (12)\}$ である．2 次元の単体は存在しない．

行が頂点に，列が辺にそれぞれ一対一に対応する行列を作成する．

	(01)	(02)	(12)
0	*	*	*
1	*	*	*
2	*	*	*

この行列の成分は以下のように決定される.

- 辺 e と頂点 ν があるとき，$\nu \notin e$ ならば e に対応する列と ν に対応する行にある行列の成分は 0 である.
- 辺 e と頂点 ν があるとき，$\nu \in e$ ならばこの組に対応する行列の成分は 1 である.

よって，考えているグラフの行列は

$$\begin{pmatrix} 1 & 1 & 0 \\ 1 & 0 & 1 \\ 0 & 1 & 1 \end{pmatrix}$$

である.

> **注意 3.117** この行列は，辺の境界の概念と密接な関係があることに注意する．辺の境界は二つの頂点からなり，ある辺に対応する行列の列は，その境界の二つの頂点に対応する行の和になる．このため，この行列は**境界行列**とよばれることがある.

この行列の核空間を考えてみよう．核空間は，この行列に対してガウスの消去法を行い，被約行階段形式にすることで求めることができる．いまの例では

$$\begin{pmatrix} 1 & 0 & 1 \\ 0 & 1 & 1 \\ 0 & 0 & 0 \end{pmatrix}$$

を得る．ピボット列が二つあるので，核空間は 1 次元であり，列ベクトル

$$\begin{pmatrix} 1 \\ 1 \\ 1 \end{pmatrix}$$

で張られることは明らかである．列に対応する基底ベクトルを対応する辺で表す

と，ベクトル和 $(01)+(02)+(12)$ が得られる．$\mathbb{F}_2$ で考えているので，$1=-1$ であることに注意する．厳密ではないが，和の中にある各ベクトルをグラフの対応する辺を示すものとして扱い，和を和集合として解釈すれば，この元の境界はゼロ（空集合と解釈される）である．$\mathbb{F}_2$ の和は排他的論理和と解釈できるため，この類似性はとくに強い．

行列の成分に他の体を使用したい場合は，**境界行列**に符号を導入する必要がある．頂点集合に全順序を入れれば，自然な方法でそれが実行できる．ここで行列の成分は，辺において小さいほうの頂点に対して $+1$，大きいほうの頂点に対して -1 とする．すると，上の例の行列は，

$$\begin{pmatrix} 1 & 1 & 0 \\ -1 & 0 & 1 \\ 0 & -1 & -1 \end{pmatrix}$$

となる．

この行列の核空間の解析は $\mathbb{F}_2$ の場合とまったく同様で，核空間はベクトル $(01)-(02)+(12)$ で張られる．負符号を反対方向の移動と解釈すると，$-(02)$ は 2 から 0 への移動を表し，ループが反時計回りに移動しているという解釈が得られる．

他のグラフで試すことで，この対応関係は確かに直感を反映していることがわかる．たとえば，グラフ

の場合，直感的にはループが二つあり，対応する行列の核空間の次元は 2 であることが示唆される．同様に，（いかなるループももたない）任意の木に対して，核空間の次元が 0 であることを確認するのは難しくない．

興味深いことに，グラフの連結成分の数もまた，この行列に付随する数，すなわち $\mathbb{k}^n$（n は頂点の数）を境界行列の列空間で割った商空間の次元によって与えられる．つぎの図のような例で，頂点集合が $\{a,b,c,d,e\}$，辺集合が $\{\{a,b\},\{c,d\},\{d,e\},\{c,e\}\}$ であったとする．

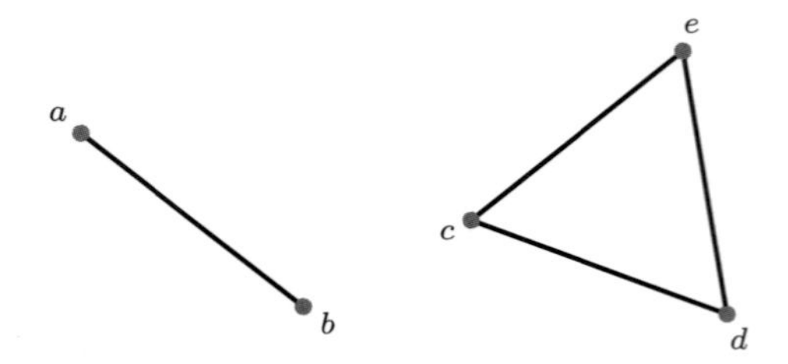

体 $\mathbb{F}_2$ に対する境界行列 δ は

	(ab)	(cd)	(ce)	(de)
a	1	0	0	0
b	1	0	0	0
c	0	1	1	0
d	0	1	0	1
e	0	0	1	1

であり，その被約列階段形式は，

$$\begin{pmatrix} 1 & 0 & 0 & 0 \\ 1 & 0 & 0 & 0 \\ 0 & 1 & 0 & 0 \\ 0 & 0 & 1 & 0 \\ 0 & 1 & 1 & 0 \end{pmatrix}$$

である．3.2.5 項における，被約列階段形式と商空間の議論から，商空間の基底は，グラフの 2 成分の代表である二つのコセット $b + C(\delta)$ と $e + C(\delta)$ によって与えられることがわかる．なお，コセット $c + C(\delta)$ と $d + C(\delta)$ は，両方とも $e + C(\delta)$ に等しい．

これらの計算が示唆しているのは，「適切な行列を選び，それら行列に付随する適切な線形代数量として独立な高次元輪体の数を得ることで，高次の連結情報を得ることもできるはずだ」ということである．これは実際に可能である．任意の抽象単体複体 X に対して，行列 ∂_k の集まりを定義する．各 $k \geq 0$ に対して，行列 ∂_k はその列は X の k-単体に一対一に対応して，その行は X の $(k-1)$-単体に対応している．独立な k 次元輪体の数は，差分 $\mathrm{nullity}(\partial_k) - \mathrm{rank}(\partial_{k+1})$ として解釈できることがわかる．この数は，行列 ∂_k が関係式 $\partial_k \circ \partial_{k+1} = 0$ を満たすため，つねに非負である．まとめると，独立な k 次元輪体の数は，適切に定義された行列に線形代数を適用することで代数的に求めることができる．独立な k 次元の輪体の数は，一般に，単体複体の **k 次のベッチ数**とよばれる．

3.3.2 鎖複体

代数へのこの変換の核となるのが，鎖複体である．これらは単体複体の代数的表現である．

定義 3.118 **鎖複体** $V_* = (V_*, \partial_*)$ は，ベクトル空間 $\ldots, V_i, V_{i-1}, \ldots$ の列と，$\partial_i \circ \partial_{i+1} = 0$ を満たすような線形写像 $V_i \xrightarrow{\partial_i} V_{i-1}$ の列である．与えられた V_i の元を **i-鎖**とよび，写像 ∂_i は**境界写像**または**微分**とよぶ．

しばしば，集まり $\{V_i\}_{i \in \mathbb{Z}}$ を V_* または単に V と表記し，すべての ∂_i を指して ∂_* または単に ∂ と表記する．このように，鎖複体を一つの大きなベクトル空間 $V = \bigoplus_i V_i$ とみなし，微分を $\partial^2 = 0$ となる一つの線形写像 $\partial : V \to V$ として捉えることができる．

抽象単体複体に付随する鎖複体を定義するためには，**集合上の自由ベクトル空間**という概念が必要になる．この構成の正確な定義はやや複雑なので，ここでは，興味をもつすべての構成に十分な，その特徴を説明するだけに留める．

命題 3.119 $\Bbbk$ を体とし，X を集合とする．このとき，付随するベクトル空間 $F(X)$ が存在し，代入写像 $i_X : X \to F(X)$ はつぎの性質をもつ．

1. 集合の包含写像 $i_X : X \hookrightarrow F(X)$ があり，i_X の像は $F(X)$ の基底となる．とくに，X が有限であるとき，$F(X)$ の次元は $\#(X)$ と等しい．
2. 任意の集合の写像 $f : X \to Y$ に対して，図式

$$\begin{array}{ccc} X & \xrightarrow{f} & Y \\ {\scriptstyle i_X}\downarrow & & \downarrow{\scriptstyle i_Y} \\ F(X) & \xrightarrow{F(f)} & F(Y) \end{array}$$

が可換であるような線形写像 $F(f) : F(X) \to F(Y)$ が存在する．これは，集合の合成写像 $F(f) \circ i_X$ が，写像 $i_Y \circ f$ と等しいことを意味する．

3. $F(\mathrm{id}_X) = \mathrm{id}_{F(X)}$ である．

4. もし写像の列

$$X \xrightarrow{f} Y \xrightarrow{g} Z$$

があれば，$F(g) \circ F(f) = F(g \circ f)$ となる．

$F(X)$ を**集合 X 上の自由 $\Bbbk$ ベクトル空間**とよぶ．

注意 3.120 圏論の言葉でいえば，上記の性質 3 と 4 は，「F は集合の圏から $\Bbbk$-ベクトル空間の圏への**関手**である」と述べている．また，性質 1 と 2 を性質 3 と 4 に加えることで，「F は**モナド**である」と述べている．圏論の発展については，MacLane (1998), Riehl (2017) を参照してほしい．F は，集合 X に基底 X をもつベクトル空間を割り当て，基底を保存するように集合写像に線形写像を割り当てる規則であると考えれば十分である．この概念については，本書で後ほど改めて紹介する．

定義 3.121 $\Bbbk$ を体とする．抽象単体複体 Σ が与えられたとすると，Σ 上の $\Bbbk$ に**係数をもつ単体鎖複体**（$C_*(\Sigma)$ と表す）を，$C_n(\Sigma)$ を Σ の n 次元面の集合上の自由 $\Bbbk$-ベクトル空間とすることにより定義する．

境界写像を定義するために，Σ の頂点に順序を入れると，Σ の任意の面の要素の順序が決まる．このとき

$$\partial_n(\{\nu_0, \ldots, \nu_n\}) = \sum_{i=0}^{n} (-1)^i \{\nu_0, \ldots, \nu_n\} \setminus \{\nu_i\}$$

と定義する．

$C_n(\Sigma)$ の基底上で ∂_n を定義したが，Σ の n-単体の集合は $C_n(\Sigma)$ の基底を形成するので，線形性により写像は $C_n(\Sigma)$ の全体に拡張される．スカラーである特定の体 $\Bbbk$ について明確にしたい場合は，$C_*(\Sigma; \Bbbk)$ と書いてそれを強調する．

注意 3.122 体 $\Bbbk$ が $\mathbb{F}_2$ である場合，符号は関係なく，頂点の順序を選択する必要はないことに注意する．

線形写像 ∂_n の定義に関する重要な結果は，以下のとおりである．

命題 3.123 ベクトル空間 $C_n(\Sigma)$ と作用素 ∂_n に対して，恒等式

$$\partial_{n-1} \circ \partial_n \equiv 0$$

が成り立つ．つまり，データ $\{C_n(X), \partial_n\}$ は鎖複体である．

[証明] 合成写像 $\partial_{n-1} \circ \partial_n$ を定義する二重和があり，和の範囲は組 $\{i, j\} \subseteq \{0, \ldots, n\}$

かつ $i \neq j$ で，つぎのようにパラメータ付けされる．

$$\partial_{n-1} \circ \partial_n(\{\nu_0, \ldots, \nu_n\}) = \sum_i \sum_{j \neq i} \pm\{\nu_0, \ldots, \nu_n\} \setminus \{\nu_i, \nu_j\}$$

このような組の集合は，二つの非交差な部分集合に分割される．一方は $i < j$ で，他方は $i > j$ である．$\sigma\{\nu_0, \ldots, \nu_n\}$ に含まれる任意の $(n-2)$-単体 σ_0 は，σ から二つの要素を削除することで得られる．これにはつぎのように示される．その和における σ_0 の係数は，小さい要素から順に削除が発生する項と，最後に発生する項の二つの項の和になる．削除される二つの要素が i と j で，$i < j$ の場合，最初の係数は $(-1)^{i+1}(-1)^j$ となる．一方，$i > j$ の場合，係数は $(-1)^{i+1}(-1)^{j+1}$ である．この二つの係数は明らかに相殺され，σ_0 の係数が 0 であることが証明される． □

ここで，つぎの図とともに 3.3.1 項の例に戻る．

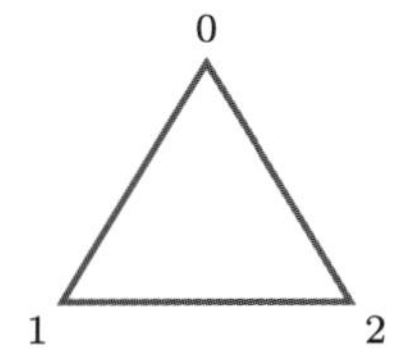

上の図には，三つの 0 次元の単体 $0 = \{0\}$, $1 = \{1\}$, $2 = \{2\}$，三つの 1 次元の単体 $(01) = \{0, 1\}$, $(02) = \{0, 2\}$, $(12) = \{1, 2\}$ が存在する．したがって，$C_0(\Sigma) = \mathbb{k}^3$, $C_1(\Sigma) = \mathbb{k}^3$ である．

単体 σ に属する基底元を e_σ と書くことにすると，境界写像は対応 $e_{(01)} \mapsto e_0 - e_1$, $e_{(02)} \mapsto e_0 - e_2$, $e_{(12)} \mapsto e_1 - e_2$ という形をしている．したがって，境界写像は 3.3.1 項で導出した行列で与えられることがわかる．

3.3.3 ホモロジー群

3.3.1 項で見たように，輪体写像は，輪体のあるグラフにおいてはその**輪体**に対応する核空間をもち，輪体のないグラフにおいては自明な核空間をもつ．これは決して偶然ではない．むしろ，この考察からその後の理論が築かれているのである．

グラフの輪体は，連続する二つの辺に対応する基底ベクトルの和が，それらの合流点を打ち消す境界をもつため，全体として境界が消失する．すなわち，

$$\partial(ab + bc) = \partial(ab) + \partial(bc) = b - a + c - b = c - a$$

であり，したがって，辺の列がそれ自身の上で閉じる場合，経路の二つの端点，すなわち経路の境界は互いに相殺される．

上記の考察を基にして，次元 n の**境界群**を $B_n(\Sigma) = \mathrm{Im}(\partial_{n+1})$，次元 n の**輪体群**を $Z_n(\Sigma) = \mathrm{Ker}(\partial_n)$ と定義する．条件 $\partial^2 = 0$ は，辺の輪体が境界のない 1-鎖に対応し，これが任意の次元に一般化されるという直感に対応する．さらに，$\partial^2 = 0$ は，すべての n について $B_n(\Sigma) \subseteq Z_n(\Sigma)$ が成り立つことを直接的に意味する．3.2.8 項の基本群の議論を思い出すと，ホモトピックである経路の組，つまり一方から他方への変形が存在する経路の組は，その群の中で同一とみなす必要があった．同様にホモロジーの場合，二つの輪体の和が境界となる単体の集まりが存在するとき，これらの輪体を同一視したい．例として，以下のような単体複体を考えてみる．この単体複体は，四つの頂点と五つの辺 e_1, e_2, e_3, e_4, e_5，そして網がけした一つの三角形で構成されている．

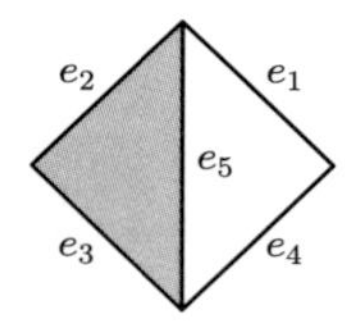

境界と輪体の言葉では，以下で示すように，複体の左側部分には，右側部分の空いたスペースを回る 2 種類の異なる輪体，すなわち $e_1 + e_4 + e_5$ と $e_1 + e_2 + e_3 + e_4$ があることがわかる．

鎖複体において二つの経路の差は，ちょうど $e_2 + e_3 - e_5$ であり，これは上図において網かけした三角形の境界とわかる．このように計算してみると，境界群による輪体群の**商**をつくりたくなってくる．そのようにしてつくられた商群では，輪体間の差は 0 であり，したがって輪体は同じ要素を表す．

これがホモロジーの定義につながる．

定義 3.124 鎖複体 C_* の **n 番目のホモロジー群**を群 $H_n = \mathrm{Ker}(\partial_n)/\mathrm{Im}(\partial_{n+1})$ と定義する.

抽象単体複体 Σ に対して, **体 $\Bbbk$ に係数をもつホモロジー**は, 対応する単体鎖複体のホモロジー $H_*(\Sigma; \Bbbk) = H_*(C_*(\Sigma, \Bbbk))$ である. 文脈からスカラーとなる体がわかる場合は, $H_*(\Sigma)$ と表す.

注意 3.125 体を整数のなす環 $\mathbb{Z}$ といった環で置き換えることが可能である. そうすると, 群の分類は, 次元だけでなく, ベクトル空間の次元に類似した階数と, さまざまなねじれ係数から構成されることになり, より複雑なものとなる. このとき, $\mathbb{Z}$ に係数をもつホモロジーは $H_i(X, \mathbb{Z})$ と表記される.

与えられた輪体 z の同値類に対応する H_n の元を $[z]$ と表記する.

3.3.4 余鎖とコホモロジー

双対性, すなわち対象 X そのものではなく, その上の関数を調べることは, 代数学においてしばしば有益な視点をもたらす. これは, 代数トポロジーにおいても同様である. ホモロジーを双対化することで**コホモロジー**が得られる. このコホモロジーにより, 本書の後半でいくつかの応用と構成が導かれる.

任意の $\Bbbk$-ベクトル空間 V に対して, V から 1 次元 $\Bbbk$-ベクトル空間 $\Bbbk$ への線形写像の集合 V^* を考えることができる. このような写像については各点ごとに加算およびスカラー乗算が可能であるので, V^* も $\Bbbk$-ベクトル空間であることがわかる. これはよく知られた構成で, その性質については Dummit & Foote (2004) を参照されたい. $L : V \to W$ を線形写像とすると, 線形写像 $L^* : W^* \to V^*$ を $L^*(\lambda) = \lambda \circ L$ という式で定義することができる. このように, 誘導写像の方向が元の写像の方向と逆になる性質を**反変関手性**とよぶ.

鎖複体 C_* が与えられたとき, その**双対余鎖複体** C^* を, **余境界演算子** $\delta^n = \partial_n^*$ を備えたベクトル空間 $C^n = C_n^*$ の族と定義する. $\delta^n : C^n \to C^{n+1}$ であることに注意する.

$\delta^{n+1} \circ \delta^n \equiv 0$ は, ホモロジーに関する対応する事実 $\partial_n \circ \partial_{n+1} \equiv 0$ からすぐにわかる. ホモロジーの構成と同様に, 複体 C^* の次元 n のコホモロジーは商

$$\mathrm{Ker}(\delta^n)/\,\mathrm{Im}(\delta^{n-1})$$

と定義することができる.

単体複体 Σ が与えられたとき，Σ のコホモロジーを鎖複体 $C(\Sigma)$ のコホモロジーと定義し，$H^n(\Sigma)$ と表す．$C_n(\Sigma)^*$ の元を $\boldsymbol{n}$**-余鎖**とよぶ．この空間の一つの基底は，**双対余単体**によって与えられる．すなわち，関数 $\hat{\sigma} : C_k(\Sigma, \Bbbk) \to \Bbbk$ を，$\sigma \in \Sigma$ が k-単体ならば $\hat{\sigma}(\sigma) = 1$，σ 以外のすべての k-単体 τ に対して $\hat{\sigma}(\tau) = 0$ と定義すると，この関数は線形関数に拡張される．このように線形拡張した関数をすべて集めると，それは余鎖群全体の基底となる．

これらのベクトル空間がどのように振る舞い，互いに関係するかを直感的に理解するためには，1 次元の場合だけに注目するのが有効である．

したがって，1-**余輪体**は $\delta f = 0$ を満たすような，辺から $\Bbbk$ への関数 f である．これは，$(\delta f) = (f \circ \partial) : C^2 \to \Bbbk$ は零写像であることを意味する．これをある 2-単体 $[abc]$ について詳しく書き出すことができる．ただし，角括弧は同値類を表す．すなわち，$\delta f([abc]) = f([ab] - [ac] + [bc]) = f(ab) - f(ac) + f(bc)$ となる．これがちょうど 0 に等しくなるのは，$f(ab) + f(bc) = f(ac)$ のとき，いい換えれば，f が同じ端点間の異なる経路をとることに対して不変であるときである．

このような**経路不変性**が成り立つことが当たり前に思える例がある．たとえば，各頂点に**ポテンシャル**を割り当てる関数を g とすると，その辺をたどることによってポテンシャルの変化を測定する辺上の関数を構成することができる．関数 $[a, b] \mapsto g(b) - g(a)$ を与えるこの構成は，実は 0-余鎖 g の上に，ポテンシャル変化を測る関数 δg をつくる余境界構成に過ぎないことがわかる．

したがって，コホモロジーは，経路独立性を満たす辺関数の同値類を正確に列挙しているとみなすことができる．台となるポテンシャル場から導かれたものである必要はない．

計算的な観点からは，つぎの事実は注目に値する．$C_k(\Sigma, \Bbbk)$ の単体と $C^k(\Sigma, \Bbbk)$ の余単体によって与えられる基底をうまく選ぶことにより，境界と余境界を表す行列が関係付られる．すなわち，**余境界行列**は境界行列の転置であるということである．この観察により，ホモロジーやコホモロジーの計算アルゴリズムを構成する際，とくにそのパーシステントバージョンは，計算が非常に速くなる．

注意 3.126　注意 3.125 で述べたように，ホモロジーのバージョンとして整数環 $\mathbb{Z}$ に係数をもつものがある．これに対応する整数係数のコホモロジーの概念があり，それを $H^i(X, \mathbb{Z})$ と表す．

3.3.5 キルヒホッフの法則

電気回路は，配線や部品に対応する辺と，接続点に対応する頂点からなるグラフで表現することができる．各辺には，それが含む回路部品と，もしあれば，辺に沿った総抵抗値をラベル付けすることができる．

回路に電圧源を導入すると，各辺にはより多くの情報が盛り込まれることになるだろう．その情報とは，辺を流れる電流と辺に沿った電位差である．辺の向き，すなわち電流方向と電位差方向はそれらの値の符号に応じて矢印で示す．

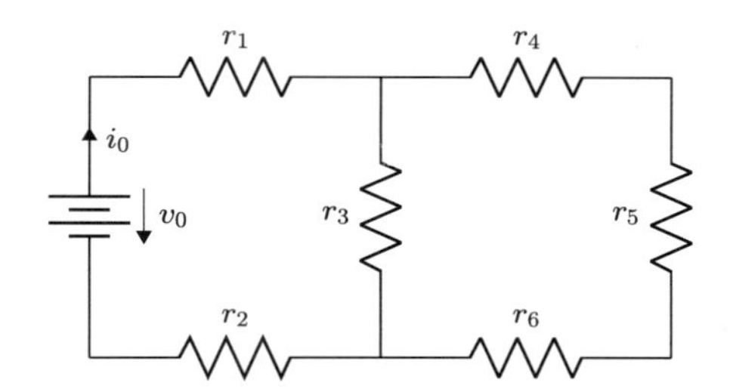

よって，電気回路の場合，回路を流れる電流により，1-鎖 I，つまり辺の線形結合が生じる．その線形結合における各辺の係数は，向きも考慮した，その辺を流れる電流によって与えられる．

各頂点に電流が流れることで，0-鎖，つまり各頂点に値が割り当てられることになる．具体的には，与えられたある頂点を考える場合，その頂点を通る電流は，その頂点から出る辺の電流の合計から，その頂点に入る辺の電流の合計を引いたものになる．つぎの図を見よ．

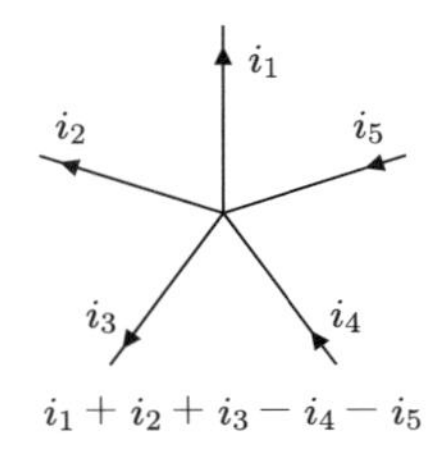

$i_1 + i_2 + i_3 - i_4 - i_5$

これらの電流を一つの 0-鎖に統合すると，各辺はちょうど二つの頂点にその電流を供給することになる．それらの二つの頂点は，辺の始点と終点であり，符号も反対になる．したがって，電流 i が流れている頂点 s から頂点 t への辺は，0-鎖全体

に $i(s-t)$[†1] を与えることになる.

前述のホモロジーの理論から，これは 1-鎖の**境界**を計算する基本的な公式であることがわかるので，電流の 0-鎖は電流の 1-鎖の境界 ∂I であると結論付けることができるだろう.

さて，キルヒホッフの第1法則は，閉回路の各頂点を通る正味の電流は 0 であることを主張している．以上の分析から，これは $\partial I = 0$，いい換えれば，I が輪体であるという条件に相当することがわかる.

グラフにセルを追加することができる．グラフの各輪体ごとに一つのセルがある[†2]．ホモロジーを生成しうる輪体はすべてセルの境界となるため，結果として次数1のホモロジーは消失する．次数1のホモロジーは消失するので，各輪体 I は境界であり，したがって $I = \partial J$ のような 2-鎖 J が存在する．このようなセルを電磁気学では**メッシュ**とよび，メッシュ M に対して，電流鎖で囲まれている，上のように得られた 2-鎖 J を**メッシュ電流**とよぶ.

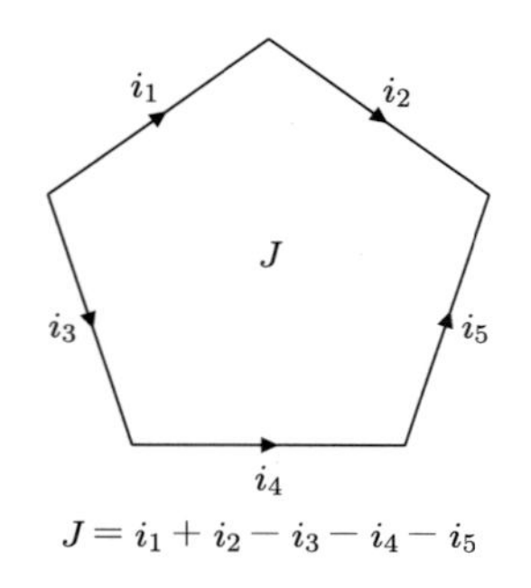

$J = i_1 + i_2 - i_3 - i_4 - i_5$

しかし，すべての可能なメッシュを追加すると，対象となるグラフの状況が過剰に決定されてしまう．確かに，過剰決定系でも回路はモデル化されるが，より一般的なメッシュ解析では，元の回路の次数1のホモロジーに対して（小さな）代表輪体の族を選び，この基底に対応する**本質的なメッシュ**を埋める．いい換えると，その輪体の辺が，選ばれたメッシュによって定まる電流を流すような輪体を残すことで，グラフから**独立輪体**を選び，その独立輪体にメッシュとメッシュ電流を割り当てる．各ホモロジー基底元に対してちょうど一つのメッシュを選ぶことで，可縮な空間であることが保証されるため，上で用いた次数1のホモロジーの消失よりもさ

†1 ［訳注］$i(s-t)$ は「0-鎖での累積電流は頂点 s を通過すると i だけ増加し，t を通過すると i だけ減少する」ことを意味する.

†2 ［訳註］この段落では輪体の辺で張られる 2-単体のことをセルとよんでいる.

らに強い主張をつくり出すことができるかもしれない．

より進んだ読者のために

「可能な限りメッシュを選び出すことで高次ホモロジーが誘導される」という事実が意味する本当のところは，**空洞**を埋めるためにより抽象度の高いメッシュを選択したほうがよいかもしれないということである．それゆえ，すでに挿入された 2-セル間の関係を表す 3-セルを埋めることができ，さらに，可能な 3-セルをすべて挿入すれば，より高次元の現象が取り出せるかもしれない．これを無限に進めていくと，無限に長い鎖複体で表される回路，つまり元の回路の**自由分解**が出来上がる．自由分解の回路解析への有用性は明らかではないが，代数学や幾何学において，代数的あるいは幾何学的対象を定義する方程式間の相互作用を解析するうえでは重要である．

電圧に関しては，1-鎖ではなく 1-余鎖と考えると，意味のあるものになる．電圧は，各辺に値を付随させる点は電流 1-鎖と同様だが，境界と余境界の関係，および従う物理法則は異なる．

具体的には，キルヒホッフの第 2 法則により，グラフのどのような輪体においても，その輪体の電圧変化は消滅しなければならない．そこで，つぎのような図を考える．

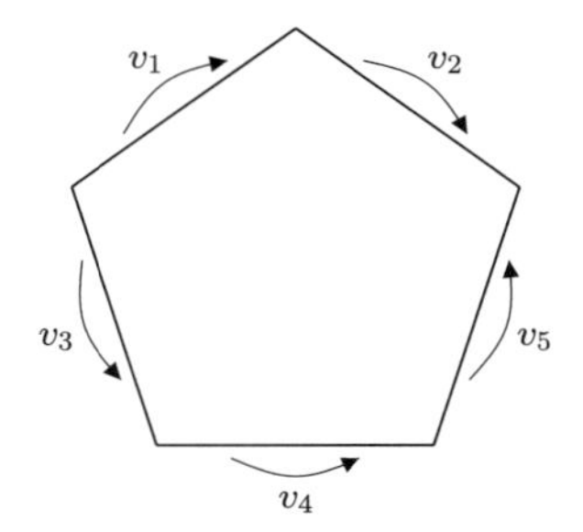

第 2 法則によると，$v_1 + v_2 - v_3 - v_4 - v_5 = 0$ である．このことは，電圧余鎖が余輪体でなければならない，すなわち，各メッシュ M の周りにある，境界で求められた電圧が消失しなければならない，と理解してもよいだろう．

電流に対する鎖複体の場合とちょうど同じように，すべてのメッシュが揃うと，次数1のコホモロジーは消失する．したがって，すべての余輪体は余境界でなければならない．それゆえ，電圧余輪体 V は，**静電ポテンシャル**とよばれる量 ϕ の余境界である．すなわち，$V = \delta\phi$ である．いい換えると，ϕ は各頂点に値をもち，辺の電圧は単にその辺に沿ったポテンシャルの変化となっている．

閉回路の電流が1-境界，電圧が1-余境界であるとわかったので，つぎの段階は両者の関係である．それらの関係の中心となるのがオームの法則 $V = RI$ で，ここで R はポテンシャル変化を V とする辺の抵抗値である．この関係は辺ごとの基底で成り立つので，R を1-鎖から1-余鎖への変換と考えることができる．辺ごとの定義によって，R が実際には線形写像であり，$V = R(I)$ であることがわかる．

ある与えられた回路の**電力**は，その回路からの熱放散を測定するものである．これは，任意の成分について，VI という式で与えられ，電圧を余鎖，電流を鎖と解釈すると，$V(I)$ となる．つまり，電力は R を用いて，$V(I) = (RI)(I)$ で与えられる．物理的には，電力はつねに非負であり，消滅する抵抗を扱わない限り，電力が消滅するのは $I = 0$ の場合だけである．したがって，上式から $\langle I, I\rangle = (RI)(I)$ であるような1-鎖上の内積 $\langle \text{-}, \text{-}\rangle$ を得ることができる．

より進んだ読者のために

したがって，抵抗 R は線形写像というだけでなく，有限次元ベクトル空間 C_1 とその双対 C^1 との間の同型写像でもある．このような同型写像として見た場合，R をより一般的な用語である**インピーダンス** Z，その逆写像である R^{-1} を**アドミタンス** A とよぶ．この同型写像は，ホッジ理論から同型写像 $H_1 \to H^1$ を誘導する．

電磁気学を代数トポロジーでまとめ直す上記の例は，マクスウェル方程式について議論したり，電磁気学の理論の大部分を計算しやすい方法で定式化したりするのに適した枠組みを形成するところまで発展している．可能な限り表記を単純にするために，4次元時空多様体上の2-形式への電界と磁界の結合を $\mathbf{F}$，電流3-形式を $\mathbf{J}$，外微分を $d\omega$，生成子をその**補集合**へ対応させるホッジスター演算子を $*\omega$ で表す．たとえば，$*dx_1 = dx_2 \wedge dx_3 \wedge dx_4, *(dx_1 \wedge dx_3) = dx_2 \wedge dx_4$ となる．

このように定義すると，電流3-形式は $d\mathbf{J} = 0$ を満たさなければならず，マクスウェルの方程式は

$$d\mathbf{F} = 0, \quad d * \mathbf{F} = \mathbf{J}$$

と書き直すことができる．Gross & Kotiuga (2004) は，電磁気学からの例を豊富に取り揃えながら必要な代数トポロジーを導入し，電磁気学の多くをトポロジー的基礎の上に置いた．誌面の都合上省略するが，より深い解説を望む読者には，この参考文献を出発点としてお薦めする．

電力を，電圧の余鎖を電流鎖に適用させることで得られるもの，$V(I)$ として定義する．キルヒホッフの法則は，二つの式

$$V = \delta\phi, \quad \partial I = 0$$

として書くことができる．したがって，キルヒホッフの法則に従う任意の回路では，**符号付き全電力**は $V(I) = (\delta P)(I) = P(\partial I) = P(0) = 0$ となる．この結果はテレゲンの定理 (Tellegen 1952) とよばれ，電気回路理論においてさまざまな帰結を生み出している．この定理は，常識的にはほとんどあり得ないような一般的な状況においても成り立っている．ネットワークに含まれる要素の種類（線形か非線形か？アクティブかパッシブか？時変か？）に依存せず，電圧余鎖と電流鎖が同じネットワークからとられる必要さえない．台となるグラフが同型である限り，電圧と電流は異なる成分をもつネットワークから取得することができる．

この結果については他に，Baez (2010) によるすばらしく刺激的な概説がある．そこでは，電気，空気圧などのさまざまな一連のネットワークについて比較を行っている．

3.3.6 鎖写像

ベクトル空間が**次数付き**とよばれるのは，それが直和 $V_* = \bigoplus_{i\in\mathbb{Z}} V_i$ と分解できるときである．したがって，鎖複体 C_* は，境界演算子を忘れることで次数付きベクトル空間とみなすことができる．直和因子 V_i を**次数 i の（同次の）成分**とよび，一つの直和因子の元 $\nu \in V_i$ を**次数 i の（同次の）元**とよぶ．二つの次数付きベクトル空間の間の次数 d の**次数付き写像** $f_* : V_* \to W_*$ とは，線形関数 $f_i : V_i \to W_{i+d}$ の集まりである．これらの用語を用いると，鎖複体とは，$\partial^2 = 0$ となる次数 -1 の次数付き写像 $\partial : C_* \to C_*$ を備えた次数付きベクトル空間 C_* であると再定義できる（これは以前の定義と同値である）．

鎖複体 C_* と D_* の間の**鎖写像** $f_* : C_* \to D_*$ を，$f_*\partial = \partial f_*$ を満たす，次数0の次数付き写像と定義する．より詳細には，すべての n について $f_{n-1} \circ \partial_n = \partial_n \circ f_n$ を満たすものである．

命題 3.127 $f : C_* \to D_*$ を鎖写像とする．このとき，f は線形写像 $H_n(f) : H_n(C_*) \to H_n(D_*)$ を誘導し，つぎの性質をもつ．

(a) $H_n(\mathrm{id}_{C_*}) = \mathrm{id}_{H_n(C_*)}$ が成り立つ．

(b) $H_n(f \circ g) = H_n(f) \circ H_n(g)$ が成り立つ．

(c) 一つの i 次元だけ0ではない鎖複体 C_* に対して，C_* 上 $H_i(f) = f$ かつ $H_i(C_*) \cong C_i$ である．

[証明] f は鎖写像であるから，f が線形写像 $f|_{Z_n(C_*)}, f|_{B_n(C_*)}$ に制限されることを証明できる．定義 $z + B_n(C_*) \mapsto f(z) + B_n(D_*)$ により，線形写像 $H^n(f) : H_n(C_*) \to H_n(D_*)$ が得られることから主張は従う． □

以下は，本書では最も重要な例である．

▶例 3.128 —— X と Y を，それらの頂点集合上に全順序を備えた二つの単体複体とする．$f : X \to Y$ を弱順序保存な単体複体の写像とする．ここで弱順序保存とは，X の各単体 $\sigma = \{x_0, \ldots, x_k\}$ に対して，集合写像 $f|_\sigma : \sigma \to Y$ が関係 $\leq$ を保存することを指す．そこで，X の各 k-単体を Y の単体としてその像に送ることにより，誘導鎖写像 $C_*(X) \to C_*(Y)$ が得られる．与えられた単体 σ がより低い次元の単体に送られる場合，σ 上で鎖写像は0と定義される． ◀

複体は，頂点順序と，それから定まる写像を備えていなければならない．この要件は扱いにくいが回避できる．最初の観察は，もし体が $\mathbb{F}_2$ であれば，順序に関する要件はなく，素直に鎖写像が得られるということである．$1 \neq -1$ である他の体では，抽象単体複体の細分化の概念を用いて，単体複体の写像に付随する誘導線形写像の定義を得ることができる．この後の議論はやや専門的であり，知識的に得られるものはあまりないので，係数体 $\mathbb{F}_2$ だけを考える読者は読み飛ばしても問題ないであろう．

定義 3.129 $X = (V_X, \Sigma_X)$ を抽象単体複体とする．X の**重心細分化**とは，X の単体の集合 Σ_X を頂点集合とし，要素数 $k+1$ の単体 $\{\sigma_0, ..., \sigma_k\}$ の集合が k-単体の集合を張るのは，

$$\sigma_{\pi(0)} \subset \sigma_{\pi(1)} \subset \cdots \subset \sigma_{\pi(k)}$$

となるような集合 $\{0, ..., k\}$ の置換 π があるとき，またそのときに限るような抽象単体複体のことである．この複体を $Sd(X)$ と書く．その頂点集合は，包含による半順序を備えているので，$\sigma \leq \tau$ となるのは，$\sigma \subseteq \tau$ のとき，またそのときに限る．この半順序は，全順序へ拡張される．また，抽象単体複体の任意の写像 $f : X \to Y$ に対して，頂点上では $\sigma \mapsto f(\sigma)$ で定義される抽象単体複体の自然な写像 $Sd(f) : Sd(X) \to Sd(Y)$ が存在することに注意する．ただし，σ は $Sd(X)$ の頂点とみなされる X の単体である．

▶例 3.130 —— 標準 2-単体の細分化はこのようになる．

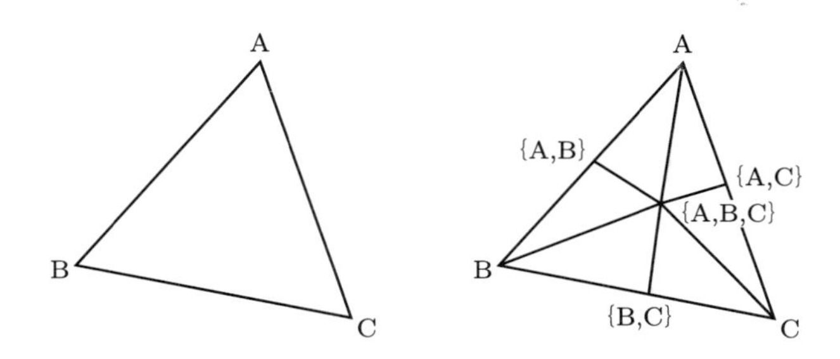

単体複体に対応する空間は同相であることに注意する．より一般には，X が抽象単体複体であり，その台となる抽象単体複体がそれぞれ X と $Sd(X)$ に同型である幾何的単体複体 Y と Z があるとすれば，Y と Z は同相である． ◀

X を頂点集合上の全順序をもつ単体複体であるとする．集合写像 $\rho_X : V_{Sd(X)} \to V_X$ を $\sigma \to \max(\sigma)$ で定義する．ここで，σ は V_X の要素の集合であり，V_X 上の与えられた順序で最大元が計算される．$V_{Sd(X)}$ 上の全順序のうち，自然な半順序に制限されるものを選ぶと，集合写像 ρ_X は単体複体の写像となり，さらに例 3.128 で述べた要件を満たす．したがって，誘導鎖写像 $C_*(\rho_X)$ を得る．

命題 3.131 誘導写像 $H_n(C_*(\rho_X))$ はすべて同型写像である．

[証明] 証明は Hatcher (2002) に掲載されている． □

この結果の価値は，抽象単体複体の写像に対応する誘導写像を，順序の選択を必要としない細分化された複体のみを用いて定義できることである．考え方はつぎのとおりである．抽象単体複体の写像 $f : X \to Y$ が与えられたとき，それに対応する写像 $Sd(f) : Sd(X) \to Sd(Y)$ がある．例 3.128 から頂点集合の自然な半順序があり，$Sd(f)$ はそれを保存している．それぞれを頂点集合の全順序に拡張すると，すべての単体に対して同じ全順序に制限されるという二つの拡張の要件が満たされる．このことから，矛盾なく定義された線形写像 $H_n(Sd(f)) : H_n(Sd(X)) \to H_n(Sd(Y))$ を得る．結論を述べるために，単体複体の写像 $f : X \to Y$ に付随するホモロジー上の誘導写像を，以下のように定義しておく．

$$H_n(X) \xrightarrow{H_n(\rho_X)^{-1}} H_n(Sd(X)) \xrightarrow{H_n(Sd(f))} H_n(Sd(Y)) \xrightarrow{H_n(\rho_Y)} H_n(Y)$$

結論は以下のとおりである．

命題 3.132 以下の条件を満たす，抽象単体複体の写像 $f : X \to Y$ に線形写像 $H_n(f) : H_n(X) \to H_n(Y)$ を一意的に割り当てるものが存在する．

1. すべての抽象単体複体 X に対して，$H_n(\mathrm{id}_X) = \mathrm{id}_{H_n(X)}$ が成り立つ．
2. すべての抽象単体複体の写像の列

$$X \xrightarrow{f} Y \xrightarrow{g} Z$$

に対して，$H_n(g \circ f) = H_n(g) \circ H_n(f)$ が成り立つ．

3.3.7 鎖ホモトピー

二つの連続関数の間のホモトピーという考え方に対応するものが，鎖複体の世界にもある．位相空間の間の二つの連続関数 $f, g : X \to Y$ が与えられたとき，ホモトピー $f \Rightarrow g$ は $h|_{0 \times X} = f$，$h|_{1 \times X} = g$ となる連続関数 $h : I \times X \to Y$ であることを思い出そう．位相空間 $I = [0, 1]$ は，一つの辺 x とその二つの端点 a, b からなる単体複体に同相なので，鎖複体世界における I のモデルの候補として，次数 0 と 1 の非ゼロ成分をもった対応する鎖複体 I_*

$$0 \to \Bbbk x \xrightarrow{\begin{pmatrix} 1 & -1 \end{pmatrix}} \Bbbk a \oplus \Bbbk b \to 0$$

を考えることができる．

したがって，二つの鎖複体 C_*，D_* から出発して，鎖複体 $C_* \otimes I_*$ を考えてみると，次数 n に対して $(C_* \otimes I_*)_n = C_{n-1}x \oplus C_n a \oplus C_n b$ と定義され，x，a，b がそれぞれ第 1，第 2，第 3 の直和因子に属していることがわかる．C_* より大きいこの複体は，$(c_x, c_a, c_b) \mapsto (-\partial c_x, \partial c_a - c_x, \partial c_b + c_x)$ によって三つ組上に作用する境界写像をもっている．簡単な計算で，これが確かに境界写像であること（つまり，2 乗が 0 になる）が確認できる．

ここで，f_* から g_* への**ホモトピー**は，上記の類推から，a に対応する成分が f_* に，b に対応する成分が g_* に一致するような鎖写像 $h_* : C_* \otimes I_* \to D_*$ になると予想される．残る問題は，x に対応する成分をどこに写すかである．

制限写像を $s_n = h_n|_{C_{n-1}x}$ と名付けると，鎖写像であることの要件が s_n の族だけの要件に再定式化できる．具体的には，成分 $C_n a$，$C_n b$ を考える場合，鎖写像の要件は f_*，g_* が鎖写像であるという要件になる．一方，成分 $C_{n-1}x$ については，鎖写像の要件から，$-s_*\partial_*\nu + g_*\nu - f_*\nu = \partial_* s_*\nu$ という式が得られ，$\partial_* s_* + s_*\partial_* = g_* - f_*$ という式に書き換えられる．したがって，鎖ホモトピーの定義はつぎのようになる．

定義 3.133　鎖写像 $f_* : C_* \to D_*$ から鎖写像 $g_* : C_* \to D_*$ への**鎖ホモトピー**は，$\partial_* s_* + s_*\partial_* = g_* - f_*$ となる次数 1 の**次数付き写像** $s_* : C_* \to D_*$ である．

鎖ホモトピーは，二つの写像がホモロジー上で同じ写像を誘導することを示すのによく使われる．

命題 3.134　$f_* : C_* \to D_*$ と $g_* : C_* \to D_*$ がホモトピックな鎖写像ならば，$H(f_*) = H(g_*)$ が成り立つ．

[証明]　任意の輪体 $z \in C_n$ に対して，ホモロジー類 $[f_n(z)]$ と $[g_n(z)]$ が等しいことを確かめれば十分である．鎖ホモトピー $s_* : f_* \to g_*$ の定義式は

$$\partial_{n+1}(s_n(\nu)) + s_{n-1}(\partial_n(\nu)) = g_n(\nu) - f_n(\nu)$$

となる．これにより，$\partial_{n+1}(s_n(\nu)) \in B_n$ でかつ，ν は輪体なので，

$$\begin{aligned}[g_n(\nu)] - [f_n(\nu)] &= [g_n(\nu) - f_n(\nu)] = [\partial_{n+1}(s_n(\nu)) + s_{n-1}(\partial_n(\nu))] \\ &= [\partial_{n+1}(s_n(\nu))] = 0\end{aligned}$$

となる．　□

3.3.8 特異ホモロジー

ここまで本書では，単体複体のホモロジーの構成に取り組んできた．単体複体から位相空間が生み出されるのは自明である．実際，位相空間は，多くの異なる単体複体の幾何的実現としてしばしば与えられる．このことは，位相空間 X を扱いたいならば，まず幾何的実現として X をもつ単体複体を少なくとも一つ構成し，つぎに，幾何的実現 X をもつどんな単体複体に対しても，適切な意味において同じ答えが得られると納得する必要があることを意味する．このため，計算の「費用」が大きくなり，二つ目の条件の検証が困難になることが多い．この問題に対して，S. Eilenberg (1944) は，空間 X に対してその幾何的実現が X に同相な単体複体を必要としないベクトル空間 $H_n^{\mathrm{sing}}(X)$ の定義を生み出し，シンプルでエレガントな解答を与えた．大雑把にいえば，アイレンベルクは，数え切れないほど多くの頂点と単体をもつ単体複体のような対象をつくり出し，そのホモロジーを $H_n^{\mathrm{sing}}(X)$ と定義したのである．この構成は**特異ホモロジー**として知られている．これは，上の命題 3.132 で単体のホモロジーについて説明したものと同じ関手的性質をもつが，今度は単体複体ではなく，位相空間とそれらの間の写像について定義されている．ある空間が単体複体として与えられたとき，単体的に計算されたホモロジーは特異ホモロジーと一致する．これは，「単体による計算で得られるベクトル空間から，特異による計算で得られるベクトル空間への同型写像が存在し，その写像は，単体複体の写像によって誘導される線形写像と矛盾しない」ことを意味する．特異ホモロジーの構成には技術的に複雑な点がいくつもあるが，大まかにまとめると，それらは無限個（実際には非可算無限）の単体をもつ単体複体として構成される．大雑把にいえば，空間 X 上で求められるこの複体の k-単体は，標準 k-単体 δ^k から X への連続写像と全単射に対応する．特異なホモロジーの構成法についてはこれ以上触れないが，以降では時折利用する．特異ホモロジーの定義と性質については，Hatcher (2002) を参照してほしい．

3.3.9 関手性

ここまでで関手性の例をいくつか見てきた．前項では，独立輪体の直感的な概念が，線形代数的な量として解釈できることを見た．すなわち，独立輪体は，単体複体の組合せ論的情報を使って定義された行列から得られるあるベクトル空間の次元の差として解釈できる．しかし，このベクトル空間に関連する次元を考えること，とくに関連するベクトル空間を記録しておくことは有用であることがわかっている．この深遠な洞察は，1930 年代にエミー・ネーターによってはじめてなされた (Hilton 1988)．これまで見てきたように，現在受け入れられているこの理論は，すべての位相空間（または単体複体）X とすべての非負の整数 k に付随するベクトル空間 $H_k(X)$ によって定式化される．そのベクトル空間の次元は，直感的には X における独立な k 次元輪体の数と解釈され，X の k 次のベッチ数とよばれている．

この定義の重要な点は，空間の興味深い性質を記述する数を提供するだけでなく，位相空間の連続写像 $f : X \to Y$ に，対応するホモロジーベクトル空間の間の線形写像を割り当てていることである．したがって，関連するベクトル空間の基底を選択した場合，f を特徴付ける行列を得ることができる．たとえば，複素平面上の単位円 S^1 を考えた場合，$H_1(S^1)$ は 1 次元のベクトル空間である．f を S^1 からそれ自身への恒等写像とすると，成分 1 をもつ 1×1 行列が得られる．一方，複素共役によって与えられる写像（これもやはり S^1 からそれ自身への写像である）を考えると，成分 -1 をもつ 1×1 行列が得られる．このように，ホモロジーは，空間そのものに関する情報だけでなく，空間の間の連続写像に関する情報も与えてくれる．

ホモロジーに関連するもう一つの重要な概念として，**ホモトピー不変性**がある．$f, g : X \to Y$ を位相空間の連続写像とすると，f から g へのホモトピーは $H(x, 0) = f(x)$ および $H(x, 1) = g(x)$ となる連続写像 $H : X \times [0, 1] \to Y$ であることを思い出そう．これは直感的には，X から Y への，f で始まり g で終わる写像の連続族が存在することを意味する．その族は $\{H_t\}$ と書く．ただし，$H_t(x) = H(x, t)$ である．

▶例 3.135 —— $Y = \mathbb{R}^n$ とする．このとき，任意の二つの写像 $f, g : X \to \mathbb{R}^n$ は，$H(x, t) = (1 - t)f(x) + tg(x)$ で与えられるホモトピーでホモトピックである． ◀

▶例 3.136 —— $X = Y = S^1$ に対して，$f_n : S^1 \to S^1$ を $f_n(z) = z^n$ によって与えられる写像とする．ただし，S^1 は絶対値 1 の複素数からなると考える．このとき，f_n と f_m がホモトピックであるのは $m = n$ のとき，またその場合に限る． ◀

X から Y への連続写像 f の**ホモトピー類**は，f にホモトピックであるすべての写像の族である．X から Y へのすべての連続写像の集合は，すべて異なるホモトピー類に分割される．ホモトピーによる分類（二つの異なる成分がホモトピックであれば同じ類に分類される）とは，すべての写像の集合を離散的に分類することである．この分類は全体的にかなり粗いが，興味深い情報が多く含まれている．ホモロジーの有益な点の一つは，つぎのような性質を利用してこの連続写像の分類を調べられることにある．

◆ホモロジーのホモトピー不変性

$f, g : X \to Y$ が互いにホモトピックであれば，すべての i に対して誘導写像 $H_i(f)$ と $H_i(g)$ は等しい．このことから，ホモトピー同値な空間は同型なホモロジーをもち，したがって同じのベッチ数をもつことがわかる．この性質はかなり便利で，たとえば，二つの写像がホモトピックでないことを示すのに使うことができる．

▶例 3.137 —— 例 3.136 の写像 f_n を考える．誘導写像 $H_1(f_n)$ は整数 n の乗算に対応する．したがって，$n \neq m$ ならば，f_n と f_m はホモトピックではない．◀

3.3.10 間接的な計算手法

以上より，特異ホモロジーでは，非可算無限次元のベクトル空間を扱う必要があることが判明した．したがって，このモデルでホモロジーを直接計算することは不可能である．一方，間接的な計算手法としては，**マイヤー - ヴィートリス列**や**組の長完全列**といった計算しやすい手法が数多くあり，空間 X に同相な特定の単体複体モデルを見つけることなく，X の特異ホモロジーがしばしば計算できる．また，単体複体モデルがある場合でも，その空間が大抵あまりにも大きいため，間接的に全部計算するか，あるいは間接的な手法でより扱いやすい断片に分割するかする必要がある．これらの手法について簡単に紹介する．

本項で重要な概念は，**ベクトル空間の完全列**である．

定義 3.138

$$U \xrightarrow{L} V \xrightarrow{M} W$$

を体 $\Bbbk$ 上の線形写像の図式とする．この線形写像の列が**完全である**とは，(a) $M \circ L \equiv 0$，(b) M の核空間（要件 (a) のため L の像を含む）が L の像と等しいことをいう．任意の長さの，もしくは無限の長さの，線形写像の列

$$\cdots \xrightarrow{L_{i+2}} V_{i+1} \xrightarrow{L_{i+1}} V_i \xrightarrow{L_i} V_{i-1} \xrightarrow{L_{i-1}} \cdots$$

が完全であるとは，各 3 項の列

$$V_{i+1} \xrightarrow{L_{i+1}} V_i \xrightarrow{L_i} V_{i-1}$$

が完全であるとき，またそのときに限ることをいう．

以下の結果は，完全列の計算から得られる．

命題 3.139 線形写像の列

$$V_{i+1} \xrightarrow{L_{i+1}} V_i \xrightarrow{L_i} V_{i-1}$$

が完全であるのは，すべての i に対して $\dim(V_i) = \operatorname{rank}(L_{i+1}) + \operatorname{rank}(L_i)$ であるとき，またそのときに限る．同様に，線形写像の列

$$V_{i+2} \xrightarrow{L} V_{i+1} \to V_i \to V_{i-1} \xrightarrow{L'} V_{i-2}$$

が完全ならば，

$$\dim V_i = \dim V_{i-1} + \dim V_{i+1} - \operatorname{rank} L - \operatorname{rank} L'$$

という式が成立する．

この結果は，後で述べるように，$\dim(V_{i+1})$，$\dim(V_{i-1})$ と L_{i+2}, L_{i-1} の階数がわかっている場合，$\dim(V_i)$ の評価によく使われる．

ここで，**マイヤー - ヴィートリス長完全列**について説明しよう．これは，二つの部分複体 Y と Z の和である単体複体 X があるときに考えることができる．この場合，$Y \cap Z$ も X の部分複体である．マイヤー - ヴィートリス列の目的は，X のホモロジー群に加えて，Y，Z，$Y \cap Z$ のホモロジー群が含まれる長完全列を得ることである．したがって，長完全列が得られれば，多くの場合，Y，Z，$Y \cap Z$ のホモロジーから，X のホモロジーが推測できる．

定理 3.140 X, Y, Z を上記のようにすると，長完全列

$$\cdots \to H_i(Y \cap Z) \xrightarrow{\alpha_i} H_i(Y) \oplus H_i(Z) \to H_i(X) \xrightarrow{\delta} H_{i-1}(Y \cap Z) \xrightarrow{\alpha_{i-1}} H_{i-1}(Y) \oplus H_{i-1}(Z) \to \cdots$$

が存在する．この列は，周期 3 で次元のシフトを伴いながら，i のすべての非負

の値に対して無限に続く．右端は $H_0(X)$ で終わり，その群の右側はすべて 0 となる．線形写像 α_i は，$\alpha_i(\xi) = (H_i(i_0)(\xi), -H_i(i_1)(\xi))$ で与えられる．ここで，$i_0 : Y \cap Z \hookrightarrow Y, i_1 : Y \cap Z \hookrightarrow Z$ は包含写像である．線形写像 δ の定義はやや複雑であり，Hatcher (2002) を参照した．この列は，Y と Z が空間 X の開被覆を形成するときの特異ホモロジーに対しても存在する．

この結果が主張しているのは，Y，Z，$Y \cap Z$ のホモロジー群と線形写像 $H_k(i_0)$，$H_k(i_1)$ が完全に理解できれば，X のホモロジー群の次元を評価できるということである．この種の計算は，しばしば**局所から大域へ**の結果として取り上げられる．ホモロジー群の次元と線形写像の階数を使って正確に書けば，以下のようになる．

系 3.141 $\alpha_i : H_i(Y \cap Z) \to H_i(Y) \oplus H_i(Z)$ を線形写像 $\alpha_i(\xi) = (H_i(i_0)(\xi), -H_i(i_1)(\xi))$ とする．このとき，$H_i(X)$ の次元は

$$\dim(H_i(Y)) + \dim(H_i(Z)) + \dim(H_{i-1}(Y \cap Z)) - \operatorname{rank}(\alpha_i) - \operatorname{rank}(\alpha_{i-1})$$

となる．

▶**例 3.142** —— この結果から，単体複体モデルを特定せずに円 S^1 の特異ホモロジーを計算する方法を示すことができる．S^1 が二つの部分集合 $U = S^1 - \{(0,-1)\}$ と $V = S^1 - \{(0,1)\}$ で被覆されているとする．円を極座標でパラメータ化すれば，U と V がそれぞれ開区間 $(-\frac{\pi}{2}, \frac{3\pi}{2})$ と $(\frac{\pi}{2}, \frac{5\pi}{2})$ に同相であることは明らかである．したがって，両者とも可縮，すなわち一点とホモトピー同値である．その結果として，$i > 0$ に対して $H_i(U) = 0$ かつ $H_i(V) = 0$ となり，$H_0(U) \cong H_0(V) \cong \mathbb{k}$ となる．一方，$U \cap V = S^1 - \{\pm 1\}$ は，$(-\frac{\pi}{2}, \frac{\pi}{2})$ と $(\frac{\pi}{2}, \frac{3\pi}{2})$ という二つの区間の非交和集合に同相であり，したがって二つの離散点の和にホモトピー同値である．それゆえ，$i > 0$ で $H_i(U \cap V) \cong 0$ となり，$H_0(U \cap V) = \mathbb{k} \oplus \mathbb{k}$ となることが従う．つまり，マイヤー－ヴィートリス長完全列はつぎのようになる．

$$\to 0 \xrightarrow{f} H_1(X) \to H_0(U \cap V) \cong \mathbb{k} \oplus \mathbb{k} \xrightarrow{g} H_0(U) \oplus H_0(V) \cong \mathbb{k} \oplus \mathbb{k} \to \mathbb{k} \to 0$$

$U \cap V$ の二つの連結成分は $H_0(U \cap V)$ の基底を形成し，U と V の一つの連結成分は $H_0(U) \oplus H_0(V)$ の基底を形成する．簡単な計算で，この基底に対する g の行列表示は

$$\begin{pmatrix} 1 & 1 \\ -1 & -1 \end{pmatrix}$$

の形となることがわかる．この行列は階数 1 であるから，系 3.141 の式はつぎのようになる．

$$\begin{aligned} \dim(H_1(X)) = &\dim(H_1(U)) + \dim(H_1(V)) + \dim(H_0(U \cap V)) \\ &- \operatorname{rank}(f) - \operatorname{rank}(g) \end{aligned}$$

これより，

$$\dim(H_1(X)) = (0+0) + 2 - 0 - 1 = 1$$

となる． ◀

マイヤー - ヴィートリス列によるものとは別の強力な手法として，特異ホモロジーを用いて単体複体や空間のベッチ数を計算する，組の長完全列による手法がある．単体複体 X とその部分複体 Y があるような場合に，この手法を適用することができる．まずは，**相対ホモロジー**を議論しよう．鎖複体 $C_*(X)$ と $C_*(Y)$ があり，それらの間に包含写像（鎖写像である）$C_*(Y) \hookrightarrow C_*(X)$ があれば，商ベクトル空間 $C_i(X)/C_i(Y)$ を形成できる．これを $C_i(X,Y)$ と表記する．抽象代数学によれば，$C_*(X)$ の境界写像から境界写像 $\partial : C_i(X,Y) \to C_{i-1}(X,Y)$ が引き起こされる．これらの境界写像によるホモロジーを $H_i(X,Y)$ で表し，$\boldsymbol{Y}$ **に対する** $\boldsymbol{X}$ **の相対ホモロジー**とよぶ．ここで，以下のようなベクトル空間の完全列が存在することが知られている．これは，単体ホモロジーのときと同様に，特異ホモロジーを計算するための強力なツールである．

命題 3.143 上記のように X と Y が与えられると，長完全列

$$\cdots \to H_{i+1}(X,Y) \to H_i(Y) \to H_i(X) \to H_i(X,Y) \to H_{i-1}(Y) \to \cdots$$

が得られる．また，特異ホモロジーに対しても同様の完全列が存在し，任意の空間 X と部分空間 $Y \subseteq X$ に対して $H_i(X,Y)$ を定義することができる．

この手法の威力は，相対ホモロジーに対する**切除性**にある．再び，単体複体 X，部分複体 $Y \subseteq X$，および Y とは別の部分複体 $Z \subseteq Y$ を考えよう．Y の単体が $Y - Z$ に含まれるのは，Z に含まれない単体の面であるとき，またそのときに限

ると定めることで，部分複体 $Y - Z$ を形成できる．$X - Z$ も同様に構成することができ，もちろん $Y - Z$ は $X - Z$ の部分複体である．

命題 3.144　$Z \subseteq Y \subseteq X$ という部分複体の包含関係があるとする．このとき，自然な鎖写像 $C_*(X - Z, Y - Z) \hookrightarrow C_*(X, Y)$ は同型写像

$$H_i(X - Z, Y - Z) \xrightarrow{\sim} H_i(X, Y)$$

を誘導する．特異ホモロジーにおいてもこれと類似の主張がある．ただし，部分空間 $Z \subseteq Y \subseteq X$ において，Z は Y に含まれる X の閉部分集合に含まれている部分集合で，Y は開である．

ここで，この手法の使用例について説明しよう．

▶**例 3.145** ―― この手法を用いて，n 次元球面 S^n の特異ホモロジーを帰納的に計算する．まず，二つの離散点の和である S^0 の場合から始める．そのホモロジーは $H_0(S^0) = \Bbbk \oplus \Bbbk$，$H_i(S^0) \cong 0$ で与えられる．つぎに，円 $S^1 = X$ を考え，$Y = X - \{(1,0)\}$ および $Z = \{(x,y) \in X \mid x \leq 0\}$ とする．

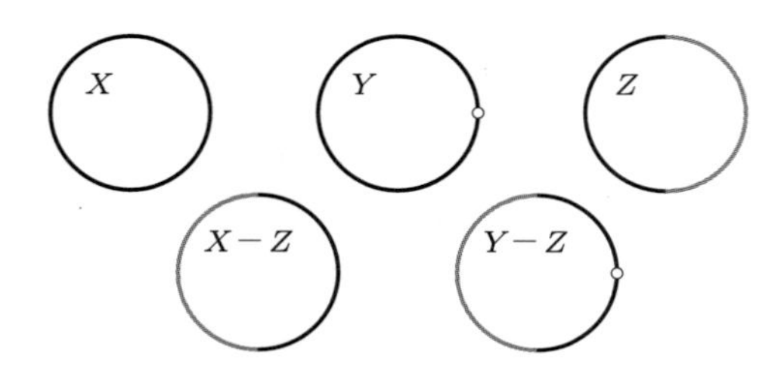

$H_*(X,Y)$ を直感的に理解することはできないが，命題 3.144 の切除結果を用いることで $H_*(X,Y) \cong H_*(X - Z, Y - Z)$ を得て，組の長完全列を用いることで，つぎのようにして $H_*(X - Z, Y - Z)$ の情報を得ることができる．空間 $X - Z$ は，x 座標が正でない点をすべて円から取り除くことで得られる．この空間は開円弧であり，したがって開区間に同相である．開区間は一点とホモトピー同値なので，$i > 0$ で $H_0(X - Z) \cong k$，$H_i(X - Z) \cong 0$ が成り立つ．一方，空間 $Y - Z$ は二つの区間の非交和集合に同相であり，これは二つの離散点，すなわち S^0 にホモトピー同値である．以上より，$H^0(Y - Z) \cong \Bbbk \oplus \Bbbk$ で，$i > 0$ において $H^i(Y - Z) \cong 0$ となる．対 $(X - Z, Y - Z)$ の長完全列の低次数の部分はつぎのようになる．

$$H_1(X-Z) \to H_1(X-Z, Y-Z) \to H_0(Y-Z) \to H_0(X-Z)$$
$$\to H_0(X-Z, Y-Z) \to 0$$

$H_1(X-Z) \cong 0$ なので，命題 3.139 の二つ目の計算式から，$H_1(X-Z, Y-Z)$ の次元は差

$$\dim H_0(Y-Z) - \operatorname{rank}(H_0(Y-Z) \to H_0(X-Z)) = 2 - 1 = 1$$

に等しい．

したがって，切除定理（命題 3.144）により，$H_1(X,Y)$ の次元は 1 であることがわかる．高次では，たとえば $H_i(X-Z, Y-Z)$ は零群に挟まれているので，$H_i(X,Y) \cong H_i(X-Z, Y-Z)$ が $i \neq 1$ ですべて消えることは簡単に証明できる．ここで，組 (X,Y) の長完全列を考えてみる．

$$\cdots \to H_1(Y) \to H_1(X) \to H_1(X,Y) \to H_0(Y) \to H_0(X) \to \cdots$$

$H_1(Y) \cong 0$ から，$H_1(X)$ の次元は $H_1(X,Y)$ の次元（1 に等しい）から線形写像 $H_1(X,Y) \to H_0(Y)$ の階数を引いた値に等しいことがわかる．$H_0(Y) \cong H_0(X) \cong \Bbbk$ であり，線形写像 $H_0(Y) \to H_0(X)$ は Y の唯一の連結成分に対応する基底の元を唯一の連結成分 X に送る同型写像であるから，$H_1(X,Y) \to H_0(Y)$ の階数は 0 である．列

$$H_1(X,Y) \to H_0(Y) \to H_0(X)$$

の完全性は，線形写像 $H_1(X,Y) \to H_0(Y)$ が消失すること，したがって階数が 0 であることを保証している．よって，$H_1(X)$ は 1 次元であることがわかる．

ここで，$H_i(S^n)$ の次元 $\dim H_i(S^n)$ が $i = 0, n$ に対して 1，それ以外に対して 0 に等しいことを帰納的に証明できる．$X = S^n$ は $\mathbb{R}^{n+1}$ における単位球面，Y は集合 $S^n - \{(1, \ldots, 0)\}$，Z は集合 $\{\vec{x} \in S^n \mid x_0 \leq 0\}$ とする．ただし，$\mathbb{R}^{n+1}$ の座標は $x_0, x_1, \ldots, x_n$ である．$Y - Z$ は S^{n-1} とホモトピー同値であり，$X - Z$ は可縮であることがわかるので，帰納的に $H_n(X-Z, Y-Z)$ の次元は 1 と結論付けることができる．このとき，切除定理により，$H_n(X,Y)$ も 1 次元であることが保証される．また，Y は可縮であることがわかり，そこから $H_n(S^n) \cong H_n(X,Y)$ となり，1 次元になることがわかる．同様に，$i \neq n$ の場合も簡単に確認できて，すべての i について $H_i(S^n)$ の計算を得ることができる． ◀

3.3.11 関手性の重要性

関手性は，数学的対象の写像を研究することと定義される．これは，数学的対象を単独で研究することとは対照的で，おそらく代数トポロジーで生み出された手法の最も特徴的な点であろう．この手法の重要性を示す，いくつかの事例を紹介する．

1. 3.3.10 項では，特異ホモロジーにも適用できるホモロジーの計算手法を紹介し，単体ホモロジーの計算を並列化できるようにした．これらの手法は，ホモロジーの構成の関手性に強く依存している．なぜなら，こういった計算手法においては，ホモロジー上の誘導写像の階数が重要な要素となっているからである．3.3.10 項の手法には多くの一般化があるが，事実上それらすべては，ホモロジー上の誘導線形写像に等しく依存している．
2. 数学内外のトポロジーのほとんどの応用分野で，関手性が重要視されている．たとえば，**レフシェッツの不動点定理**より，自己写像 $f : X \to X$ の不動点の存在を保証する方法が得られる．ただし，X は単体複体に同相な空間である．この定理の主張はつぎのとおりである．

   X を有限の単体複体に同相の空間とする．各 $k \geq 0$ に対して，誘導線形写像 $H_k(f, \mathbb{Q})$ がある．ここで，$\mathbb{Q}$ は有理数体を表す．f の**レフシェッツ数**は交代和

   $$\Lambda_f = \sum_i (-1)^i \operatorname{Tr}(H_i(f, \mathbb{Q}))$$

   と定義される．ここで，Tr は線形写像のトレースを表す．トレースは行列の共役類のみに依存するので，線形写像の不変量であり，基底の選び方，したがってそれを表現する行列に依存しない．

   > **定理 3.146** 上記のような $f : X \to X$ に対して，$\Lambda_f \neq 0$ とする．このとき，f は少なくとも一つの不動点をもつ．

3. 統計学では，データセットを自動的にクラスタリングする方法，すなわち，同じような意味をもつまとまりに分割する方法を定義することがしばしば有用である．たとえば，距離の概念をもつデータセット（有限の距離空間）が与えられた場合，閾値パラメータ ϵ の**最短距離法**を以下のようにして行える．距離空間内のデータ点を頂点と考え，2 点間の距離が ϵ となる頂点対の間にのみ辺があるグラフ（1 次元単体複体）をつくり，そして，このグラフの連結成

分に基づいて空間を分割する．この手順の問題は ϵ を選択する必要があることであり，それはかなり厄介である．この問題を解決するために，単一の分割ではなく，入れ子状になった分割を出力する，**階層型クラスタリング**という概念がある．重要なのは，$\epsilon \leq \epsilon'$ のとき，閾値 ϵ のクラスターの集合から閾値 ϵ' のクラスターの集合への誘導写像が存在することである．これはホモロジーではなく，グラフ成分の集合に対する関手性の主張とみなすことができる．この入れ子になった族は，樹形図，つまり非負の実数直線に参照写像をもつ木によって，簡単に可視化することができる．この構成からスケールパラメータ ϵ のあらゆる値におけるすべてのクラスタリングの振る舞いを要約したものが得られ，それは興味深い結果をもたらす可能性の高い値を選ぶための有用なガイドとなる．もちろん，樹形図にはクラスタリング（クラスターの集合）に関する情報が含まれているが，ϵ の選択を変えた場合のクラスタリング間の関係も示している．次章で紹介するパーシステントホモロジーも閾値パラメータに依存する．その定義は二つの異なる閾値パラメータに対するホモロジーの関手性を必要とする．

4. 空間はしばしば対称性の群を備えている．このとき，空間についてだけでなく，さまざまな元の固定点集合などの対称群の作用についての情報を含む**同変ホモロジー**という概念がある．同変ホモロジーの定義は，対称群の元に対する関手性に完全に依存している．研究が非常に盛んな分野で，数理物理学への応用が数多くある．そのうちのいくつかについては Szabo (2000) を参照してほしい．
5. 基底空間 B への参照写像を備えた空間 X の位相を研究することも興味深い．この研究分野は**パラメータ付きトポロジー**とよばれる．それには参照写像に対するホモロジー上の誘導写像が必要不可欠である．これらの方法の数論や代数トポロジーへの顕著な応用については，Artin & Mazur (1986) や Freitag & Kiehl (1988) を参照してほしい．

第4章 データの形状

我々がここで開発する手法に対して，データセットの最も重要な側面は，それが何らかの方法で「観測されたものどうしの違い」を定量化していることである．したがって，データセットを「ある非類似度によって特徴付けられる観測されたものの有限の集合」とみなすことにする．この尺度は距離であることが望ましいが，我々の手法に対してはこの要件は緩和されることもある．

本章では，まずこのような観点（データの点群的な見方）を説明し，つぎにホモロジーと関手性を利用して，トポロジカルデータ解析手法を生み出すためのさまざまな有用な構成について説明する．

4.1　0次元のトポロジー：最短距離法

幾何学的対象の形状の最も単純な側面は，その連結成分の数である．点群データに対して，連結成分に相当するものは，統計学者たちにより古くから考えられてきた．それにはクラスタリングという名前が付いている（Hartigan 1975，Kogan 2007 を参照）．クラスタリングの方式の一つである階層型の**最短距離法**は，以下のような手順である．点 $X = \{x_1, \ldots, x_n\}$ と，各点の組の非類似度 $\mathfrak{D}(x_i, x_j)$ をもつ有限の非類似度空間が与えられたとする．各非負の閾値 R に対して，集合 X 上の関係 $\sim_R$ をつぎの基準で形成することができる．

$$x \sim_R x' \text{であるのは} \mathfrak{D}(x, x') \leq R \text{のとき，またそれに限る．}$$

$\sim_R$ が生成する同値関係を $\simeq_R$ とする．ここで，$\simeq_R$ の下での同値類の集合は X の分割を与え，その分割は X の連結成分の候補と考えることができる．つまり，各閾値 R に対して，X の分割が得られる．そこで疑問になるのが，どのように R を選ぶのが「正しい」のか，ということである．これは，興味をそそる発見的解決方法はあるものの定義が定かでない問題である．もう一つのアプローチは，R の変化に対する互換性を観察することである．$R \leq R'$ であれば，R' に付随する分割は R

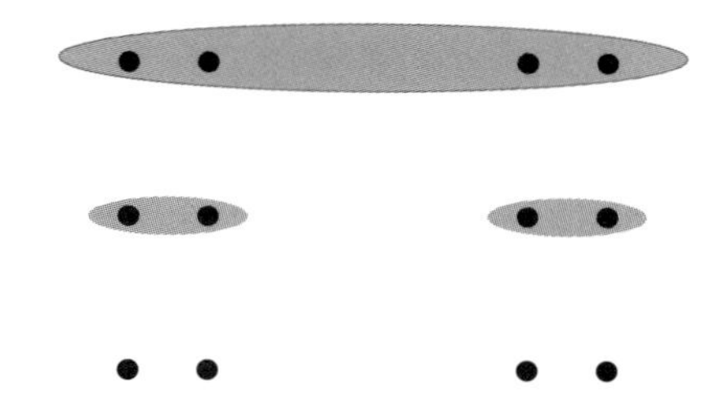

図 4.1　階層型の最短距離法（上方に行くほど距離パラメータ R が大きくなり，より粗いクラスターが得られる）．

に付随する分割より粗くなる．これは，図 4.1 に示すように，R の中のクラスター化した点は，R' の中でクラスター化したままであることを意味する．

図 4.1 は，閾値を変化させたときのクラスタリングの変化を示しており，R が大きくなるにつれて粗さが増していることがわかる．統計学者によると，すべての閾値におけるクラスタリングを同時に符号化した，**樹形図**とよばれる単一のプロファイルが存在する．図 4.2 は，上記の状況を表す樹形図である．

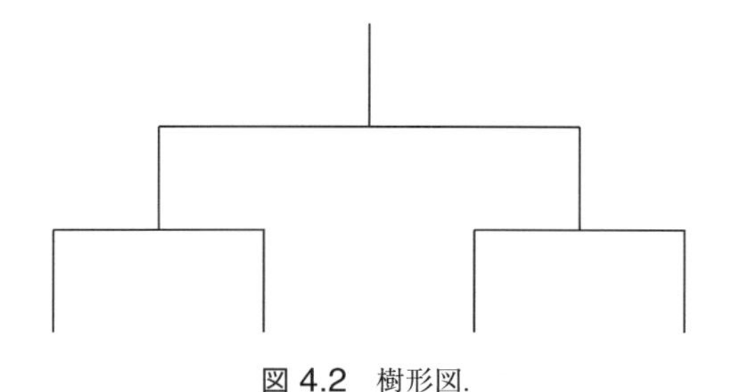

図 4.2　樹形図．

その結果，木である T（ループのない 1 次元の単体複体）と，T から実数直線の非負部分への参照写像が得られる．この木により，異なるクラスタリングの結果をひとまとめに見ることができる．ある閾値 R でのクラスタリングは，木を横切るレベル R の水平線を引くことで与えられ，その交点にクラスターが対応する．図 4.2 では，その水平線より上の高さ関数を参照写像としている．

樹形図を解釈する別の方法として，視覚的にわかりにくいが，形式的には同じものがある．各閾値 R に対して，同値関係 $\simeq_R$ の同値類の集合を X_R とする．R が大きくなると分割は粗くなるだけなので，$R \leq R'$ ならば，レベル R の各クラスターに，それが含まれるレベル R' の（一意的な）クラスターを割り当てる集合の写像 $X_R \to X_{R'}$ が存在する．この構成は十分に有用であるため，名前を付けることにする.

定義 4.1 パーシステント集合とは，集合の族 $\{X_R\}_{R\in\mathbb{R}}$ であって，すべての $R \leq R'$ に対する，集合としての写像 $\varphi_R^{R'} : X_R \to X_{R'}$ を伴うものとする．ただし，すべての $R \leq R' \leq R''$ に対して $\varphi_{R'}^{R''} \circ \varphi_R^{R'} = \varphi_R^{R''}$ を満たす．より一般には，パーシステント対象とは，$\mathbb{R}$ でパラメータ付けされた，単体複体，ベクトル空間，位相空間などのあらゆる種類の対象の族であって，それらの間の上述と同じ互換性をもつ写像（単体複体の写像，線形写像，連続写像など）を伴うものであるといえる．ここで，その写像とは，$r \leq r'$ に対して，r でパラメータ付けされた対象から r' でパラメータ付けされた対象への写像のことである．

それぞれのパーシステント集合に対して，付随する樹形図が存在し，その逆も同様である．有限距離空間に付随する樹形図（したがってパーシステント集合）は，トポロジカルな概念を用いて再定式化できる．これにより，有限距離空間に対して高次元ホモロジーをどのように定義すればよいかがより明確になるであろう．

より進んだ読者のために

より進んだ読者ならば，定義 4.1 の構造はよくわかっているかもしれない．集合写像の合成に関する要件は，パーシステント集合が関手 $(\mathbb{R}, \leq) \to \mathrm{Set}$，つまり，$(\mathbb{R}, \leq)$ 上の集合値前層であることである．このように，他の圏のパーシステント対象は，単にそれらの圏に値をもつ前層としてみなすことができ，その視点は，興味深い研究と洞察を数多く生み出している．

階層型最短距離法は，その構成は非常に自然であるが，しばしば**鎖現象**とよばれるものを引き起こす．この現象は，たとえば，互いに異なる非常に小さなクラスターの長いリストが，一つの大きなクラスターに統合されることによって生じる．その結果，他の種類のリンケージクラスタリングモデルをつぎのように定義できることがわかる．

定義 4.2　リンケージ関数とは，(D, D_0, D_1) という形の対象の同型類がなす集合上の，任意の正の値をとる関数 $\mathfrak{L}$ のことである．ここで，D は有限非類似度空間であり，D_0 と D_1 は $D = D_0 \cup D_1$ となる D の非交差部分集合である．

(D, D_0, D_1) から (D', D'_0, D'_1) への同型写像は，$i = 0, 1$ に対して D_i を D'_i に写す非類似度空間 D から D' への同型写像である．

ここでは，よくある三つのリンケージ関数 $\mathfrak{L}$ を紹介する．

1. $\mathfrak{L}^{\min}(D, D_0, D_1) = D_0$ の点から D_1 の点までの最小距離．
2. $\mathfrak{L}^{\max}(D, D_0, D_1) = D_0$ の点から D_1 の点までの最大距離．
3. $\mathfrak{L}^{\mathrm{ave}}(D, D_0, D_1) = D_0$ の点から D_1 の点までの平均距離．

リンケージ関数は，階層型最短距離法の一般バージョンを作成するために使用することができる．

定義 4.3　有限非類似度空間 $(X, \mathfrak{D})$ の**階層型クラスタリング**とは，以下の性質を満たす，実数値 r でパラメータ付けされた集合 X の同値関係 $\{E_r\}_r$ の族のことである．

1. $r \leq 0$ のとき，同値関係 E_r は離散同値関係 $\Delta \subseteq X \times X$ である．ただし，$\Delta = \{(x, x) \mid x \in X\}$ とする．
2. $r \leq r'$ について，$E_r \subseteq E_{r'}$ となる．
3. 下限がある実数列 $r_0 \geq r_1 \geq r_2 \geq \cdots$ で，すべての同値関係 E_{r_i} がある固定された同値関係 R と等しくなるものが与えられると，同値関係 E_ρ は E と等しい．ただし，$\rho = \inf_i r_i$ とする．

任意の $(X, \mathfrak{D})$ の階層型クラスタリングは，先に述べた階層的最短距離法の場合と同様に，樹形図を生成する．まず，X の有限性とは，X の任意の階層型クラスタリングに対して，非負の整数 k，実数の有限列 $r_0 < r_1 < \cdots < r_k$ があって，以下の性質を満たす同値関係 E_{r_i} をもつことである．

1. $r_0 = 0$.
2. すべての $r \in [r_i, r_{i+1})$ に対して $E_r = E_{r_i}$.
3. $i < k$ に対して，E_{r_i} は $E_{r_{i+1}}$ より真に細かい．
4. すべての $r \geq r_k$ に対して $E_r = E_{r_k}$.

有限集合 X と X 上の同値関係 E，E の同値類集合上の関係 R が与えられたと

する．このとき，$\boldsymbol{R}$ に沿った $\boldsymbol{E}$ の展開とは，

$$(x, x') \in E(R) \text{ であるのは } ([x], [x']) \in \tau(R) \text{ のとき，またそのときに限る}$$

ことで定義される X 上の同値関係 $E[R]$ のこととする．ただし，$\tau(R)$ は R で生成される同値関係である．その関係 E は $E[R]$ よりも弱く細かい．すなわち，E は $E[R]$ と等しいかより細かいのである．

リンケージ関数 $\mathfrak{L}$ と非類似度空間 $(X, \mathfrak{D})$ が与えられたとする．つぎのアルゴリズムを用いて，X 上の同値関係の列を生成する．

1. $i = 0$ と設定する．
2. $\mathfrak{E}_i$ を X 上の離散同値関係と設定する．
3. $\mathfrak{E}_i$ を出力する．
4. $\mathfrak{D}_i$ を $\mathfrak{E}_i$ の同値類の集合と設定する．
5. $|\mathfrak{D}_i| = 1$ であるか？
   yes の場合，$k = i$ と設定し，終了する．no の場合はつぎに進む．
6. S_i を組 (ξ, ξ') の集合と設定する．ただし，ξ と ξ' は $\mathfrak{E}_i$ の下での同値類とし，$\xi \neq \xi'$ である．
7. $\lambda_i = \min_{(\xi, \xi') \in S_i} \mathfrak{L}(\xi, \xi')$ とし，λ_i を出力する．
8. R_i を関係 $\{(\xi, \xi') \in S_i \mid \mathfrak{L}(\xi, \xi') \leq \lambda_i\}$ と設定する．
9. $\mathfrak{E}_{i+1} = \mathfrak{E}_i[R_i]$ と設定する．
10. $i = i + 1$ と設定する．
11. 手順 4 へ戻る．

出力は，同値関係 $\{\mathfrak{E}_0, \mathfrak{E}_1, \ldots, \mathfrak{E}_k\}$ と数列 $\lambda_0 < \lambda_1 < \cdots < \lambda_{k-1}$ で構成される．このデータから，以下の要件を満たす X の階層型クラスタリング $\{E_r\}$ を構成することができる．

1. $r < \lambda_0$ であれば，E_r は離散同値関係である．
2. $\lambda_{i-1} \leq r < \lambda_i$ に対して，$E_r = \mathfrak{E}_i$ とする．
3. $r \geq \lambda_{k-1}$ に対して，E_r は離散ではない同値関係である．

リンケージ関数 $\mathfrak{L}^{\min}$，$\mathfrak{L}^{\max}$，$\mathfrak{L}^{\text{ave}}$ に対応するクラスタリングアルゴリズムを，それぞれ最短距離，最長距離，平均距離の階層型クラスタリングアルゴリズムとよぶことにする．

4.2 脈体の構成とソフトクラスタリング

2.2 節と 4.1 節でクラスタリングの方式を検討した．クラスタリングの方式とは，点群データの分割，すなわち点群を非交差な部分集合の和への分割を行うものである．しかし，非常に近い点どうしであっても，別々のクラスターに押し込まれているように見えることがしばしばある．図 4.3 に，そのような例を示す．これは，Faúndez-Abans et al. (1996) にある例である．それぞれの点は星雲を表し，星雲の種類は点の形で示されている．

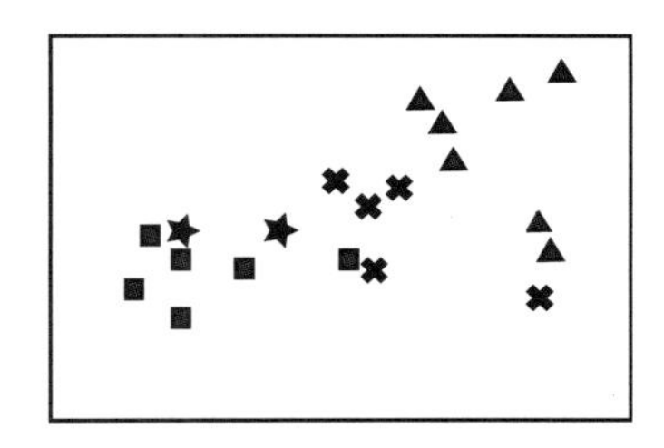

図 4.3　星雲のクラスター分析．

星雲の二つの特徴は二つの座標軸を用いてプロットされている．それぞれのグループは明瞭に分かれているわけではないので，**ソフトクラスタリング**の観点で考えたほうがよいことは明らかである．ソフトクラスタリングでは，さまざまな部分集合が重なり合っていてもかまわない．任意の集合 X と，X の空でない部分集合の有限の集まり $\mathcal{U}$ であって，

$$X = \bigcup_{U \in \mathcal{U}} U$$

となるものに対して，その集まり $\mathcal{U}$ を X の**被覆**とよぶ．問題は，$\mathcal{U}$ の元の可能な共通部分に関する情報を，いかにして単純な構造で符号化するかである．3.3 節で説明した抽象単体複体の概念を思い出し，被覆 $\mathcal{U}$ が

$$X = \bigcup_{i=1}^{n} U_i$$

で与えられると仮定する．

定義 4.4　$\mathcal{U}$ の**脈体**とは，抽象単体複体 $(V_{\mathcal{U}}, \Sigma_{\mathcal{U}})$ のことである．ただし，$V_{\mathcal{U}} = \{1, \ldots, n\}$ で，$\Sigma_{\mathcal{U}}$ は空でない集まり $\{i_0, \ldots, i_s\} \subseteq \{1, \ldots, n\}$ であって，

$$U_{i_0} \cap \cdots \cap U_{i_s} \neq \emptyset$$

を満たすものすべての集まりからなる．この脈体構成 $(V_{\mathcal{U}}, \Sigma_{\mathcal{U}})$ を $N(\mathcal{U})$ と表記する．

被覆 $\mathcal{U}$ が分割であれば，それはクラスタリングに対応している．この場合，$N(\mathcal{U})$ の異なる部分集合の共通部分はすべて空であり，$N(\mathcal{U})$ は 0 次元の複体である．すなわち，それは $\mathcal{U}$ の異なる元を元とする離散集合であり，それらの異なる組のいずれも結ぶ辺は存在しない．データの文脈では，これは，頂点がクラスターと一対一に対応していることを意味する．

▶例 4.5 —— 図 4.4 の左側は，正方形の境界を「太らせた」集合による被覆を示している．正方形の境界は四つの集合で被覆されており，そのうち二つは薄いグレーで，二つは少し濃いグレーで着色されている．それらは角にある四つの濃いグレーの集合で交差している．

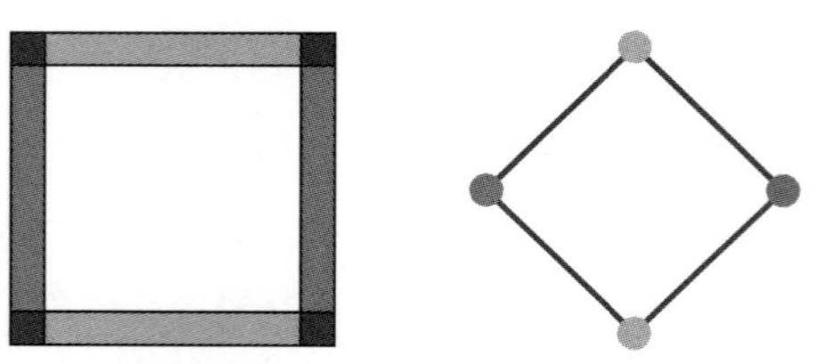

図 4.4 集合の被覆（左）と，それに対応する被覆の脈体（右）．

対応する脈体は，被覆の各集合に頂点を割り当て，被覆の集合間の共通部分に対応する辺で頂点の間を接続することで得られる．また，元の集合（空間とみなす）は脈体複体の幾何学的実現とホモトピー同値であることを検証できる．これは，つぎの補題で見るように，偶然ではない． ◀

X が位相空間であり，U_i が X の開集合であるような被覆 $\mathcal{U} = \{U_1, \ldots, U_n\}$ が与えられたとする．このとき，$\mathcal{U}$ は X の**開被覆**であるという．

補題 4.6［脈体補題］ $\mathbb{R}^n$ の部分集合である位相空間 X の開被覆 $\mathcal{U} = \{U_1, \ldots, U_n\}$ が与えられたとする．さらに，各共通部分 $U_{i_1} \cap \cdots \cap U_{i_s}$ が空か可縮（すなわち一点空間とホモトピー同値）であるとする．このとき，X は $N(\mathcal{U})$ とホモトピー同値である．

> **注意 4.7**　X が $\mathbb{R}^n$ の部分集合であるという要件は，**パラコンパクト空間**に緩和することができる（Hatcher 2002 を参照．Corollary 4G.3 として記述されている）．とくに，この要件はあらゆる距離空間に対して成り立つ．脈体補題は元々 Borsuk (1948) で証明された．

この構成のいくつかの例を紹介する．

▶例 4.8 ―― 円を考え，それが

$$U_0 = \left\{ \theta \;\middle|\; 0 \leq \theta \leq \frac{2\pi}{3} \right\},$$
$$U_1 = \left\{ \theta \;\middle|\; \frac{2\pi}{3} \leq \theta \leq \frac{4\pi}{3} \right\},$$
$$U_2 = \left\{ \theta \;\middle|\; \frac{4\pi}{3} \leq \theta \leq 2\pi \right\}$$

で定義される被覆 $\mathcal{U} = \{U_0, U_1, U_2\}$ をもつとする．$U_0 \cap U_1 \neq \emptyset$，$U_1 \cap U_2 \neq \emptyset$，$U_0 \cap U_2 \neq \emptyset$ であるが，$U_0 \cap U_1 \cap U_2 = \emptyset$ に注意する．

このとき，脈体は U_0, U_1, U_2 に対応する三つの頂点をもち，任意の頂点のペアの間に辺をもつが，2-単体は存在しない．この場合，脈体は三角形の境界である．◀

▶例 4.9 ―― $\mathbb{R}^3$ における単位立方体の境界を X とし，それがその立方体の六つの面によって与えられる被覆 $\mathcal{U}$ をもつとする．$x = 0, 1$ で与えられる面を U_0, U_1 とし，同様に y に対して V_0, V_1，z に対して W_0, W_1 とする．つぎに，共通部分について考える．同じ文字（U，V，W）に対応する二つの集合を含む元の族は，その文字に対応する座標が同時に 0 と 1 の値をもつ必要があるため，空でない共通部分をもたないことに注意する．一方で，同じ文字が二つ存在しない任意の組ごとの共通部分は，空でない．その結果，12 個のそのような組ごとの共通部分があり，リスト

$$\{U_0 \cap V_0, U_0 \cap V_1, U_1 \cap V_0, U_1 \cap V_1, U_0 \cap W_0, U_0 \cap W_1,$$
$$U_1 \cap W_0, U_1 \cap W_1, V_0 \cap W_0, V_0 \cap W_1, V_1 \cap W_0, V_1 \cap W_1\}$$

によって明示的に与えられる．

それらの共通部分が立方体の辺に対応して，12 個ある．同様に，U, V, W のそれぞれに対して，添え字として 0 か 1 を選ぶことで，八つの非自明な三重の共通部分があることがわかる．これらは，立方体の八つの頂点に対応する．したがって，$\mathcal{U}$ の脈体は，6 個の頂点，12 個の辺，8 個の三角形をもつ単体複体になる．それは八面体である．

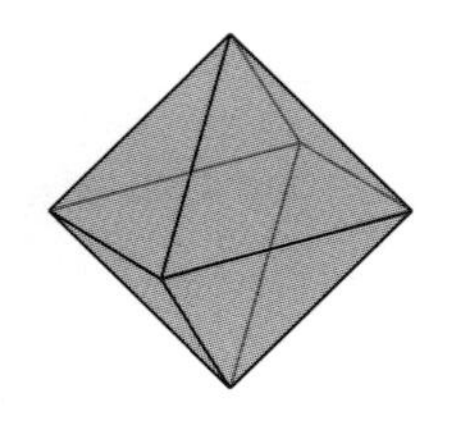

◀

三角形は円に同相であり，また，八面体の表面と立方体の表面はともに球面に同相で，したがって互いに同相であるため，上記の両方の例において，被覆の脈体は台空間と同相であることに注意する．もちろん，このようなことは一般に正しいとはいえない．

▶例 4.10 —— 以下に示す二つの集合による円の被覆 $\mathcal{U}$ を考える．

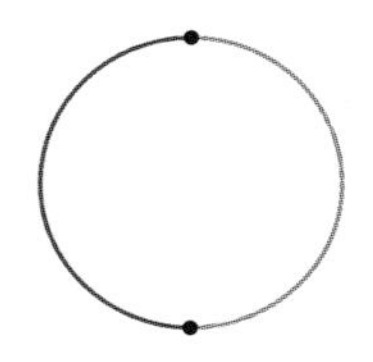

二つの集合はそれぞれ薄いグレーと濃いグレーで表されており，共通部分は二つの黒い点で表されている．$\mathcal{U}$ の脈体は二つの集合に対応する二つの頂点をもち，二つの集合は共通部分をもつので，一つの単体にまたがっている．脈体は区間（$[0, 1]$ に同相な位相空間）であり，円には同相でない．たとえば，円から任意の一点を取り除くと，区間に同相な連結空間のままであり，区間から内点を取り除くと，切断された空間になることを観察すれば，このことがわかるだろう． ◀

この特別な例は，Carrière & Oudot (2018) にあるように，**多重脈体**を導入することで解決できる．多重脈体は，単体複体の代わりに，**半単体集合**を用いる．半単体集合では，非連結な共通部分により，共通部分の連結成分ごとに異なる単体が生成される．多重脈体を構成することで，被覆の各要素の共通部分の可縮性が非連結性によって失われる状況にはうまく扱うことができるが，次元が高くなることによって可縮性が失われる状況には対応できない．

ある被覆に対して脈体補題が成り立っているかを統計的に検定するためのアプ

ローチの一つは，Vejdemo-Johansson & Leshchenko (2020) で開発されている．

ここからは被覆どうしの関係性も考慮に入れて議論する．

定義 4.11 **被覆集合**とは，X を集合，$\mathfrak{U} = \{U_\alpha\}_{\alpha \in A}$ を X の有限被覆とする組 $(X, \mathfrak{U})$ のことである．なお，$N(\mathfrak{U})$ の頂点集合は A であることに注意する．写像 $\Theta : (X, \mathfrak{U}) \to (Y, \mathfrak{B})$ は，$\theta : X \to Y$ を集合の写像とし，$\eta : A \to B$ として，すべての $\alpha \in A$ に対して $\theta(U_\alpha) \subseteq V_{\eta(\alpha)}$ という性質をもつ組 (θ, η) である．ここで，$\mathfrak{U} = \{U_\alpha\}_{\alpha \in A}$，$\mathfrak{B} = \{V_\beta\}_{\beta \in B}$ とする．

命題 4.12 $\Theta = (\theta, \eta) : (X, \mathfrak{U}) \to (Y, \mathfrak{B})$ を被覆集合の写像とする．ここでも $\mathfrak{U} = \{U_\alpha\}_{\alpha \in A}$，$\mathfrak{B} = \{V_\beta\}_{\beta \in B}$ とする．このとき，頂点において，$N(\Theta) = \eta$ となるような単体複体の写像

$$N(\Theta) : N(\mathfrak{U}) \to N(\mathfrak{B})$$

がただ一つ存在する．

点群から単体複体を構成する方法のほとんどは，被覆または被覆の族を構成し，それらに対して脈体を構成することで得られる．

4.3 点群データに対する複体

点群データのトポロジカル不変量を定義する基本的なアプローチは，この点群にパーシステント単体複体を割り当て，点群の不変量をこの付随する複体の不変量と定義することである．点群に付随する単体複体は，スケールパラメータ ϵ に依存する．本節では，一般的にスケールが固定されていると仮定し，複体と点群のさまざまな関連付けの方法と，これらの異なるアプローチ間の相互関係について見ていく．つぎの節では，スケールの変化に合わせて複体を組み合わせることで形成される，スケールに依存しない不変量について議論していく．

整合性の確認として，点群が適当な位相空間（たとえばリーマン多様体）から十分に密なサンプリングによって得られたとき，その点群の不変量が空間の不変量と高い確率で一致するかどうかを知りたいことがある．より一般には，ある距離空間（たとえばユークリッド空間）において取得されたサンプルが，考えている多様体に「近い」ならば，多様体と点群の不変量が高い確率で一致することを検証したい．

本章の中心的な理論的作業は，このような種類の整合性の結果を確立することを目的としている．

4.3.1 チェック複体

点群 $Z \subset \mathbb{R}^n$ が与えられたとする．固定した ϵ に対して，被覆 $\mathfrak{U}_\epsilon^{\text{Cech}}$ を族 $\{B(z,\epsilon)\}_{z \in Z}$ と定義する．すなわち，Z の点の周りに半径 ϵ のユークリッド球をとる．

定義 4.13　スケール ϵ における点群 $Z \subset \mathbb{R}^n$ のチェック複体を脈体 $N(\mathfrak{U}_\epsilon^{\text{Cech}})$ と定義し，その複体を $C^{\text{Cech}}(Z,\epsilon)$ と表記する．埋め込み $Z \hookrightarrow \mathbb{R}^n$ が存在することはわかっているため，表記には含めない．

▶**例 4.14** ―― 図 4.5 では，スケール $\epsilon = \frac{1}{2}$ における点群 $\left\{(\pm 1, 0), (0, \pm 1), \left(\pm\frac{\sqrt{2}}{2}, \pm\frac{\sqrt{2}}{2}\right)\right\}$ のチェック複体を示している．

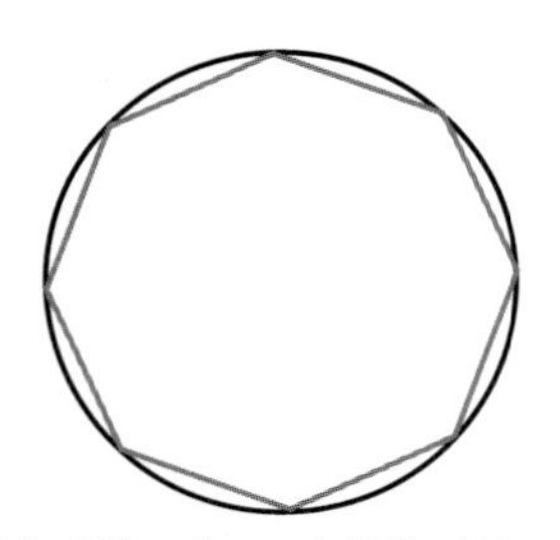

図 4.5　小さな点群のチェック複体（グレーの八角形）． ◀

より一般には，リーマン多様体のような任意の距離空間 (E,∂) に含まれる点群 Z に付随するチェック複体を，類似の方法で定義することができる．この場合，周囲の距離空間 E を表記に含める必要があり，チェック複体に対しては $C^{\text{Cech}}(Z,E,\epsilon)$ と表記する．

注意 4.15　チェック複体の重要な性質は，コンパクトなリーマン多様体の場合に，ある種の理論的保証を備えていることである（リーマン多様体の議論については Bishop & Crittenden 1964 を参照）．リーマン多様体 M の部分集合 C が**測地的に凸**であるとは，C 内の任意の 2 点が C 内に完全に含まれるただ一つの測地線によって接続されているときをいう．任意の測地的に凸な開集合は，$\mathbb{R}^n$（n は M の次元）の球に同相であり，したがって可縮であることを示すことができる．測地的に凸な集合の有限な共通部分も測地的に凸であることは，定義からすぐにわかる．つぎの定理は基本的なもので，Bishop & Crittenden (1964) で証明されている．

定理 4.16 任意のコンパクトなリーマン多様体 M に対して，半径 $\leq \epsilon$ の測地球がすべて測地的に凸であるような $\epsilon > 0$ が存在する．

有限部分集合 $X \subseteq M$（M はコンパクトなリーマン多様体）が **ϵ-ネット**であるとは，すべての点 $m \in M$ に対して，$d(m, x) \leq \epsilon$ となる点 $x \in X$ が存在するときをいう．ここで，脈体補題 4.6 から，つぎの結果が得られる．

定理 4.17 M をコンパクトなリーマン多様体とし，ϵ が上記の定理 4.16 で存在が保証された値の一つであると仮定する．このとき，スケール ϵ をもつ ϵ-ネット X 上のチェック複体の幾何学的実現は，M とホモトピー同値である．

また，距離空間 E の点群 Z と二つのスケール $\epsilon \leq \epsilon'$ が与えられたとき，$B(z, \epsilon) \subseteq B(z, \epsilon')$ であるから，被覆 $\mathfrak{U}_{\epsilon}^{\mathrm{Cech}}$ と $\mathfrak{U}_{\epsilon'}^{\mathrm{Cech}}$ に対する添え字集合は両方とも台集合 Z であり，Z 上の恒等写像である被覆集合の写像 $(Z, \mathfrak{U}_{\epsilon}^{\mathrm{Cech}}) \to (Z, \mathfrak{U}_{\epsilon'}^{\mathrm{Cech}})$ が明らかに存在することが観察できる．ここで，つぎを得る．

命題 4.18 上記のように $\epsilon \leq \epsilon'$ を与えると，$C^{\mathrm{Cech}}(Z, E, \epsilon)$ と $C^{\mathrm{Cech}}(Z, E, \epsilon')$ は両方とも頂点集合として Z をもち，$C^{\mathrm{Cech}}(Z, E, \epsilon) \subseteq C^{\mathrm{Cech}}(Z, E, \epsilon')$ となる．

また，$C^{\mathrm{Cech}}(\text{-}, \epsilon)$ はつぎのような関手性をもつことに注意する．

命題 4.19 A と B は距離空間であり，点群 $X \subseteq A$ と $Y \subseteq B$ があるとする．さらに $f : A \to B$ が**弱縮小**であるとする．すなわち，任意の $a_1, a_2 \in A$ に対して，$d(f(a_1), f(a_2)) \leq d(a_1, a_2)$ が成立するとする．さらに，f が X を Y に写す，つまり，制限 $f|_X$ が Y に写るとする．このとき，頂点上で $f|_X$ と等しい単体写像 $C^{\mathrm{Cech}}(f, \epsilon) : C^{\mathrm{Cech}}(X, A, \epsilon) \to C^{\mathrm{Cech}}(Y, B, \epsilon)$ がただ一つ存在する．より一般には，f が**有界展開** γ（すなわち，すべての $x_1, x_2 \in X$ に対して $d_Y(f(x_1), f(x_2)) \leq \gamma d_X(x_1, x_2)$ となる）をもつならば，$C^{\mathrm{Cech}}(X, A, \epsilon)$ から $C^{\mathrm{Cech}}(Y, B, \gamma\epsilon)$ への誘導写像があることが観察される．

[証明] これらの結果は，命題 4.12 から直ちに得られる． □

4.3.2 ヴィートリス - リップス複体

点群のチェック複体は理論的には他の多くの構成よりも扱いやすいが，多くの状況では用いるのは不適切である．第一に，$Z \subset \mathbb{R}^n$ に対するチェック複体の単体を計算するには，全体の距離空間において球の共通部分が空でないどうかを決めなくてはならない．この場合，計算コストがしばしば高く，満足のいく性能を得るためには，複雑なアルゴリズムが必要になることがある．さらに，点群が周囲の距離空間への妥当な埋め込みを備えているとは限らない．埋め込みを生成するためにさまざまな技術（たとえば，付随するグラフラプラシアンに基づくスペクトル法）を用いることができるが，これによりアルゴリズムはさらに複雑になり，計算結果に歪みが生じる可能性がある．

このため，チェック複体の代わりに，実質的に 1-骨格での振る舞いによって決定される複体を扱うことがしばしば有用である．その複体はヴィートリス - リップス複体とよばれる．再び，スケールパラメータ $\epsilon > 0$ を固定する．

定義 4.20　スケール ϵ における点群 Z のヴィートリス - リップス複体とは，頂点集合が Z の点の集合であり，集合 $\{z_0, \ldots, z_k\}$ が k-単体を張るのは，$0 \leq i < j \leq k$ に対して，

$$d(z_i, z_j) \leq \epsilon$$

のときであり，そのときに限るものである．この複体を $\mathrm{VR}(X, \epsilon)$ と表記する．

すなわち，ヴィートリス - リップス複体は，点間の組ごとでの距離で決定される．高次単体 σ が複体に属するのは，面として得られるすべての 1-単体がそれ自身複体に属するとき，またそのときに限る．チェック複体が存在する場合，ヴィートリス - リップス複体はチェック複体の 1-骨格（辺）により完全に決定される．ヴィートリス - リップス複体は，写像として以下のような性質をもっている．

命題 4.21　X を任意の有限距離空間とし，二つのスケールパラメータ $\epsilon_1 \leq \epsilon_2$ が与えられたとする．このとき，$\mathrm{VR}(X, \epsilon_1) \subseteq \mathrm{VR}(X, \epsilon_2)$ となる．

命題 4.22　X と Y を有限距離空間とし，$f: X \to Y$ が弱縮小であるとする．このとき，任意のスケール値 $\epsilon \geq 0$ に対して，単体写像 $\mathrm{VR}(f, \epsilon): \mathrm{VR}(X, \epsilon) \to$

VR(Y,ϵ) が一意的に存在する．また，チェック複体の場合と同様に，f が有界展開 γ をもつ場合，誘導写像 VR$(X,\epsilon) \to$ VR$(Y,\gamma\epsilon)$ が存在する．

ϵ を変化させると，ヴィートリス－リップス複体とチェック複体の密接な関係が見えてくる．もしある単体 $[x_1, x_2, \ldots, x_k]$ が ϵ-チェック複体に含まれるならば，それは明らかに，2ϵ-ヴィートリス－リップス複体に含まれることになる．すなわち，すべての ϵ について，つぎの包含関係がある．

$$C^{\mathrm{Cech}}(X,\epsilon) \subset \mathrm{VR}(X, 2\epsilon)$$

逆の包含関係については，つぎのような補題がある．

補題 4.23 包含関係

$$\mathrm{VR}(X, \tfrac{\epsilon}{2}) \subset C^{\mathrm{Cech}}(X,\epsilon)$$

が存在する．

[証明] $[x_1, x_2, \ldots, x_n]$ が VR$(X, \frac{\epsilon}{2})$ の k-単体であるとする．点 $z \in B(x_1, \frac{\epsilon}{4}) \cap B(x_2, \frac{\epsilon}{4})$ を選ぶ．このとき，$d(z, x_1) < \frac{\epsilon}{4}$ となる．さらに，すべての i と j に対して，$d(x_i, x_j) < \frac{\epsilon}{2}$ が成り立つので，三角不等式より $d(z, x_k) < \frac{3\epsilon}{4} < \epsilon$ が成り立つ．したがって，z は $B(x_k, \epsilon)$ に属するので，共通部分

$$\bigcap_{k=1}^{n} B(x_k, \epsilon)$$

は空でない． □

図 4.6 は，ある閾値でヴィートリス－リップス複体に存在するが，同じ閾値ではチェック複体に存在しないユークリッド平面上の 3 点の配置を示している．

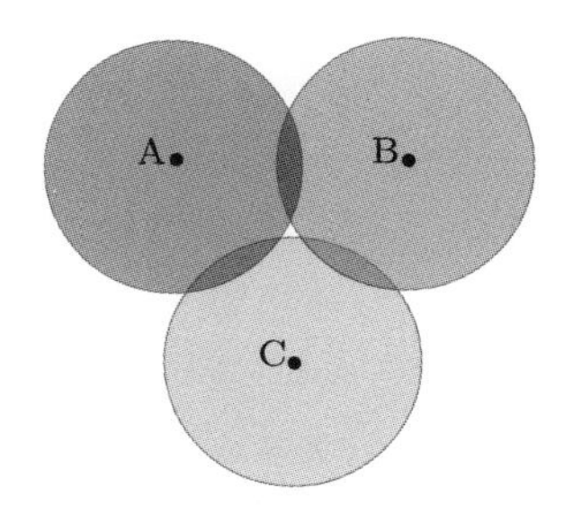

図 4.6 3 点 A, B, C からなる単体で，ヴィートリス－リップス単体には属するが，チェック複体には属さないものの例．

X が $\mathbb{R}^n$ の部分集合で，X 上の距離がユークリッド距離への制限である特別な場合には，チェック複体に対するある構成の結果としてヴィートリス－リップス複体の有用な解釈がある．

定義 4.24 X を任意の単体複体とする．このとき，X の**旗複体**とは，単体複体 $\mathfrak{F}X$ であって，部分集合 $\sigma \subseteq V(X)$ が $\mathfrak{F}X$ の単体であるのはそれらの要素数が 2 である部分集合が X の 1-単体であるとき，またそのときに限るものである．$X \subseteq \mathfrak{F}X$ となることはすぐにわかる．

命題 4.25 $\mathbb{R}^n$ がユークリッド距離を備えているとする．点群 $X \subseteq \mathbb{R}^n$ に対して，複体 $\mathrm{VR}(X, \epsilon)$ は複体 $\mathfrak{F}C^{\mathrm{Cech}}(X, \frac{\epsilon}{2})$ と一致する．

［証明］ どちらの複体もそれらの辺によって完全に決定されるので，両者の辺が同一であることを示せば十分である．組 $\{x, x'\}$ が $\mathrm{VR}(X, \epsilon)$ の単体であるのは，$d(x, x') \leq \epsilon$ のとき，またそのときに限る．一方，$\{x, x'\}$ が $\mathfrak{F}C^{\mathrm{Cech}}(X, \frac{\epsilon}{2})$ の辺となるのは，x と x' の周囲の半径 $\frac{\epsilon}{2}$ の閉球が交わるとき，またそのときに限る．これは，x と x' 間の距離（ユークリッド距離）が ϵ 以下である場合に起こる． □

注意 4.26 ヴィートリス－リップス複体は，チェック複体よりはるかに少ないストレージと計算で済むので，チェック複体の「緩和版」と考えることができる．他の複体の構成に $\mathfrak{F}$ 構成を適用することで，それらの緩和版を得ることができる．なお，ヴィートリス－リップス複体は，どのような自然な方法を用いても，被覆の脈体として定義できない．その複体が興味深いのは，その記述の効率性である．

4.3.3 アルファ複体

まず，ボロノイ図について議論することから始めよう．ボロノイ図は任意の距離空間において定義できるが，当面はユークリッド空間の部分集合 $X \subset \mathbb{R}^n$ に焦点を当てることにする．有限集合 X が与えられたとき，$\mathbb{R}^n$ の誘導被覆はつぎのように与えられる．

定義 4.27 X を $\mathbb{R}^n$ の有限部分集合とする．$x \in X$ の**ボロノイセル**とは，集合 $V(x) = \{p \in \mathbb{R}^n \mid \partial(p, x) \leq \partial(p, z), z \in X\}$ のことである．つまり，X の他のどの点よりも x に近い点の集合である．族 $\{V(x)\}_{x \in X}$ が $\mathbb{R}^n$ の被覆を形成することは明らかであり，これを X に付属するボロノイ被覆とよび，$\mathfrak{U}_X^{\mathrm{Vor}}$ と表す．$\mathfrak{U}_X^{\mathrm{Vor}}$ の脈体を X の**ドロネー複体**とよぶ．

部分空間 $W \subseteq \mathbb{R}^n$ が与えられたとき，W の被覆 $\{V(x) \cap W\}_{x \in X}$ を考えることができる．この被覆の脈体を**制限ドロネー複体**とよび，$\mathrm{Del}_W X$ と表記する．

命題 4.28 すべての制限ボロノイセルが可縮ならば，X の制限ドロネー複体は X と弱同値†である．

[証明] これは脈体補題（補題 4.6）から導かれる． □

任意の $\epsilon \geq 0$ に対して，$X(\epsilon)$ は，X の点を中心とする半径 ϵ のすべての開球の和集合を表す．

定義 4.29 有限部分集合 $X \subseteq \mathbb{R}^n$ と $\epsilon \geq 0$ が与えられたとき，**スケールパラメータ ϵ をもつ X のアルファ複体**を制限ドロネー複体 $\mathrm{Del}_{X(\epsilon)} X$ と定義する．それを $C^\alpha(X, \epsilon)$ と表記する．

命題 4.30 $\epsilon \leq \epsilon'$ であれば，包含写像

$$C^\alpha(X, \epsilon) \hookrightarrow C^\alpha(X, \epsilon')$$

が存在する．

[証明] $X(\epsilon) \subseteq X(\epsilon')$ が成り立つのはすぐにわかるので，これは命題 4.12 から直接導かれる． □

$X(\epsilon)$ を，X の点に対して球の半径を変化させて定義した空間に置き換えると便利なことがある．これを球 $B(x_i, r_i)$ の集合に付随する**重み付きボロノイ図**とよぶ．この構成についてのより詳細な情報は Edelsbrunner et al. (1983) を参照されたい．

4.3.4 ウィットネス複体

有限部分集合 $Z \subseteq \mathbb{R}^n$ に対するボロノイセルは，任意の距離空間の有限部分集合に対して形式的な手順で構成できる．この定義では，$\mathbb{R}^n$ の性質は何も使っていない．とくに，全体空間 X がそれ自体有限距離空間である場合にボロノイセルの構成を適用することができる．もちろん，この場合，このセルの幾何はもっと理解が難しく，データの幾何をうまく反映していない．

† ［訳注］弱同値とは，弱ホモトピー同値のことで，すべての次元のホモトピー群の間の誘導された写像が同値となることである．

▶**例 4.31** —— $k \in \{n \in \mathbb{Z} \mid n \neq 0\}$ に対して，$\frac{k}{100}$ の形の数すべてからなる $\mathbb{R}$ の部分空間を X とする．$\mathbb{R}$ の代わりに X を使って，$Z \subseteq X$ を部分集合 $\{\pm 1\}$ とする．包含関係 $Z \subseteq \mathbb{R}$ のボロノイセルは，原点で重なる二つの半無限区間 $(-\infty, 0]$ と $[0, +\infty)$ である．この場合，ドロネー複体は標準 1-単体となり，$\mathbb{R}$ の妥当な表現であることは簡単に示される．一方，包含写像 $Z \hookrightarrow X$ に対してドロネー複体の類似物を生成すると，原点が X に含まれないため，ボロノイセルの二つの類似物は交わらないことがわかる．しかし，X は $\mathbb{R}$ において比較的多くの点をもつ部分集合であるため，この種の構成から，Z を X の部分集合とみなすか，$\mathbb{R}$ の部分集合とみなすかについて，何らかの回答が得られると期待できる．

この例の教訓は，データを扱う際には，厳密に等号が成り立つのかに注意しなければならない，ということである． ◀

このような注意はあるが，有限集合 Z を任意の有限距離空間に写す包含写像に対して，制限版のドロネー複体であれば，必ず構成することができる．すると，空間の幾何を複体にさらに反映させるためにボロノイセルを「ほんの少し」大きくする方法がないか，という問いが生まれる．

定義 4.32 X を任意の距離空間とし，$Z \subseteq X$ を任意の有限部分集合とする．任意の $z \in Z$ に対して，**X における z に対する ϵ-ボロノイセル**を集合

$$\{x \in X \mid \text{すべての } \zeta \in Z \text{ に対して } d(x, z) \leq d(x, \zeta) + \epsilon\}$$

とする．**ランドマーク集合 Z と閾値 ϵ をもつ X に対する ϵ-ボロノイ図**を，「Z に関する X に対する ϵ-ボロノイセル」による X の被覆の脈体と定義する．この単体複体を $C^{\mathrm{V}}(X, Z, \epsilon)$ と表す．また，この複体の「緩和版」も存在する．「緩和版」となる複体は，その頂点と辺が $C^{\mathrm{V}}(X, Z, \epsilon)$ と同じであり，高次の単体がその複体に属するのは，そのすべての辺がその複体に属するとき，またそのときに限る，と定義される．それが $C^{V}(X, Z, \epsilon)$ から生み出されることは，VR-複体が C^{Cech} から生み出されることと同じような関係にある．

注意 4.33 例 4.31 で $\epsilon = \frac{1}{100}$ とすると，二つの ϵ-ボロノイセルが交わることがわかる．この場合，$C^{\mathrm{V}}(X, Z, \epsilon)$ は，2 点とその 2 点を結ぶ 1-単体であるような区間複体である．

もし $\epsilon \leq \epsilon'$ ならば，$z \in Z$ に対する ϵ-ボロノイセルは z に対する ϵ'-ボロノイセ

ルに含まれることが観察される．これは，命題 4.18，4.21，4.30 と似た，つぎの命題が成立することを意味する．

命題 4.34　X を距離空間とし，有限部分集合 $Z \subseteq X$ が与えられ，$0 \leq \epsilon \leq \epsilon'$ と仮定する．このとき，複体 $C^{\mathrm{V}}(X, Z, \epsilon)$ と $C^{\mathrm{V}}(X, Z, \epsilon')$ はともに Z を頂点集合とし，

$$C^{\mathrm{V}}(X, Z, \epsilon) \subseteq C^{\mathrm{V}}(X, Z, \epsilon')$$

である．

注意 4.35　アルファ複体のときは，点群 X の幾何学的性質を反映すると期待されるトポロジーをもつ球の和集合を生成するために，X の $\mathbb{R}^n$ への埋め込みを利用した．もちろん，周囲の空間 $\mathbb{R}^n$ のトポロジーはすでに知られているので，**興味はない**．ϵ-ボロノイ図の場合，つぎのような状況を典型的に検討することになる．それは，X と $Z \subseteq X$ の両方が有限距離空間であり，Z は単体複体を構成するための「ランドマーク集合」であり，したがって，期待される位相空間は X の幾何学的特徴を反映したものだろうと考えられる状況である．それゆえ，部分集合 Z には $\mathcal{L}$ という文字を使うことにする．

複体 $C^{\mathrm{V}}(X, \mathcal{L}, \epsilon)$ に付属する頂点集合は，X ではなく，$\mathcal{L}$ と一対一に対応する．これは，単体複体として，この複体が C^{Cech}，VR，C^{α} よりもずっと小さいものであるということを意味する．さらに，計算に必要なランドマークの数は自由に選択できる．C^{Cech} と VR の単体の数は最悪の場合だと $O(2^N)$ で与えられるので，これは非常に重要である（ただし $N = \#(X)$）．アルファ複体 C^{α} では，高次単体の集合は劇的にスパース化†するが，それには $\mathbb{R}^n$ へのデータセットの埋め込みが必要であり，いつでも合理的な方法で得られるとは限らない．また，次元 n を大きく選びすぎると，ボロノイ図による計算が法外的な複雑さになる（Klee 1980 を参照）．

後で使うために，二つの異なるランドマーク集合 Z と W に依存する複体も定義し，これを **X の Z と W に関連する 2 変量 ϵ-ボロノイ図**とよぶ．その頂点集合は，（ランドマーク集合 Z と W に関連して）z と w に付属するボロノイセルが少なくとも一つの共通点をもつ組 (z, w) からなる $Z \times W$ の部分集合 $\mathcal{V}(Z, W)$ であり，集合 $\{(z_0, w_0), \ldots, (z_k, w_k)\}$ が単体を張るのは共通部分

$$(V^Z(z_0) \times V^W(w_0)) \cap \cdots \cap (V^Z(z_k) \times V^W(w_k))$$

が空でないとき，またそのときに限る．ここで，$V^Z(\text{-})$ と $V^W(\text{-})$ は，それぞれラン

† ［訳注］スパース化とは，（必要なものは残して）ほとんど減らすことを意味する．

ドマーク集合 Z と W に対して計算されたボロノイセルを表す．Z および W それぞれへの射影によって与えられる頂点の写像 $\mathcal{V}(Z,W) \to Z$ および $\mathcal{V}(Z,W) \to W$ が単体複体の写像を誘導することは，容易に確認できる．

現時点では，複体 C^{V} はまだ実装されていない．しかし，ウィットネス複体とよばれる，ϵ が変化するにつれてホモロジーが早く現れるような変種が de Silva & Carlsson (2004) で構成された．ここで，それらを議論する．

この議論の取っ掛かりとして，まず，ある族 $\{l_0,\ldots,l_k\}$ が $C^{\mathrm{V}}(X,\mathcal{L},0)$ における k-単体となるのは，

$$d(l_i,x) = \min_{l\in\mathcal{L}} d(l,x)$$

であるような点 $x \in X$ が存在するとき，またそのときに限ることに注意する．とくに，すべての $l_i, l_j \in \mathcal{L}$ に対して，$d(l_i,x) = d(l_j,x)$ である．この条件を自然な方法で緩和できるように再定式化しよう．実数の有限**多重集合** A が与えられたとき（多重集合の議論は Hein 2003, Section 1.2.4，または Monro 1987 を参照），部分多重集合 $S \subseteq A$ が A において**最小化している**とは，すべての $a \in A - S$ に対して，$a \geq s$（すべての $s \in S$）が成り立つときをいう．辺 $\{l_0,l_1\}$ の場合，それが $C^{\mathrm{V}}(X,\mathcal{L},0)$ の単体である条件を書き下すと，以下の二つの条件を満たす点 x が存在することと同値になる．

1. $d(l_0,x) = d(l_1,x)$
2. 集合 $\{d(l_0,x), d(l_1,x)\}$ が集合 $\{d(l,x)\}_{l\in\mathcal{L}}$ において最小化している．

条件1，すなわち l_0 と l_1 が x から等距離にあることを取り除くことで，この条件は緩和することができる．条件2は高次元単体に自然に拡張でき，その場合は，潜在的な単体 $\sigma = \{l_0,\ldots,l_k\}$ が与えられたとき，集合 $\{d(l_0,x),\ldots,d(l_k,x)\}$ が集合 $\{d(l,x)\}_{l\in\mathcal{L}}$ において最小化しているような $x \in X$ が存在することが要求される．残念ながら，この条件は σ の面に必ずしも継承されない．したがって，その代わりに，σ の各面 $\tau = \{l_{i_0},\ldots,l_{i_s}\}$ に対して，$\{d(l_{i_0},x_\tau),\ldots,d(l_{i_s},x_\tau)\}$ が集合 $\{d(l,x_\tau)\}_{l\in\mathcal{L}}$ において最小化しているような τ に対する**ウィットネス**とよばれる元 $x_\tau \in X$ が存在するという条件を課す．より一般には，パラメータ ϵ に依存するウィットネスの概念を導入する．前回同様，A を実数の有限多重集合，$S \subseteq A$ を部分多重集合，$\bar{S} = A - S$ とする．$\epsilon \geq 0$ ならば，S が **ϵ-最小化**とは，S が多重集合 $S \cup \epsilon + \bar{S}$ において最小化しているときをいう．ただし，任意の実数の多重集合 R に対して，$\epsilon + R$ は多重集合 $\{\epsilon + r \mid r \in R\}$ である．部分多重

集合 $\sigma = \{l_{i_0}, \ldots, l_{i_s}\} \subseteq \mathcal{L}$ が与えられたとすると，元 $x \in X$ が単体 σ に対する **ϵ-ウィットネス**であるとは，$\{d(l_{i_0}, x), \ldots, d(l_{i_s}, x)\}$ が $\{d(l, x)\}_{l \in \mathcal{L}}$ において ϵ-最小化であるときをいう．もし $\epsilon \leq \epsilon'$ で，x がある単体 σ に対する ϵ-ウィットネスならば，x は σ に対する ϵ'-ウィットネスでもある．そして，ウィットネス複体 $W_\infty(X, \mathcal{L}, \epsilon)$ を，「頂点集合 $\mathcal{L}$ をもつ単体複体で，空でない部分集合 $\sigma \subseteq L$ が単体であるのは σ とそのすべての面が ϵ-ウィットネスをもつとき，またそのときに限るもの」と定義する．以下に C^{V} と W_∞ の関係を記述する．

命題 4.36　単体複体の間の包含関係 $C^{\mathrm{V}}(X, \mathcal{L}, \epsilon) \subseteq W_\infty(X, L, \epsilon)$ が存在する．

[証明]　部分集合 $\{l_0, \ldots, l_k\}$ が $C^{\mathrm{V}}(X, \mathcal{L}, \epsilon)$ の k-単体を張るのは，すべての i と $l \in \mathcal{L}$ に対して $d(l_i, x) \leq d(l, x) + \epsilon$ を満たす元 $x \in X$ が存在するとき，またそのときに限る．A を多重集合 $\{d(l, x)\}_{l \in \mathcal{L}}$ とする．このとき，集合 $S = \{d(l_0, x), \ldots, d(l_k, x)\}$ は多重集合 $S \cup (\epsilon + (A - S))$ において最小化しているので，x は集合 $\{l_0, \ldots, l_k\}$ の ϵ-ウィットネスであることが明らかに従う．□

構成 $\mathfrak{F}$ を適用することで，緩和版 $W_\infty^{\mathrm{lazy}} = \mathfrak{F} W_\infty$ を得ることができ，その結果，自然な包含写像 $C_{\mathrm{lazy}}^{\mathrm{V}} = \mathfrak{F}(C^{\mathrm{V}}) \to \mathfrak{F}(W_\infty) = W_\infty^{\mathrm{lazy}}$ を得ることができる．

注意 4.37　上で与えた構成のいくつかは，de Silva & Carlsson (2004) で紹介されている．複体 $W_\infty(X, \mathcal{L}, 0)$ は，この文献で紹介された複体 $W_\infty(D)$ と同一である．ここで，入力 D は，すべてのランドマーク点から X のすべての点までの距離の $N \times L$ 行列である．ただし，$N = \#(X)$，$L = \#(\mathcal{L})$ であり，X に関するすべての情報と $\mathcal{L}$ の構成に必要な情報を含んでいる．同様に，$W_\infty^{\mathrm{lazy}}(X, \mathcal{L}, \epsilon)$ の構成は，de Silva & Carlsson (2004) で述べられた構成 $W(D, \epsilon, 2)$ と同一である．すべての複体が何らかの構成の緩和版となっていて，$\nu = 2$ の場合は我々の W_∞^{lazy} と同じであるような複体 $W(D, \epsilon, \nu)$ の族がある．これ以外の ν の値に対する複体は，あまり使われることがないため，ここでは紹介していない．しかしながら，$\nu = 0$ の場合は $\mathcal{L}$ 上のヴィートリス - リップス複体と密接な関係があり，$\nu = 1$ の場合は複体 $C^{\mathrm{V}}(X, \mathcal{L}, \epsilon)$ と関係がある．

これらの構成の目的は，4.5.1 項で紹介するパーシステントホモロジーを，比較的小さな複体で用いて，より計算しやすくすることである．チェック複体とヴィートリス - リップス複体は，どちらも点群の要素数を N とすると，サイズ N の頂点集合をもつ．つまり，k-単体の集合の要素数が $O(N^{k+1})$ で大きくなることが期待される．興味のある点群にはしばしば数千から数百万の点が含まれるため，計算が困難な場合が多い．ボロノイに基づく構成では，より小さな集合，すなわちランド

マーク集合 $\mathcal{L}$ で計算することができる．加えて，この構成は，パーシステントホモロジーバーコードにおけるノイズをしばしば除去することができるという利点もある．ノイズの概念については，4.5.1 項でパーシステントホモロジーを導入する際に説明する．このノイズを除去する性質は，複体 W_{∞}^{lazy} を用いるときに最も顕著に現れる．さらに，この構成を用いることで，点群のすべての距離を計算する必要はなく，ランドマーク点から X の任意の点までの距離の分だけ計算すればよくなる，つまり N^2 ではなく NL 回の計算で済むという利点もある．

もちろん，ランドマークを選び出す良い方法を知っておくことは重要である．ランドマークが X 内に偏りなく分布していることが望ましいのは明らかだろう．de Silva & Carlsson (2004) では，点群からランダムに選択するか，maxmin 法を使用することが推奨されている．

maxmin 法は，以下のアルゴリズムに従って進行する．

1. ある初期点 ℓ_1 をランダムに選ぶ．
2. 点 $\ell_1, \ldots, \ell_{n-1}$ を選んだ後，

$$\min\{d(\ell_1, \ell_n), \ldots, d(\ell_{n-1}, \ell_n)\}$$

　を最大化するように，つぎのランドマーク点 ℓ_n を選ぶ．十分な数の点が選ばれるまでこれを繰り返す．

maxmin 法では，均等にランドマーク点が選ばれるが，その値として極端なものが選ばれる傾向がある（図 4.7）．

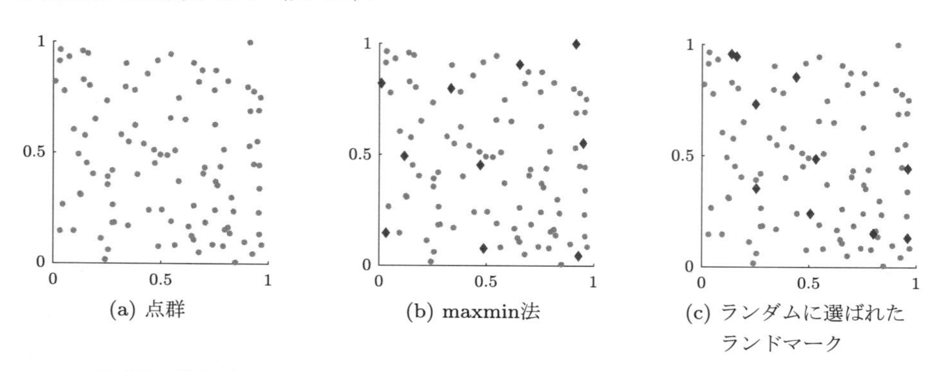

図 4.7　単位正方形から一様にサンプリングした 100 点からのランドマーク選択．データ点は丸い点で，選択されたランドマークは菱形で表示している．

4.3.5　マッパー

点群データの単体複体モデルを使用する一つ方法は，データセットをさまざまな方法で調べ尽くすために直接取り扱うことである．この考え方はつぎのとおりである．点群 X と X の被覆 $\mathfrak{U}$ があり，データのモデルとして脈体 $N\mathfrak{U}$ を構成できるとする．$N\mathfrak{U}$ が（単体複体として）十分に低次元であれば，$\mathbb{R}^2$ または $\mathbb{R}^3$ に埋め込むことができる．このデータでは $N\mathfrak{U}$ の頂点集合が X の部分集合に対応する事実を利用しており，ユーザーがさまざまな方法で X を理解するために使うことができる．$N\mathfrak{U}$ の任意の頂点集合 V に対して，X の対応する部分集合を X_V と表記する．

1. 単体複体 $N\mathfrak{U}$ を表示するために，標準的なグラフレイアウトアルゴリズムを利用することができる．これにより，点群を可視化するツールが得られる．この可視化は，複体が低次元である場合に最も効果的である
2. X 上の関数に平均化の手順を施せば，$N\mathfrak{U}$ の頂点集合上の関数を構成することができる．これらの関数は，$N\mathfrak{U}$ の頂点集合を色付けすることによって表現できる．このように色付けすることで，たとえば，X 内に生存率や収益などに対応する，関心のある値の「ホットスポット」を見つけることができる．
3. Adobe Illustrator や Photoshop のように，ポイント&クリック（マウス操作だけ）で $N\mathfrak{U}$ 内の領域（つまり X の部分集合）を選択できるようなユーザーインターフェイスを構築することができる．このように X の中にある局所的な部分集合を選択できる機能は非常に便利で，データの扱い方を色々と工夫することができる．たとえば，選択されたグループをそれ自体データセットとして扱い，データセットのより局所的な理解を得るために分析することができる．これによって，X についてより細かい情報が得られることがしばしばある．
4. X の分割を得るために，手作業でサブグループの族を選択することができる．
5. 部分集合 $X_0 \subseteq X$ が与えられると，$N\mathfrak{U}$ の頂点 v の集合上の関数を，$X_{\{v\}}$ の元のうち X_0 にあるものの割合として定義することができる．この関数を用いることで，選ばれたグループが X に局在しているのか，また局在しているならどこに局在しているのかを把握することができる．
6. 選択，もしくは定義されたサブグループを特徴付ける「説明」を得ることができる．これは，すべての変数を考え，コルモゴロフ - スミルノフ (KS) スコ

アを計算することによって行われる．KS スコアは，サブグループの変数の分布と全体集合の変数の分布を比較するものである．このとき，変数はこのスコアによって並べられ，リストの中で最も高い KS スコアをもつ変数を最初に得ることができる．

7. X の二つの異なる被覆 $\mathfrak{U}$ と $\mathfrak{U}'$ があるとき，両方の脈体複体 $N\mathfrak{U}$ と $N\mathfrak{U}'$ のレイアウトを同時に作成すると便利なことがしばしばある．これにより，$N\mathfrak{U}$ における頂点のグループ V を選択し，$N\mathfrak{U}'$ の各頂点 v について，$X_{\{v\}}$ の点が部分集合 X_V に含まれる割合を計算し，最後に $N\mathfrak{U}'$ の頂点集合を色付けすることができる．この手順は，モデルを比較するのに非常に有効な方法である．
8. データが正方でない行列の行として与えられるとき，行列の行（データ点）ではなく，行列の列（特徴）についてトポロジカルモデルを構築することがしばしば有効である．元の行列の各データ点を特徴集合上の関数とみなし，上記 2 と同様に，特徴集合のトポロジカルモデルの頂点に対応する関数を構成する．これにより，多くの特徴をもつデータセットを直接理解するのに有効な方法が得られる．実際，有効なトポロジカルモデルを構築できないくらい行数が少ないが，そのようなモデルを補うための特徴の数は十分に多いという状況がありうる．この手法であれば，点群が高次元かつ少数でも直接研究することが可能である．さらに平均化する手順を踏むことで，X の部分集合に基づく関数も得ることができる．

この種の機能があることは，点群 X の被覆をうまく構成することが非常に有用であることを意味する．その一つが**マッパー**とよばれるもので，Singh et al. (2007) で紹介された．これは**レーブグラフ**の構成（Reeb 1946 を参照）に基づくものである（図 4.8）．以下では，その概要を説明しよう．

X を位相空間とし，$f : X \to \mathbb{R}$ を連続写像とする．そして，空間 X 上の同値関係 $\simeq$ をつぎのように定義する：$x, x' \in X$ を与えると，$x \simeq x'$ であるのは，(a) $f(x) = f(x')$ かつ (b) x と x' が $f^{-1}(f(x))$ の同じ連結成分に属するとき，とする．レーブグラフ $R(f)$ は，商空間 $X/\simeq$ と定義される．それは，実数直線への写像を備えており，その写像は同値類 $[x]$ を $f(x)$ に写すものである（これを図 4.8 では $\overline{f}$ と表している）．

もちろん，対象となる空間 $\mathbb{R}$ を任意の空間 B に置き換えれば，類似の構成が可能である．これにより，B への写像を備え，点の逆像が離散空間となる空間が生

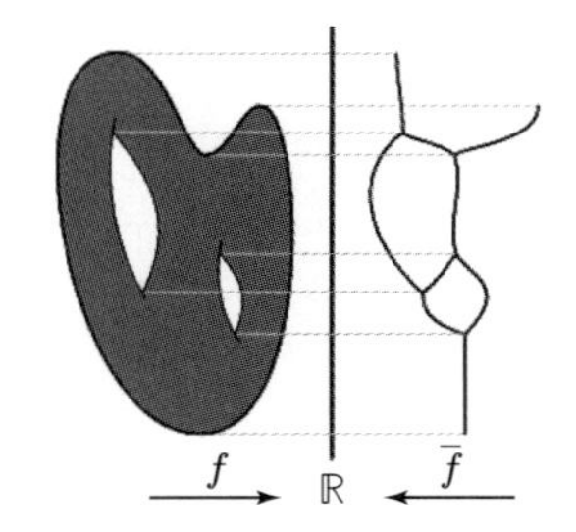

図 4.8　レーブグラフ．［Silva et al. (2016) より．© 2016 Springer-Nature］

成される．連続写像 $f : X \to B$ があるとき，この構成を f の**レーブ複体**とよび，$\mathfrak{R}(f)$ と表す．

この構成を点群に対して拡張するためには，レーブ複体の被覆を構成する方法を理解する必要がある．

定義 4.38　$f : X \to B$ を写像とし，$\mathfrak{U} = \{U_\alpha\}_{\alpha \in A}$ を B の有限開被覆とする．各 $\alpha \in A$ に対して，部分位相空間の意味で $f^{-1}(U_\alpha)$ の連結成分の集まりを考えることができる．それら連結成分は X の開集合であり，それらすべてからなる被覆を $\mathfrak{U}^{\mathrm{Reeb}}(f)$ と書くことにする．

注意 4.39　被覆 $\mathfrak{U}^{\mathrm{Reeb}}(f)$ は一般に無限であるが，それが有限であることを保証してくれる空間 X 上の簡単な有限性条件がある．本節では，あくまでレーブグラフの点群版に対する動機を与えることを目的としているので，この技術的な点は気にせず，これらの被覆の脈体について議論することにする．

$\mathfrak{U}^{\mathrm{Reeb}}(f)$ の脈体は，単体複体の自然な写像 $N\mathfrak{U}^{\mathrm{Reeb}}(f) \to N\mathfrak{U}$ を備えている．

ここで，参照空間 B への参照写像 f をもつ点群 X があり，B が有限開被覆 $\mathfrak{U} = \{U_\alpha\}_{\alpha \in A}$ を備えているとする．このとき，集合 $f^{-1}(U_\alpha)$ による X の被覆が存在する．定義 4.38 では，さらにこれらの部分集合をそれらの連結成分に分解した．我々は点群を扱っているので，連結成分の構築を，手法のユーザーが選択できるクラスタリングアルゴリズムによって生成される分割で置き換えることができる．f と与えられたクラスタリングアルゴリズムに対する**マッパー複体**とは，これらのすべてのクラスターによる X の被覆の脈体のことである．なお，全体集合 X をクラスタリングするのではなく，部分集合 $f^{-1}(U_\alpha)$ のみをクラスタリングしていることに注意する．マッパー複体には，$N\mathfrak{U}$ への写像が備えられている．

この方法の実際の応用では，空間 B は通常一つから三つの少数の区間の積であり，各区間への写像は違った方法で選択できる．

- 点群 X の個々の特徴量を用いた方法．
- 密度推定量や中心性測度の出力といった，統計的に意味のある数量を用いた方法．
- 主成分分析や多次元尺度構成法といった，代数的な機械学習法の出力を用いた方法．

B が閉区間である場合，被覆としては，長さが等しい開区間の族で，それらの開区間の重なりが空であるものか，一定割合の長さの区間の族を選ぶのが一般的である．区間の積の場合，各区間に対してそのような被覆を選び，それらの積を形成する．こうして，長方形や高次元類似による区間の積の被覆を得る．

Singh et al. (2007) において用いられているクラスタリング手法は，閾値パラメータの選択に特定のヒューリスティックを用いた階層型の最短距離法である．使用した具体的なヒューリスティックについては，Singh et al. (2007) を参照してほしい．

この方法は，さまざまな場面で応用されている．たとえば，Nicolau et al. (2011)，Torres et al. (2016)，Saggar et al. (2018)，Duponchel (2018)，Li et al. (2015)，および Offroy & Duponchel (2016) を参照してほしい．一例を 6.11 節で詳しく説明する．

4.4　パーシステンス

前節で紹介した複体は，十分に多くの点が存在し，ϵ が十分に大きいが特徴スケールより小さいという好条件の下で，「台」となる空間のホモトピー型を近似している．残念ながら，実データを扱う場合，ϵ に対してどのような値を選ぶのが正しいかは，基本的にわからない．ϵ の妥当な範囲をデータから推測することは可能だが，本節で説明しようとしているのは，範囲を推測するよりも**すべての ϵ の値を同時に把握すること**のほうが有意義である，という考え方である．すなわち，各 ϵ に対して（前節で述べたような）単体複体が得られ，これらの複体から一つの対象が組み立てられる．

4.4.1 フィルトレーション付き単体複体

Z を抽象単体複体とする．Z 上のフィルトレーションを単体複体の列

$$\emptyset = Z^0 \subseteq Z^1 \subseteq \cdots \subseteq \cdots Z$$

として定義する．ただし，Z^i は Z^{i+1} の部分複体であり，各 Z^i は Z の部分複体であることが必要である．主に有限複体に興味があるので，ある N 以降のフィルトレーションが安定であると仮定する．すなわち，$n \geq N$ に対して $Z^n = Z$ と仮定する．ここでは，与えられたフィルトレーション $\{Z^i\}$ をもつ Z を**フィルトレーション付き単体複体**とよぶ．

フィルトレーション付き単体複体 Z，$\{Z^i\}$ と Y，$\{Y^i\}$ が与えられたとき，フィルトレーション付き単体複体の写像は，$f(Z^i) \subseteq Y^i$ となる単体写像 $f : Y \to Z$ である．このように制限することで，単体写像 $f^i : Z^i \to Y^i$ の族が得られる．

▶例 4.40 —— K を単体複体とする．このとき，骨格フィルトレーション $K^i = K_i$ で与えられる K に付随する自然なフィルトレーション付単体複体が存在する．単体写像 $K \to K'$ は，骨格フィルトレーション付き複体の写像を誘導する．このフィルトレーションが安定化するのは，K が有限次元の複体であるとき，またそのときに限る．

ここで，K の ***i*-骨格**を K_i で表す．つまり K_i は，次元 $\leq i$ となるすべての K の単体を含む部分複体である． ◀

▶例 4.41 —— K_ϵ を，パラメータ ϵ で決定される単体複体の族とする．K_ϵ が $\epsilon < \epsilon'$ ならば $K_\epsilon \subseteq K_{\epsilon'}$ という意味で関手的であるとし，さらに複体が有限回変化するとする．

このとき，パラメータ値の十分に稠密な集合 $\{t_1, \ldots, t_n\}$ に対して，K_{t_n} のフィルトレーションは列 $\emptyset \subseteq K_{t_1} \subseteq \cdots \subseteq K_{t_n}$ によって与えられる．4.3 節で定義されたすべての複体から，このようなフィルトレーション付き単体複体が生じる． ◀

フィルトレーション付き単体複体に付随して，代数トポロジーの標準的な構成からフィルトレーション付きの代数的構造を得られる．3.3 節を思い出すと，単体複体 K と環 R に付随した，鎖複体 $C_*(K;R)$ が得られる．したがって，

$$\cdots \to C_{k+1}(K;R) \xrightarrow{\partial_{k+1}} C_k(K;R) \xrightarrow{\partial_k} C_{k-1}(K;R) \to \cdots$$

を得る．ここで，接続写像は定義 3.118 で与えられた境界写像である．各 k について，$C_k(K;R)$ の特別な部分群，輪体 $Z_k(K;R)$ と境界 $B_k(K;R)$ がある．これらには包含関係の系

$$B_k(K;R) \subseteq Z_k(K;R) \subseteq C_k(K;R)$$

があり，$\partial_k \circ \partial_{k+1} = 0$ なので，ホモロジー $H_k(K;R) = Z_k(K;R)/B_k(K;R)$ を定義することができる．

4.4.2 オイラー標数曲線

オイラー標数は，トポロジカルデータ解析で用いられるフィルトレーション付き複体に対して，ホモジロカルな性質を要約する最初期に提案されたもののうちの一つである．

定義 4.42 単体複体のオイラー標数 $\chi(X)$ は，鎖複体における各次元の単体の個数の交代和である．

$$\chi(X) = \sum_{i=0}^{d} (-1)^i \dim C_i(X)$$

オイラー標数という名前は，オイラーの多面体公式で用いられることに由来する．すなわち，頂点が V，辺が E，面が F の多面体 P のオイラー標数は $\chi(P) = V - E + F$ となる．正多面体と 16 個の四角形からなる下図のトーラスについて，つぎの表の下部に示すようなオイラー標数が得られることに注意する．

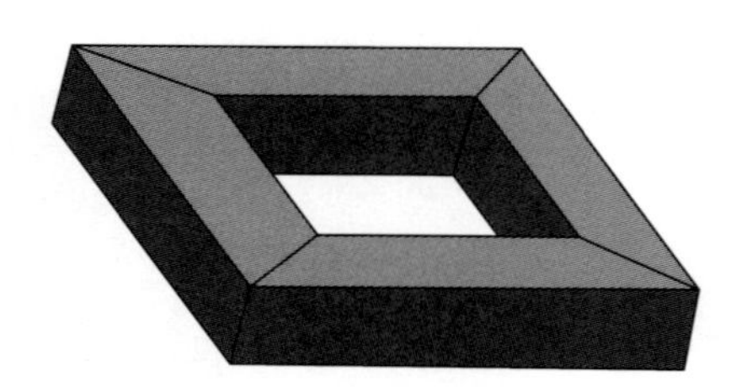

形状	四面体	立方体	八面体	十二面体	正二十面体	トーラス
V	4	8	6	20	12	16
E	6	12	12	30	30	32
F	4	6	8	12	20	16
χ	2	2	2	2	2	0

驚くべきことに，このセルに基づく数え上げはホモロジー不変量である．すなわち，ホモロジー群が同型な単体複体に対して，オイラー標数は同じになる．これを証明する一つの方法から，パーシステントホモロジーを計算するはじめてのアルゴリズムが直接導かれる（これは，つぎの 4.5.1 項で紹介する）．

定理 4.43

$$\sum_{i=0}^{d}(-1)^i \dim C_i(X) = \sum_{i=0}^{d}(-1)^i \dim H_i(X)$$

[証明] σ の境界 $\partial\sigma$ を構成するすべての単体が σ 自身の前に現れるような，複体 X の単体の全順序 $\sigma_1, \sigma_2, \ldots$ を考える．この全順序に基づきフィルトレーションとして一度に一つずつ単体を追加していくことで，ホモロジー群の変化が鎖群の変化と一致することを示すことができる．

考えている全順序に基づいて，単体を順に考え，$C_*(X) = B_*(X) \oplus Z'_*(X) \oplus N_*(X)$ のように三つの部分空間に分割された $C_*(X)$ の基底をもつようにする．ただし，$B_*(X) = \mathrm{Im}(\partial)$ で $B_*(X) \oplus Z'_*(X) = \mathrm{Ker}(\partial)$ である．この分割により，$Z'_*(X)$ は X の 0 でないホモロジー類の代表元となる輪体に対応する基底元をもつことになる．

各基底元について，その台で最も古い単体を考え，

1. $N_*(X)$ の各基底元は単項式であり，ちょうど一つの単体に対応する．
2. $B_*(X) \oplus Z'_*(X)$ におけるどの二つの基底元も，その台において最も新しい単体を共有しない．

という基底の選択をする．

この選択を維持できるのは，$z = \sigma + z'$，$w = \sigma + w'$ ならば，$z - w = z' - w'$ は新しい基底元であり，基底の選択を大きく変えることなく z を置き換えることができるからである．w と $z - w$ から z を復元できることは明らかで，さらに $\partial z = 0$ と $\partial w = 0$ であり，境界演算子は線形なので，$\partial(z - w) = 0$ が成り立つ．

$z, w \notin B_*(X)$ ならば，$z - w$ は $B_*(X)$ に属さない．仮に $z - w$ は $B_*(X)$ に属すとしよう．すると，ある u が存在して $\partial u = z - w$ となるので，ホモロジー群では $[z - w] = 0$ となり，したがって $[z] = [w]$ となる．$Z'_*(X)$ の基底は各ホモロジー類に対してちょうど一つの輪体を決めるので，$z - w \in B_*(X)$ は $z = w$ を意味し，さもなければ同じホモロジー類を表す二つの輪体が存在することになる．

同じ論法で，$z \notin B_*(X)$ かつ $w \in B_*(X)$ ならば，$z - w \notin B_*(X)$ である．仮に $z - w \in B_*(X)$ だとすると $[z] = [z - w] = 0$ であり，これは最初に選んだ z が非自明なホモロジー類の代表でなかったことを意味するからである．

新しい単体 σ を追加して $X \cup \sigma$ を生成すると，核が像を含み，$\dim \sigma$ より低い次元では何も変化していないので，境界 $\partial_{X\cup\sigma}\sigma$ は $\mathrm{Ker}(\partial_X)$ に含まれる．それゆえ，$\partial_{X\cup\sigma}\sigma$ を

選択した基底で表現することができる．ここで，以下の二つの可能性がある．

- 用いる基底元が $Z'_*(X)$ からの基底元を少なくとも一つ含むならば，単体 σ の境界は X の輪体である．この輪体がここでは境界となる．もし基底元の候補がいくつかあるならば，つぎのようにしよう．まず，各候補を構成する単体のうち，最も新しいものを選ぶ．そして，選ばれた単体のうち最も古いものを含む候補を輪体基底元とする．この基底元は，$Z'_*(X)$ から $B_*(X \cup \sigma)$ に移動することができる．
- 用いる基底元が $B_*(X)$ の基底元のみを含むならば，σ の境界は X の境界となる．この場合，$\partial_{X\cup\sigma}\sigma = \partial_X\tau$ となるような τ が存在する．したがって，$\partial_{X\cup\sigma}(\sigma - \tau) = 0$ なので，$\sigma - \tau \in \mathrm{Ker}(\partial_{X\cup\sigma})$ となり，$\sigma - \tau$ を基底元として $Z'_*(X)$ に加えることができる．

ここで，σ を加えたときのホモロジーの変化を考えてみる．σ を加えると，$Z'_*(X)$ の $(\dim\sigma - 1)$-次元の基底元の数が減るか，$Z'_*(X)$ の $(\dim\sigma)$-次元の基底元の数が増えるかどちらかである．いずれにせよ，σ を加えると $\chi(X \cup \sigma)$ に $(-1)^{\dim\sigma}$ だけ寄与することになる． □

上の計算を，前述の六つの図形に対して，単体の個数ではなく，ベッチ数で繰り返すと，この対応関係が鏡のようになっていることがわかる．

形状	四面体	立方体	八面体	十二面体	正二十面体	トーラス
β_0	1	1	1	1	1	1
β_1	0	0	0	0	0	2
β_2	1	1	1	1	1	1
χ	2	2	2	2	2	0

正多面体はすべて球に同相で，同じホモロジー群をもち，したがって同じオイラー標数をもつ．

これらのオイラー標数，とくに定理 4.43 の証明で概説された漸進的なアプローチは，点群の関数データ解析を行うために使用することができる．まず，フィルトレーション付き単体複体を作成し，つぎにこの複体を，フィルトレーションと，単体を追加するときにはその境界が前もってすでに追加されているようにすることと整合性のある順序で走査する．フィルトレーションの各ステップでのオイラー標数から一連の数字が得られるが，これをプロットした曲線は，点群が似ているならばほぼ同じになる．

4.5　パーシステンスベクトル空間の代数学

まず，パーシステンスベクトル空間を定義する．

定義 4.44　$\mathbb{k}$ を任意の体とする．このとき，$\mathbb{k}$ 上の**パーシステンスベクトル空間**とは，$r \leq r' \leq r''$ に対して $L_V(r', r'')L_V(r, r') = L_V(r, r'')$ を満たすような線形写像 $L_V(r, r')$ $(r \leq r')$ を伴った $\mathbb{k}$ ベクトル空間の族 $\{V_r\}_{r \in [0,+\infty]}$ のことである．$\{V_r\}$ から $\{W_r\}$ への $\mathbb{k}$ 上のパーシステンスベクトル空間の**線形写像** f とは，線形写像 $f_r : V_r \to W_r$ の族であって，すべての $r \leq r'$ に対して，図式

$$
\begin{array}{ccc}
V_r & \xrightarrow{L_V(r,r')} & V_{r'} \\
\downarrow{\scriptstyle f_r} & & \downarrow{\scriptstyle f_{r'}} \\
W_r & \xrightarrow{L_W(r,r')} & W_{r'}
\end{array}
$$

が

$$f_{r'} \circ L_V(r, r') = L_W(r, r') \circ f_r$$

の意味で可換であるものである．

線形写像が**同型写像**であるとは，両側の逆写像が存在するときをいう．$\{V_r\}$ の**部分パーシステンスベクトル空間**とは，すべての $r \leq r'$ に対して $L_V(r, r')(U_r) \subseteq U'_r$ であるのような，すべての $r \in [0, +\infty)$ に対する $\mathbb{k}$ 上の部分空間 $U_r \subseteq V_r$ の族のことである．$f : \{V_r\} \to \{W_r\}$ を線形写像とすると，f の**像** $\mathrm{Im}(f)$ は部分パーシステンスベクトル空間 $\{\mathrm{Im}(f_r)\}$ となる．

また，商空間の概念は，パーシステンスベクトル空間にも拡張される．$\{U_r\} \subseteq \{V_r\}$ を部分パーシステンスベクトル空間とすると，パーシステンスベクトル空間 $\{V_r/U_r\}$ を形成できる．ただし，$L_{V/U}(r, r')$ は任意の $v \in V_r$ に対して同値類 $[v]$ を同値類 $[L_V(r, r')(v)]$ に写すことで与えられる，V_r/U_r から $V_{r'}/U_{r'}$ への線形写像である．

集合上の自由ベクトル空間の概念も，パーシステントベクトル空間に拡張しておこう．X を，関数 $\rho : X \to [0, +\infty)$ を備えた任意の集合とする．このようなペア (X, ρ) を $\mathbb{R}_+$ フィルトレーション付き集合とよぶ．このとき，組 (X, ρ) 上の**自由パーシステンスベクトル空間**とは，パーシステンスベクトル空間 $\{W_r\}$ のことである．ただし，$W_r \subseteq F(X)$ は，$X[r] = \{x \in X \mid \rho(x) \leq r\}$ で定義され

る集合 $X[r] \subseteq X$ の $\Bbbk$-線形結合で表されるベクトル空間である．$r \leq r'$ のとき $X[r] \subseteq X[r']$ だから包含関係 $W_r \subseteq W_{r'}$ が存在することに注意する．簡単な観察から以下がわかる．

命題 4.45 線形結合 $\Sigma_x a_x x \in F(X)$ が W_r に属するのは，$\rho(x) > r$ をもつすべての x に対して $a_x = 0$ であるとき，またそのときに限る．

このパーシステンスベクトル空間を $\{V(X,\rho)_r\}$ と書く．パーシステンスベクトル空間は，ある (X,ρ) に対して $V(X,\rho)$ の形に同型であるとき，自由であるといい，加えて X を有限にとれるならば，**有限生成**であるという．

定義 4.46 パーシステンスベクトル空間 $\{U_r\}$ が**有限表示**であるとは，有限生成自由パーシステンスベクトル空間 $\{V_r\}$ と $\{W_r\}$ の間のある線形写像 $f : \{V_r\} \to \{W_r\}$ に対して，その空間 $\{U_r\}$ がパーシステンスベクトル空間 $\{W_r\}/\operatorname{Im}(f)$ と同型であるときをいう．ここで，$\operatorname{Im}(f)$ は線形写像 f の像ベクトル空間である．

ベクトル空間 V と W の基底を選択することで，V から W への線形写像を行列で表現することができる．ここで，自由パーシステンスベクトル空間の間の線形写像にも同様の表現があることを示す．有限集合の任意の組 (X,Y) と体 $\Bbbk$ に対して，$\boldsymbol{(X,Y)}$**-行列**とは体 $\Bbbk$ の要素 a_{xy} の配列 $[a_{xy}]$ である．$x \in X$ に対応する行を $r(x)$，$y \in Y$ に対応する列を $c(y)$ と表記する．任意の有限生成自由パーシステンスベクトル空間 $\{V_r\} = \{V(X,\rho)_r\}$ に対して，X は有限なので，r が十分に大きいとき $V(X,\rho)_r = V(X)$ となることが観察される．したがって，有限生成自由パーシステンスベクトル空間の間の任意の線形写像 $f : \{V(Y,\sigma)_r\} \to \{V(X,\rho)_r\}$ に対して，f は体 $\Bbbk$ 上の有限次元ベクトル空間の間の線形写像 $f_\infty : V(Y) \to V(X)$ を与える．そして，$V(X)$ の基底 $\{\phi_x\}_{x\in X}$ と $V(Y)$ の基底 $\{\phi_y\}_{y\in Y}$ を用いることで，体 $\Bbbk$ に成分をもつ (X,Y)-行列 $A(f) = [a_{xy}]$ を決定する．なお，我々になじみのある，矩形配列としての行列の概念を得るためには，X と Y に全順序を課す必要があるが，これから行う行列の操作では，その必要はないことに注意する．

命題 4.47 (X,Y)-行列 $A(f)$ は，$\rho(x) > \sigma(y)$ ならば $a_{xy} = 0$ となる性質をもつとする．これらの条件を満たす任意の (X,Y)-行列 A は，パーシステンスベクトル空間の線形写像 $f_A : \{V(Y,\sigma)_r\} \to \{V(X,\rho)_r\}$ を一意に決定し，対応関係 $f \mapsto A(f)$ と $A \mapsto f_A$ は互いに逆対応である．

[証明] 基底ベクトル φ_y は $V(Y,\sigma)_{\sigma(y)}$ に属する．一方，

$$f(\varphi_y) = \sum_{x \in X} a_{xy}\varphi_x$$

となる．命題 4.45 により，$\sum_{x \in X} a_{xy}\varphi_x$ が $V(X,\rho)_{\sigma(y)}$ にあるのは，$\rho(x) > \sigma(y)$ に対するすべての係数 a_{xy} が 0 であるときに限る． □

$\mathbb{R}_+$ フィルトレーション付き有限集合の組 (X,ρ) と (Y,σ) が与えられたとき，命題 4.47 の条件を満たす (X,Y)-行列を $\boldsymbol{(\rho,\sigma)}$**-適合**とよぶ．

ここで，(X,ρ) と (Y,σ) が与えられたとする．ただし，ρ は X 上の，σ は Y 上の $[0,+\infty)$-値関数である．このとき，命題 4.47 の条件を満たす任意の行列 $A = [a_{xy}]$ は，対応関係

$$A \overset{\theta}{\mapsto} V(Y,\sigma)/\mathrm{Im}(f_A)$$

によりパーシステンスベクトル空間を決定する．

この構成について，つぎの事実がある．

命題 4.48 上述の任意の行列 A に対して，$\theta(A)$ は有限表示パーシステンスベクトル空間である．さらに，任意の有限表示パーシステンスベクトル空間は，上述の行列 A が存在して $\theta(A)$ に同型である．

[証明] これは，命題 4.47 で与えられた行列と線形写像の間の対応から直接従う． □

命題 4.49 (X,ρ) を $\mathbb{R}_+$ フィルトレーション付き集合とする．このとき，行列と線形写像の対応関係の下で，$V(X,\rho)$ の自己同型写像は，すべての可逆な (ρ,ρ)-適合 (X,X)-行列の群と同一視することができる．

ここで，$\theta(A)$ が $\theta(A')$ と等しくなるための，つぎのような十分条件がある．これは，全体的に命題 3.82 に類似している．

命題 4.50 (X,ρ) と (Y,σ) を $\mathbb{R}_+$ フィルトレーション付き集合とし，A を (ρ,σ)-適合 (X,Y)-行列とする．B と C をそれぞれ (ρ,ρ)-適合 (X,X)-行列と (σ,σ)-適合 (Y,Y)-行列とする．このとき，行列 BAC も (ρ,σ)-適合となり，パーシステンスベクトル空間 $\theta(A)$ は $\theta(BAC)$ と同型となる．

この結果を用いて，同型写像によって，すべての有限表示パーシステンスベクトル空間を分類する．まず，組 (a,b) に対して，$b=+\infty$ のとき自然な解釈がある，パーシステンスベクトル空間 $P(a,b)$ を定義する．ただし，$a \in \mathbb{R}_+$，$b \in \mathbb{R}_+ \cup \{\infty\}$，かつ $a < b$ である．空間 $P(a,b)$ は，$r \in [a,b)$ のとき $P(a,b)_r = \mathbb{k}$，$r \notin [a,b)$ のとき $P(a,b)_r = \{0\}$ と定義される．ただし，$r, r' \in [a,b)$ のとき，$L(r,r') = \mathrm{id}_{\mathbb{k}}$ である線形写像を備えている．この定義は，$b=+\infty$ のときも自然に解釈することができる．$P(a,b)$ は有限表示であることに注意する．まず，b が有限のときを考える．(X,ρ) と (Y,σ) を $\mathbb{R}_+$ フィルトレーション付き集合とする．ただし，それらの台集合は単一の元 x と y からなり，$\rho(x)=a$ と $\sigma(y)=b$ である．このとき，1×1 (X,Y)-行列は，$a \le b$ なので (ρ,σ)-適合であり，$P(a,b)$ が $\theta([1])$ と同型となることは明らかである．つぎに，$b=+\infty$ のときを考える．$P(a,b)$ はパーシステンスベクトル空間 $V_k(X,\rho)$ と同型であり，したがって $\theta(0)$ と書くことができる．ただし，0 はパーシステンスベクトル空間 $\{0\}$ からの零線形写像を表す．

命題 4.51 すべての $\mathbb{k}$ 上の有限表示パーシステンスベクトル空間は

$$P(a_1,b_1) \oplus P(a_2,b_2) \oplus \cdots \oplus P(a_n,b_n) \tag{4.1}$$

の形式の有限直和に同型である．ここで，$a_i \in [0,+\infty)$，$b_i \in [0,+\infty]$，かつすべての i に対して $a_i < b_i$ である．

[証明] すべての行と列において高々 1 個の非ゼロ成分をもち，それが 1 に等しいという性質をもつ (ρ,σ)-適合 (X,Y)-行列 A があるとする．このとき，$\theta(A)$ が命題で述べた形になることは明らかである．$\{(x_1,y_1),(x_2,y_2),\ldots,(x_n,\ y_n)\}$ は $a_{x_i,y_i}=1$ となるようなすべての組 $(x_i,\ y_i)$ とすると，このとき分解

$$\theta(A) \cong \bigoplus_i P(\rho(x_i),\sigma(y_i)) \oplus \bigoplus_{x\in X-\{x_1,\ldots,x_n\}} P(\rho(x),\ +\infty)$$

が存在する．それゆえ，BAC がすべての行と列が最大 1 個の非ゼロ成分をもち，それが 1 に等しいという性質をもつような，(ρ,ρ)-適合 (X,X)-行列 B と (σ,σ)-適合 (Y,Y)-行列 C をそれぞれ構成すれば十分である．これが可能であることを確認するために，この設定に合わせた行と列の操作方法を定義する．(ρ,σ)-適合である行と列の演算は，$\mathbb{k}$ の非零元による行または列のすべての可能な乗算，$\rho(x) \ge \rho(x')$ のとき $r(x')$ への $r(x)$ の倍数のすべての可能な加算，$\sigma(y) \ge \sigma(y')$ のとき $c(y')$ への $c(y)$ の倍数のすべての可能な加算で構成されている．(ρ,σ)-適合である行と列の演算を行うことで，各行と各列に最大 1 個の非ゼロ成分をもつ行列に到達できることを証明する．これを見るには，まず，$c(y) \ne 0$

であるすべての y という集合上で $\sigma(y)$ を最大化する y を求める．つぎに，成分 $a_{xy} \neq 0$ となるすべての x という集合上で $\rho(x)$ を最大化する x を求める．x の選び方から，xy 成分を除いて $c(y)$ を打ち消すように，他のすべての行に $r(x)$ の倍数を自由に加算することができる．y の選び方から，$c(y)$ に影響なく xy 成分以外の $r(x)$ を打ち消すために，$c(y)$ の倍数を加算することができる．その結果，$r(x)$ と $c(y)$ の両方で 0 でない唯一の成分が a_{xy} となる行列ができる．$r(x)$ に $\frac{1}{a_{xy}}$ を掛けると，変換後の行列の xy 成分が 1 になるようにできる．$r(x)$ と $c(y)$ を削除すると，(ρ', σ')-適合である $(X - \{x\}, Y - \{y\})$-行列が得られる．ただし，ρ' と σ' はそれぞれ $X - \{x\}$ と $Y - \{y\}$ に対する ρ と σ の制限である．ここで，この行列に対して，帰納的にこのプロセスを適用することができる．行と列に必要な各操作は，元の行列の行と列に対する操作と解釈でき，$r(x)$ や $c(y)$ にはまったく影響を及ぼさない．その結果，この手順を繰り返すことで，最終的に成分が 0 か 1 のどちらかに等しい行列にたどり着き，変換後の行列は各行と各列に高々一つの非ゼロ成分をもつことが明らかになる．したがって，求める結果は命題 4.50 により従う．□

与えられたパーシステンスベクトル空間に対する上記の形式 (4.1) の分解は，本質的に一意であることも示しておこう．

命題 4.52　$\{V_r\}$ が $\Bbbk$ 上の有限表示パーシステンスベクトル空間であり，二つの分解

$$\{V_r\} \cong \bigoplus_{i \in I} P(a_i, b_i) \quad \text{かつ} \quad \{V_r\} = \bigoplus_{j \in J} P(c_j, d_j)$$

があるとする．ただし，I と J は有限集合である．このとき，$\#(I) = \#(J)$ となり，分解で発生する組 (a_i, b_i) の重複度付きの集合は，分解で発生する組 (c_j, d_j) の集合と同一である．

[証明]　$a_{\min}$ と $c_{\min}$ をそれぞれ a_i と c_j の最小値とする．$a_{\min}$ は $\min\{r \mid V_r \neq 0\}$ として本質的に特徴付けることができ，$a_{\min} = c_{\min}$ が成り立つ．つぎに，$b_{\min}$ を $\min\{b_i \mid a_i = a_{\min}\}$ とし，それに対応する $d_{\min}$ を定義する．$b_{\min}$ も本質的には $\min\{r \mid N(L(r, r')) \neq 0\}$（ただし N は核空間を表す）と定義されるので，同様に $b_{\min} = d_{\min}$ となる．つまり，$P(a_{\min}, b_{\min})$ は両方の分解に現れるということである．各分解について，直和因子 $P(a_{\min}, b_{\min})$ のすべての出現回数の和を考える．これらはいずれも $\{V_r\}$ の部分パーシステンスベクトル空間であり，本質的には部分パーシステンスベクトル空間 $\{W_r\}$ として特徴付けることができる．ただし，W_r は線形写像

$$\mathrm{Im}(L(a, r)) \xrightarrow{L(r,b)|_{\mathrm{Im}(L(a,r))}} L_b$$

の核空間である．ここで，二つの分解における $P(a_{\min}, b_{\min})$ の形の直和因子の数は同じであり，さらにそれらは分解の下で同型に対応していることがわかる．I' は $a_i = a_{\min}$ か

つ $b_i = b_{\min}$ となるような i をすべて取り除いて得られる I の部分集合とし，これに対応して J' を定義する．ここで，$\{V_r\}$ の $\{W_r\}$ による商を形成でき，

$$\{V_r\}/\{W_r\} \cong \bigoplus_{i \in I'} P(a_i, b_i) \quad \text{かつ} \quad \{V_r\}/\{W_r\} \cong \bigoplus_{j \in J'} P(c_j, d_j)$$

なる同一視を得ることができる．分解における直和因子の数における帰納法により，求める結果を得ることができる． □

有限表示パーシステンスベクトル空間の同型類は，集合 $\{(a,b) \mid a \in [0,+\infty), b \in [0,+\infty], a < b\}$ の（重複度付き）有限部分集合と一対一に対応する．このような集合は，二つの異なる方法で視覚的に表現することができる．一つは実数直線の非負部分上の区間の族として，もう一つは xy 平面の第 1 象限内の部分集合 $\{(x,y) \mid x \geq 0, y > x\}$ に含まれる点の集まりとしてである．後者の場合，$b = +\infty$ となる点は，無限大を表す水平線上に配置される．前者の表現方法は**バーコード**とよばれ，後者の表現は**パーシステンス図**とよばれる（図 4.9 を参照）．以降，これらの表現を交互に使用し，参照することにする．

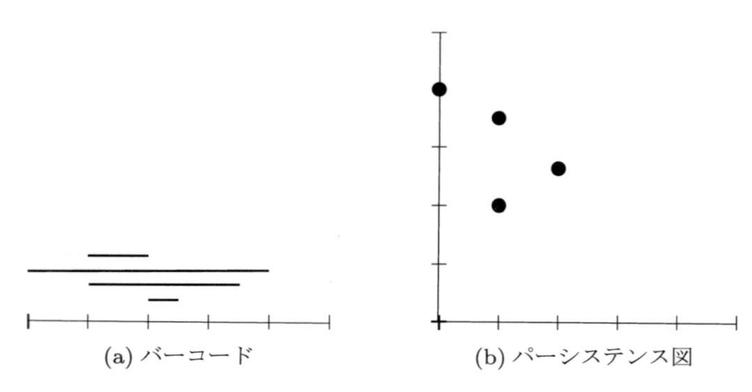

(a) バーコード　(b) パーシステンス図

図 4.9　パーシステンスベクトル空間を表現する二つの方法．

4.5.1 パーシステントホモロジー

ここで，3.3.3 項の内容を思い出そう．そこでは，単体複体 Σ から Σ の単体上の自由ベクトル空間と，各単体上の境界写像 ∂ をその最大次元の面の交代和として定義した鎖複体 $C_*(\Sigma)$ をつくることができるのを確かめた．このとき，ホモロジー群は，つぎのように定義される．

$$H_*(\Sigma) = \mathrm{Ker}(\partial) / \mathrm{Im}(\partial)$$

パーシステンスの設定でも，同様の手順で定義ができる．すなわち，フィルトレーション付き単体複体 Σ_* から，$C_*(\Sigma_*)_r = C_*(\Sigma_r)$ と設定することで，パーシステンス鎖複体 $C_*(\Sigma)$ をつくることができる．パラメータ値 r でのパーシステンス鎖複体は，Σ_* の r 番目のフィルトレーションステップの（古典的な意味での）鎖複体である．$r < s$ ならば，フィルトレーションは包含写像 $\Sigma_r \hookrightarrow \Sigma_s$ を与えるので，鎖複体の構成の関手性により，鎖複体の線形写像 $C_*(\Sigma_*)_r \hookrightarrow C_*(\Sigma_*)_s$ が与えられる．境界写像は，このすべてと可換である．したがって，$\partial : C_*(\Sigma_*) \to C_*(\Sigma_*)$ は，パーシステンスベクトル空間の写像である．ある単体の境界は，それを単体のより大きな集合に含めたからといって，変わることはない．したがって，鎖複体はパーシステンスベクトル空間になっている．∂ の核も像もパーシステンスベクトル空間であり，商をとってもパーシステンス構造は保たれる．つまり，$H_*(\Sigma_*)$ もパーシステンスベクトル空間であり，**パーシステントホモロジー**とよび，それはバーコードやパーシステンス図で記述できる分解をもつ．

ここで，任意の有限距離空間に対して，パーシステンスバーコードまたはパーシステンス図を付随させることができる．ここで，ベッチ数はバーコードで置き換られた．これら二つの概念を一致させる方法はつぎのとおりである．大まかにいえば，パーシステンスバーコードは，いくつかの「短い」区間といくつかの「長い」区間からなることがしばしばある．短い区間は典型的にノイズと考えられる．長い区間はより大きなスケールの幾何学的特徴に対応すると考えられ，距離空間をサンプリングした空間の特徴に対応することが期待される（図 4.10）．

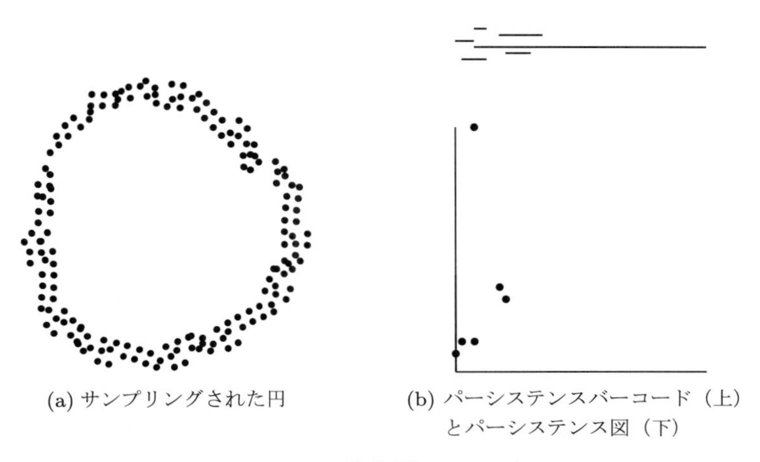

(a) サンプリングされた円　(b) パーシステンスバーコード（上）とパーシステンス図（下）

図 4.10

図 4.10(b) は，サンプリングされた円（図 4.10(a)）に付随する 1 次元ホモロジーに対するパーシステンスバーコードとパーシステンス図を示したものである．バーコードでは，一つの長い区間と複数の短い区間によって，1 次のベッチ数が 1 になることが表現されている．

注意 4.53　すべてのバーコードで，このように区間の長短がはっきりわかるわけではない．このようにバーコードが振る舞うのは，距離空間が，単一のスケールで関心をもたれるような単純なトポロジカルな対象ではなく，それ自身がマルチスケールな対象である事実を反映している．さらに，つぎの節では，バーコードを生成するためにさまざまな方法が考案されていることを見る．それら方法では，データセットの形のより敏感な側面が反映されている．

注意 4.54　上の説明から明らかなように，パーシステンスホモロジーの計算の複雑さは，ガウス消去法と同じ，つまり $n \times n$ の行列に対して n^3 である．これは，直接計算すると非常に高くつくということである．この問題を軽減するためのアプローチがいくつかある．

1. 4.3.3 項で説明したアルファ複体の場合は低次元のユークリッド空間への埋め込みに基づいて，4.3.4 項で説明したウィットネス複体の場合は選択したランドマークの集合に基づいて，はるかに小さな複体での計算が可能である．両方とも非常に実用的な選択肢であり，これらの複体に対しても上記と同じアルゴリズムが適用される．
2. Zomorodian (2010) に記載されているヴィートリス－リップス複体のサイズを大幅に減らして，単純化する方法もある．
3. 集合 $\{U_\alpha\}_{\alpha \in A}$ による有限被覆をもつ空間 X が与えられたとき，**マイヤー－ヴィートリスブロウアップ**として知られる構成と**マイヤー－ヴィートリススペクトル列**として知られる計算手法に対応するものがあり，ホモロジー計算をより複雑さの小さい計算に並列化することができる．4.6 節でその一部を議論する．二つの集合による被覆（マイヤー－ヴィートリス長完全列）の場合に対しては Hatcher (2002) を，一般的な場合に対しては Segal (1968), Section 4 を参照してほしい．この方法は，複雑さの小さい計算を個別に行い，その後，全体を再構成するという手順を踏む．この手順は，Lipsky et al. (2011) においてパーシステントホモロジーの場合に適用された．

注意 4.55　ホモロジーやパーシステントホモロジーを計算するソフトウエアパッケージが多数ある．古いパッケージとしては，CHOMP (http://chomp.rutgers.edu/)，Javaplex (https://github.com/appliedtopology/javaplex/)，そして Dionysus (www.mrzv.org/software/dionysus/) がある．最近では，Phat (Bauer et al. 2017)，Dipha (https://github.com/DIPHA/dipha)，R-TDA (https://CRAN.R-project.org/package=TDA)，そして Gudhi (https:// gudhi.inria.fr/) のパッケージがある．パーシステントホモロジーのソフトウェアの優れた概説は，Otter et al. (2017) に記載されている．

注意 4.56 さまざまな複体によるホモロジーの計算を理論的に保証する定理が多数存在する．Segal (1968) の Section 4 の構成から直接導かれる，いわゆる**脈体補題**（補題 4.6）は，空間の被覆に基づくはるかに小さな構成に対してホモロジーを正確に計算するための十分条件を与えている．Niyogi et al. (2008) では，ユークリッド空間の部分多様体から得られた有限サンプルの周りの ϵ-球に基づく構成が，高い信頼性で，部分多様体のホモロジーを正確に計算することを示す条件が与えられている．

より進んだ読者のために

4.5.2 アーベル群とベクトル空間の直系

パーシステントホモロジー群を R-加群の**直系**として一括で考えると，その群の集まりの構造が非常に理解しやすくなる．直系とは，単に $\mathbb{N}$ に添え字付けられた図式のことである．すなわち，R-加群の集まり $\{M^i\}$ であって，R-加群としての互換写像 $f^i : M^i \to M^{i+1}$ を備えたものである．現在の研究で最も重要な例は，フィルトレーション付き複体から生じる直系である．

▶例 4.57 —— フィルトレーション付き複体のホモロジーは，R-加群の直系を生成する．ただし，この系の構造写像は，輪体をそれを含む類に写す自然な写像から誘導される． ◀

より一般には，空間（または単体複体）から R-加群への関手 F があるとする．フィルトレーション付き複体は，単体複体の直系

$$K^0 \to K^1 \to K^2 \to \cdots \to K^n \to \cdots$$

とみなすことができる．そして，F を適用すると，関手性により R-加群の直系

$$F(K^0) \to F(K^1) \to F(K^2) \to \cdots \to F(K^n) \to \cdots$$

が得られる．たとえば，上の例には，F としてホモロジー関手 $H_n(\text{-}; R)$ を適用するものがある．係数環 R が $\mathbb{Z}$ のときは，アーベル群の直系が得られ，R が体（典型的には $\mathbb{F}_p$ または $\mathbb{Q}$）のときは，ベクトル空間の直系が得られることを確認されたい．

直系に付随する余極限を考えることはしばしばあるが，今回は直系のすべての情報を保持することを第一に考える．そのため，我々が興味あるのは，$\mathbb{N}$ に添え字付けられた直系の圏である．ただし，射は自然変換である（すなわち，射 $\{M_i\} \to \{N_i\}$

は互換写像 $M_i \to N_i$ の集合によって規定される）．つぎの項では，ベクトル空間の直系のなす圏においては（同型写像の元での）簡潔な分類が許されるという事実を利用する．

4.5.3　ベクトル空間の直系の分類

意味のある分類を得るためには，有限性に関する条件をいくつか課す必要がある．R-加群の直系 $\{M_i\}$ が**有限型である**というのは，構成する各 R-加群 M_i がそれ自身有限生成であり，かつ，すべての $j \geq M$ に対して写像 $M_j \to M_{j+1}$ が同型写像であるような M が存在するという意味で系が安定化するときをいう．

▶**例 4.58** ――　有限複体にホモロジー関手を適用することにより有限型の R-加群の直系が生成され，有限型であるフィルトレーション付き鎖複体が生成される．◀

ここで，R-加群の直系の圏から非負次数付けされた $R[t]$-加群の圏への自然な関手 Ψ が存在する．この関手は，対象上では直系 $\{M_i\}$ の直和に対して，

$$\bigoplus_{i=0}^{i=\infty} M_i$$

をとることによって定義されている．ただし，R の元は成分ごとに作用し，t は直系の構造写像によりシフトとして作用することで $\bigoplus_{i=0}^{i=\infty} M_i$ を $R[t]$-加群として見る．すなわち，t の作用は

$$t(m_0, m_1, \ldots) = (0, f_0(m_0), f_1(m_1), \ldots)$$

である．関手 Ψ は直系の自然な変換を直和の成分ごとの写像に写す．これは明らかに t の作用と互換性があり，したがって次数付き $R[t]$-加群の写像である．アルティン - リースの定理は，有限型の R-加群の直系の充満部分圏に制限したとき，関手 Ψ が圏の同値関手を誘導することを意味している．

定理 4.59　関手 Ψ は，有限型の R-加群の直系の圏と，有限生成の非負次数付き $R[t]$-加群の圏との間に圏の同値関手を誘導する．

R が体の場合，この記述をさらに単純化することができる．この場合，$R[t]$ は**単項イデアル整域** (PID) であり，次数付きイデアルは n を変数として同次イデアル

(t^n) になることがわかっている.

PID の構造定理により，すべての有限生成の $R[t]$-加群は

$$\left(\bigoplus_{i=1}^{n} \Sigma^{\alpha_i} R[t]\right) \oplus \left(\bigoplus_{j=1}^{m} \Sigma^{\gamma_j} R[t]/(t^{n_j})\right)$$

の形式の $R[t]$-加群の直和に同型である．ここで，t^{n_j} は $t^{n_{j+1}}$ を割り，Σ 作用は次数のシフトを表す.

4.5.4　バーコード

本項で，フィルトレーション付き複体に付随するパーシステントホモロジー不変量の分類について，最後の再定式化を行う．これは，その不変量を可視化する非常に有用な方法であることがわかる．R が体であり，PID $R[t]$ に対して構造定理が適用されていると仮定する．ここで，$0 \leq i < j$ かつ $i, j \in \mathbb{Z} \cup \{\infty\}$ となる組 (i, j) を，$\mathcal{P}$-区間とする.

以下，$R[t]$-加群に $\mathcal{P}$-区間の集合をつぎのように付随させる．すなわち，$\Sigma^{\alpha} R[t]$ の形の各因子に，区間 (α, ∞) を付随させ，$\Sigma^{\beta} R[t]/(t^n)$ の形の各因子に，区間 $(\beta, \beta + n)$ を付随させる．これが全単射であることは，$\mathcal{P}$-区間の集合が与えられるとき，(i, ∞) に $\Sigma^i R[t]$ を，(i, j) に $\Sigma^i R[t]/(t^{j-i})$ を付随させればわかる．このことは，つぎの系を導く.

系 4.60　$\mathcal{P}$-区間の有限集合と有限型の R-加群の直系の同型類との間には全単射写像が存在する.

フィルトレーション付き複体の文脈では，この系により，体 R 上の（フィルトレーションが変数となる）パーシステントホモロジーの記述が**バーコード**として得られる．各 $\mathcal{P}$-区間 (i, j) は，フィルトレーション i で現れ，時間 j で境界となるホモロジー類を指定する輪体を記述している．このことは，パーシステントホモロジーが，積み重ねた区間 (i, j)，あるいは上半平面 $0 \leq i \leq j$ 上の点 (i, j) で図式化されることを示唆する.

4.5.5 パーシステンスとトポロジーにおけるノイズ

代数トポロジーは，空間の定性的不変量，すなわち連続的な変形に対して予測可能な振る舞いをする不変量を研究する分野である．トポロジカルデータ解析の中心的な目標の一つは，ノイズに強い点群データの定性的不変量を構築することである．たとえば，単体複体を点群に付随させる過程で，台となる点群のノイズによる摂動があってもホモトピー同値な複体にする（つまり，類似のトポロジカル不変量を生成する）ことが期待できるかもしれない．

残念ながら，この期待は大きく裏切られる．任意の固定した ϵ に対して，点群データをほんのわずか動かすだけで，点群のホモロジー不変量が基準値から大幅にずれる可能性がある．より正確には，固定した ϵ が与えられたとき，グロモフ－ハウスドルフ距離の意味で近い二つの有限距離空間から，類似したベッチ数をもつリップス複体またはチェック複体が生じるとは限らない．これは，おそらく驚くようなことではないはずである．なぜなら，リップス複体およびチェック複体のホモトピー型が意味をもつためには，スケールパラメータ ϵ が点群データの基本的な「特徴スケール」と一致しなければならないことをすでに見ているからである．

パーシステントホモロジーは，点群データの適切な特徴スケールの不確実性に対処するための形式的な手法を与えるのとちょうど同じように，点群に対する頑健なトポロジカル不変量を実現するための，適切な不変量であることがわかる．具体的には，本項ではメモリ，シャザール，コーエン－スタイナーらの結果を議論し，それを用いてグロモフ－ハウスドルフ距離の意味で近い二つの有限距離空間は，それらのリップス複体のパーシステントホモロジーにおいて（バーコード上の自然な距離という観点で）有界な差をもつことを示す．このような**安定性定理**は実にさまざまなものが証明されているが，ここでは上記の場合に焦点を当てることにする．

まず，フィルトレーション付き複体に付随するパーシステンスバーコードの別の記述方法について議論することから始めよう．実数の集まり $\alpha_0 < \alpha_1 < \cdots < \alpha_n$ で添え字付けられたフィルトレーション付き複体 K_α があるとする．ただし，$K_{\alpha_0} = \emptyset$ である．すでに説明したように，このフィルトレーション付き複体の k-ホモロジー群はバーコードとして記述することができる．別の記述方法とは，$\mathbb{R}^2$ の点の多重集合の観点からのものである．この方法では，時間 x に現れ，時間 y に消えるホモロジカルな特徴が，点 (x, y) にプロットされる．安定性定理を述べるために，このホモロジカルな特徴を連続関数の劣位集合の観点から，つぎのように導

入する．

X を有限複体とし，$f: X \to \mathbb{R}$ を X 上の関数とする．ある整数 k が与えられたとき，F_x を逆像 $f^{-1}(-\infty, x]$ のホモロジー H_k と定義する†．例として，各単体の内部に，それがフィルトレーションに入った時間を割り当てる関数 f を覚えておくとよい．ここで，f の**ホモロジカル臨界値**を，十分に小さい $\epsilon > 0$ に対して，包含写像 $f^{-1}((-\infty, a-\epsilon]) \to f^{-1}((-\infty, a+\epsilon])$ によって導かれる自然な写像 $F_{a-\epsilon} \to F_{a+\epsilon}$ が同型写像ではない k が存在するような実数 a と定義する．

f が連続であることは要求されていないが，その定義を扱うためには，**テイムネス**とよばれる有限性条件が必要である．すなわち，関数 f がテイムであるとは，ホモロジカル臨界値が有限個存在し，ホモロジー群 $H_k(F_x)$ の階数がすべての k と x に対して有限であるときをいう．このことは，付随するパーシステンス加群が，前に議論した有限性条件をもつことを指す．さまざまな種類のテイムネス条件と，それらがパーシステントホモロジーに及ぼす影響についての包括的な研究は，Chazal et al. (2016) で見ることができる．

再び k を固定し，自然な写像 $F_x \to F_y$ を f_x^y と表す．F_y における F_x の像として f_x^y の下で与えられるパーシステントホモロジー群を F_x^y と記す．ここで，パーシステンス区間の表現を**パーシステンス図**という形で記述する．インターリーブ列（すべての i について $b_{i-1} < a_i < b_i$ を満たす）となるホモロジカル臨界値 $\{a_i\}$ と $\{b_i\}$ をもつテイム関数 $f: X \to \mathbb{R}$ を考え，$b_{-1} = a_0 = -\infty$ および $b_{n+1} = a_{n+1} = \infty$ と定める．このとき，$0 \leq i < j \leq n+1$ となるような整数 i, j に対して，組 (a_i, a_j) の重複度を数

$$\mu_i^j = \dim F_{b_{i-1}}^{b_j} - \dim F_{b_i}^{b_j} + \dim F_{b_i}^{b_{j-1}} - \dim F_{b_{i-1}}^{b_{j-1}}$$

と定義する．f のパーシステンス図 $D(f)$ は，重複度 μ_i^j で数えられた点 (a_i, a_j) と，対角上にある重複度無限大のすべての点との多重集合である．このことを前述の一般のパーシステント図の定義の観点から解釈すると，フィルトレーションが単体複体に対応するとき，重複度 μ_i^j は「F_{i-1} と F_i の間に現れ F_{j-1} と F_j の間で消失する類」を数えることになる．つまり，パーシステンス区間を拡張平面上の点として表現しているのである．

ここで，主な安定性定理の主張に出てくる距離について説明しよう．二つの関数

† ［訳註］$(-\infty, x]$ が劣位集合であり，不等号を逆すると優位集合となる．

$f, g : X \to \mathbb{R}$ に対して，距離 $\|f, g\|_\infty = \sup_x |f(x) - g(x)|$ を思い出しておく．多重集合 X と Y が与えられたとき，**ボトルネック距離**を

$$d_{\mathrm{B}}(X, Y) = \inf_{\gamma} \sup_{x} \|x - \gamma(x)\|_\infty$$

と定義する．ここで，$x \in X$ はすべての点，γ は X から Y へのすべての全単射の範囲を動き，重複度 k の各点は k 個の異なる点として扱われる．2 分割マッチングアルゴリズムを用いて，ボトルネック距離を効率的に計算することができる．

定理 4.61 X を有限の単体複体とし，$f, g : X \to \mathbb{R}$ を連続関数とする．このとき，f と g に付随するパーシステンス図 $D(f), D(g)$ は，$d_{\mathrm{B}}(D(f), D(g)) \leq \|f - g\|_\infty$ を満たす．

この定理は非常に有用であるが，固定した単体複体 X に依存している．ここで，我々の設定に最も関係するのは，以下に示すこの定理の拡張版である．

定理 4.62 (X, ∂_X) と (Y, ∂_Y) を有限距離空間とする．このとき，任意の k に対して，つぎの上界が得られる．

$$d_{\mathrm{B}}(D_k R(X), D_k R(Y)) \leq d_{\mathrm{GH}}(X, Y)$$

ただし，$d_{\mathrm{GH}}(X, Y)$ はグロモフ - ハウスドルフ距離であり，$R(X)$ は X のリップス複体である．

ある側面から見れば，この定理がいわんとしているのは，グロモフ - ハウスドルフ空間における小さな摂動により，パーシステントホモロジーが有界の範囲で抑えられる，ということである．一方で，定理 4.62 の有界性が，実際に計算することが困難なグロモフ - ハウスドルフ距離 d_{GH} の推定方法を与えてくれている，とみなすこともできる．

上記の定理を関数に拡張すると，つぎのようになる．連続関数 $f : X \to \mathbb{R}$ を備えた距離空間へのグロモフ - ハウスドルフ距離の拡張を d^1_{GH} と表す．このとき，つぎのような定理の拡張がある．

定理 4.63 (X, ∂_X)，(Y, ∂_Y) を有限距離空間とし，$f : X \to \mathbb{R}$，$g : Y \to \mathbb{R}$ を連続関数とする．このとき，任意の k について，つぎのような上界が得られる．

$$d_{\mathrm{B}}(D_k(X,f), D_k(Y,g)) \leq d^1_{\mathrm{GH}}((X,f),(Y,g))$$

4.5.6 パーシステントコホモロジー

古典的な代数トポロジーとまったく同じように，フィルトレーション付きやパーシステンスベクトル空間の観点において，双対な対象を扱うことができる．フィルトレーション付き単体複体 Σ_* が与えられたとき，Σ_* 上の余鎖を考えることができる．すなわち，d 次元余鎖 $C^d(\Sigma_*)$ は $C_d(\Sigma_*)$ から定数パーシステント 1 次元ベクトル空間 $\Bbbk$ への関数である．写像 $\Sigma_r \to \Sigma_s$ は写像 $C_*(\Sigma_*)_r \to C_*(\Sigma_*)_s$ を生成し，写像 $C^*(\Sigma_*)_s \to C^*(\Sigma_*)_r$ を生成する．この理由は，$f: X \to Y$ と $g: Y \to Z$ が関数ならば，$g \circ f: X \to Z$ は新しい関数だからである．関数 f に沿って関数 g を引き戻すことで，任意の関数 $Y \to Z$ を新しい関数 $X \to Z$ に変換する方法を得る．f を鎖複体の線形写像とすることで，このような順序の逆転が起こることがわかる†.

すべてのベクトル空間に対して基底を選ぶならば，線形写像は表現行列で表されるが，その双対化はその表現行列を転置する形になる．したがって，境界写像 ∂ から**余境界写像** $\delta = \partial^T$ が得られる．ただし，δf はある鎖 z を鎖 $\delta f(z) = f(\partial z)$ に写す関数である．

余境界写像により，余輪体 $Z^* = \mathrm{Ker}(\delta)$，余境界 $B^* = \mathrm{Im}(\delta)$ が定義でき，これらからコホモロジー群 $H^* = Z^*/B^*$ が定義できる．3.3.5 項で述べたように，これらの余輪体と余境界は，最終的には比較的解釈しやすい法則に従うことになる．図示のために，1 次元で何が起こるかを考えてみよう．

1-余鎖は，辺から $\Bbbk$ への関数である．

1-余輪体とは, $\delta z = 0$ となるような関数 z のことである．これをもう少し詳しく書くと, Σ_* において, $[abc]$ が辺 $[ab], [ac], [bc]$ の三角形ならば, $\partial[abc] = [ab] - [ac] + [bc]$ であるから，$\delta z([abc]) = z([ab] - [ac] + [bc]) = z([ab]) - z([ac]) + z([bc]) = 0$ ということである．これを書き換えると $z([ab]) + z([bc]) = z([ac])$ となり，余輪体はホモトピックな経路の間でその和（線積分に相当）が経路独立な辺関数であることがわかる．

1-余境界とは，$z = \delta w$ となる関数 z，いい換えれば，その端点に割り当てられた値の差を値とする辺関数のことである．より広く例えるなら，ポテンシャル場の線

† ［訳註］関手として反変関手ということである．

積分のようなものである．

パーシステントコホモロジーに対して，4.5.1 項で説明したすべての定義と代数的操作を適用すれば，バーコードまたはパーシステンス図による記述をもつパーシステンスベクトル空間が生成される．

4.6 パーシステンスと特徴の局所性

前節で示したように，点群のトポロジカル不変量を計算する主な利点の一つは，局所的で小さな摂動に対して頑健 (robustness) であることである．ある意味で，これはトポロジカルな情報と幾何的な情報の違いを反映している．トポロジカル不変量は，大局的な性質に敏感で，特定の局所的な構造にはあまり敏感でないのである．しかし，局所性というより強い概念を計算したいトポロジカル不変量に取り込むことができるのは，依然として有用である．たとえば，非自明な 1 次のベッチ数はその曲面には穴があることを教えてくれる．しかし，それらの穴の位置について，より多くの情報がほしくなることもあるだろう．

本節では，点群のホモロジーにおける輪体の位置情報を復元するために，局所性情報（被覆の形で指定）を利用する方法について述べる．この方法では，局所性のあるデータを符号化するために，被覆の異なる要素間の互換性を反映するフィルトレーションを用いたパーシステンスを使う．すなわち，パーシステンスアルゴリズムで，フィルトレーションの各要素のホモロジーに対して基底を調整する．この例は，その本質的な面白さだけでなく，パーシステンス（とくにパーシステントホモロジー）の考え方を，先に述べたものとは異なる種類の領域にうまく適用したものである．このような応用例は，本書の後半でさらに見ていくことになる．

X を抽象単体複体とし，それが部分複体の族 $\mathcal{U} = \{U_i\}_{i=0}^{n}$ で被覆されているとする．これは，X のすべての単体が少なくとも一つの部分複体 U_i の単体であることを意味する．ここで，局所性問題をつぎのように定式化しよう．$H_j(X)$ におけるホモロジー類が **$\mathcal{U}$-小**であるとは，それがつぎのような元の和であるときをいう．その元は，ある i に対して包含写像 $U_i \hookrightarrow X$ によって誘導される線形写像 $H_j(U_i) \to H_j(X)$ の像にそれぞれが入る．この条件があるパーシステンスベクトル空間の観点から解釈できることを示す．

V_X が全順序を備えていると仮定する．$\{0, \ldots, n\}$ を頂点にもつ，自然な全順序をもつ標準的な n-単体を Δ^n とする．頂点集合の二つの順序を用いると，3.2.7 項と同様に，積複体 $\Delta^n \times X$ を形成することができる．任意の部分集合 $S \subseteq \{0, \ldots, n\}$ に対して，$X[S]$ を部分複体 $\bigcap_{s \in S} X_s$ と定義する．また，$\Delta[S]$ は，部分集合 S に付随する Δ^n の面を表すとする．

定義 4.64 被覆 $\mathcal{U}$ に付与された X の**マイヤー - ヴィートリスブロウアップ**とは，部分複体 $\Delta[S] \times X[S]$ の和集合のことである．これを $\mathfrak{M}(\mathcal{U})$ と表す．X 因子への射影は，単体写像

$$\pi : \mathfrak{M}(\mathcal{U}) \to X$$

を生成する．

命題 4.65 写像 π は，すべての次元においてホモロジー群の同型写像を誘導する．

[証明] これは，組の，いわゆる長完全列を用いて，X の骨格について帰納的に証明することができる．この計算方法は本書では取り上げないが，Hatcher (2002) で紹介されている． □

$\mathfrak{M}^{(k)}(\mathcal{U}) \subseteq \mathfrak{M}(\mathcal{U})$ を共通部分 $(\Delta^{(k)} \times X) \cap \mathfrak{M}(\mathcal{U})$ と定義し，フィルトレーション

$$\mathfrak{M}^{(0)}(\mathcal{U}) \subseteq \mathfrak{M}^{(1)}(\mathcal{U}) \subseteq \cdots \subseteq \mathfrak{M}^{(n)}(\mathcal{U}) = \mathfrak{M}(\mathcal{U}) \tag{4.2}$$

が，各 k に対して k 次元ホモロジー群に対するパーシステンスベクトル空間を生成することを見てみよう．$\mathfrak{M}^{(0)}(\mathcal{U})$ は単純に複体 U_i の非交和集合であることに注意する．したがって，

$$H_j(\mathfrak{M}^{(0)}(\mathcal{U})) \cong \bigoplus_i H_j(U_i)$$

となることを確認するのは簡単である．これにより，元 $x \in H_k(X) \cong H_k(\mathfrak{M}(\mathcal{U}))$ が $\mathcal{U}$-小であるのは，それが

$$H_k(\mathfrak{M}^{(0)}(\mathcal{U})) \to H_k(\mathfrak{M}^{(n)}(\mathcal{U})) \cong H_k(\mathfrak{M}(\mathcal{U})) \cong H_k(X) \tag{4.3}$$

の像に属するとき，またそのときに限ることが従う．この写像の像は，上記のフィルトレーション (4.2) に付与されたパーシステンスベクトル空間から，つぎのように直接導出することができる．

フィルトレーションの変化はパーシステンスパラメータの整数値でのみ起こるため，パーシステンスバーコードは，$0 \leq i \leq j \leq n$ かつ i と j を整数とするバー $[i, j]$ で構成される．バーコードに対応するパーシステンスベクトル空間の直和分

解をたどることで，右端点を n とするバーの集合と一対一に対応する $H_k(X)$ の基底 $\mathcal{B}$ を決定する．基底 $\mathcal{B}_0$ は，写像 (4.3) の像に対して，$[0,n]$ の形の区間に対応する $\mathcal{B}$ の部分集合によって与えられることもわかる．また，バーコードからは，さまざまなホモロジー群 $H_k(U_i)$ のホモロジー元についての情報が得られる．ベクトル空間 $\bigoplus_i H_k(U_i)$ の基底は，ある i について $[0,i]$ の形のバーと一対一に対応する．$[0,n]$ の形のバーに対応するこれらの基底の部分集合は，基底 $\mathcal{B}$ の部分集合 $\mathcal{B}_0$ に写す元からなる．以上により，$\mathcal{U}$-小である元からなる部分空間の基底が特定され，さらに類の起源が決定された．

2 点注意しておこう．まず，単体複体ではなく，より一般的な位相空間や，自然な単体構造を備えていない空間が得られる状況にときどき遭遇する．この場合，より一般的な空間と被覆を考慮した命題 4.65 に対応するものがあり，それは Segal (1968) で紹介され，議論されている．この命題 4.65 の対応物は，単体ホモロジーの代わりに特異ホモロジーを用いて同様の解析ができる．上記のフィルトレーション (4.2) の中間段階を解析することもまた興味深い．ここで，被覆 $\mathcal{U}[k] = \{U_\alpha\}_\alpha$ を考えることができる．ただし，α は要素数 k の $\{0,\ldots,n\}$ に属するすべての集合 $\{s_1,\ldots,s_k\}$ の範囲を動き，$U_\alpha = U_{s_1} \cup \cdots \cup U_{s_k}$ である．直感的には，k 番目のフィルトレーションにおけるホモロジー類は $\mathcal{U}[k]$-小であると思われる．それが正しいとは限らないが，$\mathcal{U}[k]$-小であるホモロジー類が k 番目のフィルトレーションに存在することは正しいことがわかる．中間のフィルトレーションをより詳細に解析することで，より多くの情報が得られるはずである．

4.7　ホモトピー不変でない形状の認識

ホモロジーは，形状を識別するのに非常に有効な手法である．しかし，定性的とみなされる形状認識の問題には対応できない場面も多い．

図 4.11 に図示された空間を考えてみよう．左の空間は一点にホモトピー同値，すなわち可縮であるため，すべての正の次元でホモロジーが消失する．

確かにそのとおりではあるが，四つの「端」(四つの辺の先端の点) をもっていることに強い関心がある場合もあるだろう．場合によっては，真ん中の形は円とホモトピー同値であるが，角があることに関心があるかもしれない．右の図形は区間に同相であるため，可縮である．一方，文字認識のような多くの形状認識問題に対しては，曲がっていることに関心がある場合もあるだろう．ホモロジーはホモトピー

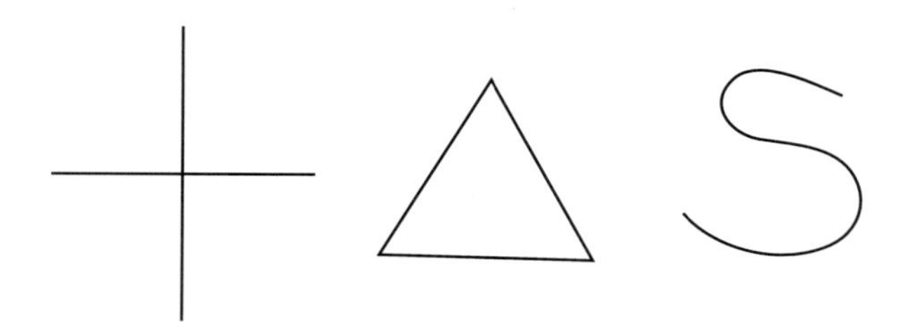

図 4.11 ホモロジーで十分に記述できない形状.

不変量なので，これらの空間に直接ホモロジーを適用しても，我々が望むような形でそれらを区別する方法は得られない．この問題に対しては，いくつかの方法で対応することができる．

1. 劣位集合が可縮でないような空間上のフィルトレーションを構成することができる．そのフィルトレーションによりパーシステンスベクトル空間が得られ，そのバーコードには劣位集合の振る舞いが反映されている．
2. 注目している定性的挙動をそのホモロジーに反映させた補助空間を構成することができる．接線情報を利用して補助空間を構成する例については，この後に議論する．補助空間を用いることで，三角形と円の違いをホモロジーで検出することが可能である．
3. 補助空間を，それ自体にフィルトレーションが備わっているように構成できるので，パーシステントホモロジーによって，我々が関心をもつ特徴を検出することができる．

本節を通して，点群ではなく，位相空間を扱うことにする．したがって，ここでは慣例に従い，ホモロジーという用語を，特異ホモロジーの意味で用いることにする．後の節では，個別の状況における離散化手法をいくつか紹介する．

4.7.1 写像的パーシステンス

X を位相空間とし，$f : X \to \mathbb{R}$ を連続関数とする．$X(r) = f^{-1}((-\infty, r])$ とする．$r < r'$ のとき，$X(r) \subseteq X(r')$ であることに注意する．これらの空間にホモロジーを適用すると，バーコードが添付されたパーシステンスベクトル空間

$$\{H_k(X(r))\}_r$$

が得られる．これを X と関数 f に付与された**写像的パーシステンスバーコード**と

よぶ.

さまざまな場面で非常に便利な関数が，これから紹介する**離心率**である．距離関数のどんな値も一定値で抑えられる，という意味で有界な距離空間が与えられたとする．その距離関数の値の上限を δ とし，ここでは空間の**直径**とよぶことにする．各点 x について，集合 $\mathcal{D}(x) = \{d(x,y) | y \in X\}$ は有界で，$e(x)$ を $\sup_x \mathcal{D}(x)$ と定義する．$e(x)$ は，与えられた点から空間の中心までのおおよその距離を表すものである．我々が構成するパーシステンスベクトル空間では，まず周辺部の点の位相を導入したいので，

$$e^*(x) = \sup_x e(x) - e(x)$$

とすることが有用である．また，関数の値を 0 と 1 の間にあるように正規化することも有用である．すなわち，$\bar{e}(x)$ を

$$\bar{e}(x) = \frac{e^*(x) - \inf_x e^*(x)}{\sup_x e^*(x) - \inf_x e^*(x)}$$

と定義する．この構成により，可縮ではあるが，さまざまに異なる形状を区別することができる有用なバーコードが生成される．

▶例 4.66 ―― 図 4.11 の左側の空間について，つぎのような 0 次元バーコードを得る．

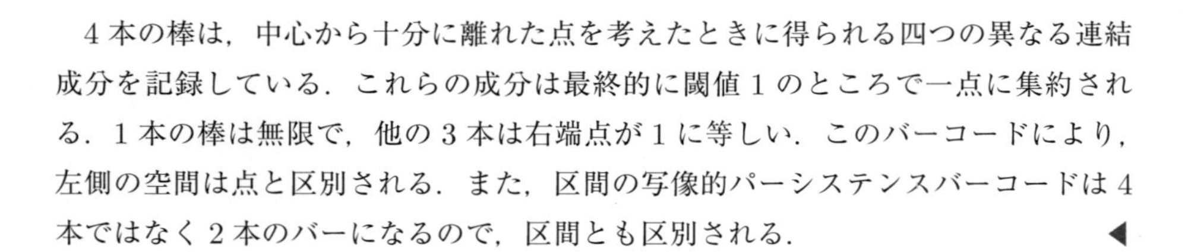

4 本の棒は，中心から十分に離れた点を考えたときに得られる四つの異なる連結成分を記録している．これらの成分は最終的に閾値 1 のところで一点に集約される．1 本の棒は無限で，他の 3 本は右端点が 1 に等しい．このバーコードにより，左側の空間は点と区別される．また，区間の写像的パーシステンスバーコードは 4 本ではなく 2 本のバーになるので，区間とも区別される． ◀

▶例 4.67 ―― 単位球と交差する $\mathbb{R}^3$ の三つの座標面の和を $\mathfrak{H}$ とする．単位球と $\mathfrak{H}$ の共通部分 $\mathfrak{H}^0$ は，三つの円の和であり，それぞれが他の二つと 2 点で交差している空間を与える．この手続きは，単体複体から $\mathfrak{H}^0$ への同相写像を用いることで簡単に行うことができる．ここで考えている単体複体は，集合 $\{(\pm 1, 0, 0),$

$(0,\pm1,0),(0,0,\pm1)\}$ と一対一に対応する六つの頂点をもつ．12 の辺があり，これは対蹠点ではないすべての頂点の組に対応している．頂点のペアは全部で 15 組あり，そのうち 3 組は対蹠の組で構成されているので，$15-3=12$ が残る．高次元の単体は存在しない．空間 $\mathfrak{H}^0$ が連結であることがわかるので，境界演算子の階数は 5 であり，したがってその核空間は 7 次元であることがわかる．このことから，1 次のベッチ数は 7 となる．このことは，左側の端点が 0 である棒が 7 本あることを意味する．さらに，空間が可縮になったことですべてのループが消滅する，すなわち 1 に到達するときまで，このベッチ数は持続することを示している．したがって，1 次元バーコードは，0 から始まり 1 で終わる 7 本のバーで構成される．この場合，0 次元バーコードは自明であることに注意する．すなわち，問題の空間はすべて連結なので，1 本の無限なバーからなる． ◀

▶例 4.68 ―― $\mathbb{R}^n$ の単位円板 D^n を考える．我々は，関数 $\bar{e}$（上記を参照）を自由に構成し，それに対する写像的パーシステンスを評価することができる．$n>1$ に対して，D^n の $(n-1)$ 次元バーコードは，$[0,1]$ の形の 1 本のバーを含むことがわかる．これは以下の理由による．$0<r<1$ の場合，$\bar{e}(x)\leq r$ となる点の空間は $(n-1)$ 次元球とホモトピー同値である．$r=0$ の場合は，$(n-1)$ 次元球そのものである．これら以外の場合は，n 次元円環の類似物であり，したがって $S^{n-1}\times I$（I は区間を表す）に同相である． ◀

写像的パーシステンスは，滑らかだが曲率の概念が異なるような対象の場合にも使うことができる．

▶例 4.69 ―― 文字「C」を文字「I」と区別する問題を考える．どちらの空間も平面上の曲線である．曲線上の任意の点での曲率 $\kappa(x)$ を計算し，写像的パーシステンスに利用することができるかもしれない．文字「I」は曲率をもたないので，その 0 次元のパーシステントホモロジーは，値 0 から始まる 1 本の長い無限なバーを含んでいる．しかし，文字「C」は任意の点で正の曲率をもっている．その 0 次元のパーシステントホモロジーも 1 本の棒で構成されるが，その文字の曲率の最小値である正の値から始まる． ◀

▶例 4.70 ―― 方程式

$$\frac{x^2}{a^2}+\frac{y^2}{b^2}=1$$

かつ $a \geq b$ で与えられる楕円を考える．微積分学で学んだことを用いれば，曲率の最大値と最小値を計算することができる．曲率は，点 $(\pm a,\ 0)$ で最大値 $\frac{a}{b^2}$（点 $(0,\ \pm b)$ で最小値 $\frac{b}{a^2}$）をとることがわかる．つまり，この楕円の0次元バーコードは，左側の端点が $\frac{b}{a^2}$ に等しい2本のバーからなり，一方のバーは無限で，他方のバーは $\frac{a}{b^2}$ で終わる．円という特殊な場合では，左側の端点を $\frac{1}{r}$ とする1本のバーになる．ここで，r は円の半径である．これは，楕円の空間が写像的パーシステンスで効果的にパラメーター付けされていることを意味する．二つの楕円は，平面上の剛体変換によって一方が他方に変換できる場合，同値とみなすことに注意する．◀

4.7.2　接複体

図4.11の中央の三角形を見ると，三角形と円（同相なので同じホモロジーをもつ）の一つの違いは，円には角がないが，三角形には角があることであると気づく．本項の目的は，角の存在を反映したホモロジーをもつ補助空間を構成することである．この構成は，$\mathbb{R}^n$ に滑らかに埋め込まれた k 次元部分多様体 M の接束の構成（Milnor & Stasheff 1974 を参照）が動機になっている．この構成では二つの新しい多様体が生成される．一つは $2k$ 次元をもった**接束**で，一般に M 上の**ベクトル束**とよばれる．もう一つは $2k-1$ 次元をもった**単位接束**で，これは M 上の S^{k-1}-束である．これらの構成の全容については，Milnor & Stasheff (1974) を参照してほしい．これから扱うのは，$\mathbb{R}^n$ の部分空間で，滑らかな部分多様体でないものなので，構成をつぎのように一般化しておく．

定義 4.71　X を $\mathbb{R}^n$ の任意の部分集合とする．$T^0(X) \subseteq X \times S^{n-1}$ をつぎのように定義する．

$$T^0(X) = \left\{ (x, \zeta) \;\middle|\; \left| \lim_{t \to 0} \frac{d(x + t\zeta, X)}{t} \right| = 0 \right\}$$

$T^0(X)$ は射影 $p : T^0(X) \to X$ を備えている．$T^0(X)$ を X の**接複体**とよぶ．

この構成は，Collins et al. (2004) および Carlsson et al. (2005a)，Carlsson et al. (2005b) で用いられており，幾何学的測度論 (Federer 1969) の**接錐**の概念と密接な関係がある．この構成を理解するために，まず，X が $\mathbb{R}^2$ の x 軸である場合を考えてみよう．X 上の各点に対して，$(x, \zeta) \in T^0(X)$ となるようなベクトル ζ の選び方は，$(1, 0)$ と $(-1, 0)$ の2通りの可能性がある．前者は x 軸の正方向の単位接線，

後者は x 軸の負方向の単位接線に対応する．したがって，$T^0(X)$ は正と負の 2 本の線から構成される．つぎに，円 $X = S^1 \subseteq \mathbb{R}^2$ の場合を考えてみよう．この場合の $T^0(X)$ は再び S^1 の二つのコピー（時計回り方向と反時計回り方向）の非交和集合として分割されることがわかる．これらの場合のように，X が $\mathbb{R}^2$ の滑らかな部分多様体となっている場合，実際には $T^0(X)$ は X 上の S^0-束であり，$T^0(X) \cong X \times S^0$ が成り立つ．もちろん，S^0 は 2 点からなる．滑らかでない部分多様体や多様体でない集合の場合，$T^0(X)$ はより興味深く，有用なものになる可能性がある．たとえば，文字「U」と「V」を区別する問題を考えてみよう．文字「U」を平面上の滑らかな曲線，たとえば集合 $X_U = \{(x, y) \mid x^2 + (y-1)^2 = 1, 0 \leq y \leq 1\}$ として考えることができる．一方，文字「V」は，集合 $X_V = \{(x, y) \mid |x| = |y|, 0 \leq y \leq 1\}$ で表すことができる．X_U は $\mathbb{R}^2$ の滑らかな部分多様体であり，$T^0(X_U)$ は上で調べた場合と同様に，二つの異なる成分に分かれることがわかる．一方，X_V は図 4.12 に示すように四つの成分に分かれる．ポイントは，実は点 $(0, 0)$ で四つの接線方向があることである．

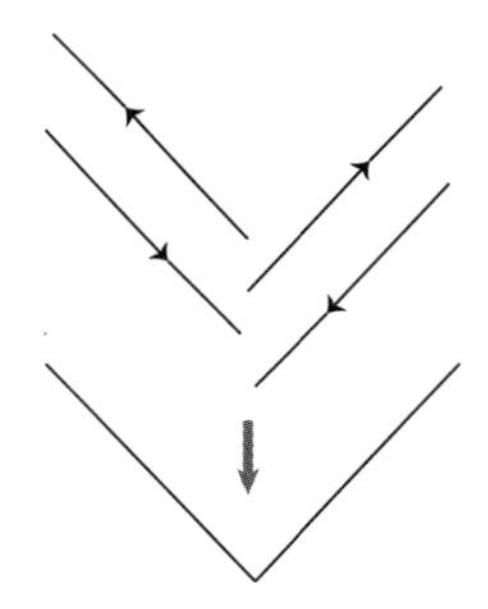

図 4.12 文字「V」の接複体．グレーの矢印は接複体から文字「V」自体への射影を示す．

別の例として，円の接複体は二つの交わらない円から構成されるが，図 4.11 の三角形の接複体は六つの交わらない区間からなる．文字「V」の場合も三角形の場合も，0 次元ホモロジーを使って連結成分の数を検出することができる．

▶例 4.72 —— $\{(x, y, z) \mid x^2 + y^2 - z^2 = 0, z > 0\}$ によって与えられる錐を考える．$(0, 0, 0)$ 以外の点では，接空間が平面であるため，単位接空間は円になる．しかし，原点では接空間は 2 次元であり，正確には 2 次元のトーラス $S^1 \times S^1$ である．この場合の全接複体は積空間 $[0, +\infty) \times S^1 \times S^1$ に同相である．空間 $[0, +\infty)$

は境界の一つの成分で閉で，他の成分で開である区間と考えることができる．もし錐点が滑らかであれば，接複体は $\mathbb{R}^2 \times S^1$ になる．ホモロジーを用いれば，錐点が滑らかな場合とそうでない場合を確実に区別できる．たとえば，錐の場合（錐点が滑らかでない場合），接複体は消失しない2次元ホモロジーをもつが，錐点が滑らかな場合，その複体は円とホモトピー同値であるため，2次元ホモロジーをもたない．この構成は，代数幾何学でおなじみの**ブローアップ**の構成の例 (Hartshorne 1977) である． ◀

4.7.3 点群に対する写像的パーシステンス

多くのデータセットに素朴にパーシステントホモロジーを適用すると，長い区間を含まないつまらないバーコードが生成されることがしばしばある．この理由は，データセットにはしばしば，すべてとつながっている中心核があるからである．図4.13のデータセットでは，中心核があり，そこから3方向に「炎」が吹き出しているように見える．

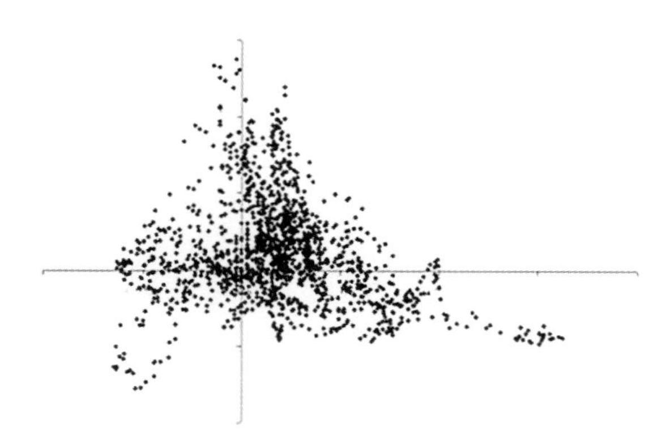

図4.13 http://macromarketmusings.blogspot.com/2007/09/tradeoff-between-output-price-stability.html より．

これは一見すると，「T」あるいは「Y」のような形をしているが，これらの空間は可縮なのでホモロジーが消え，したがってその形状の様相をホモロジー的な手法で捉えることは期待できないだろう．同様に，高次元空間の平面に沿ったデータセットを見ていたとしても，平面も可縮であるため，ホモロジーでその事実を捉えることは期待できない．4.7.1項における写像的パーシステンスの議論は，位相空間に対して用いられた技術が点群の設定へ適用できる可能性があることを示唆している．以下はその定義である．

定義 4.73［点群に対する写像的パーシステンス］ X を有限距離空間とし，$f: X \to \mathbb{R}$ を非負実数値関数とする．また，正の実数 ρ を選ぶことにする．このとき，**スケール ρ をもつ f-フィルトレーション付き単体複体**とは，単体複体の増加族

$$\{\mathrm{VR}(f^{-1}([0,R]),\rho)\}_R$$

のことである．ここで，R は閾値パラメータであり，空間 $f^{-1}[0,R]$ は R の増加とともに大きくなる．この構成は，f の劣位集合のトポロジカルな性質を反映した独自のパーシステンスバーコードをもつことになる．このパーシステンス図の作成方法を，**点群に対する写像的パーシステンス**とよぶことにする．

注意 4.74 もちろん，一般に ρ をどう選ぶかは明らかではない．データセットを検証することで，適切なスケールの見当がつき，有用な情報が得られることもある．しかし，通常は，関数値とスケールを同時に符号化する 2 次元のプロファイルを作成するほうがはるかに良い．この問題を解決しうる多次元パーシステンスは，現在，この分野で研究されているものの一つである（Carlsson & Zomorodian 2009; Skryzalin & Carlsson 2017 を参照）．

4.7.1 項で構成された離心率関数 $\bar{e}$ は，有限距離空間に対して直接用いることができる．この関数は似たような性質を満たす関数族の一部であり，したがって特定のデータセットに対しては，この関数族のある関数が他の関数よりも識別力が高いこともあるだろう．この族は，あるデータ点で評価される**データ深度**とよばれる概念を測るさまざまな関数で構成されている．たとえば，

$$e_p(x) = \sum_{x' \in X} d(x,x')^p$$

で与えられる関数 e_p の族を考えてみよう．

ここでは，関数の小さな値よりも大きな値の振る舞いを見てみたい．このため，e_p を

$$\bar{e}_p = \frac{e_p^{\max} - e_p(x)}{e_p^{\max} - e_p^{\min}}$$

で与えられる関数 $\bar{e}_p$ で置き換えることにする．ここで，$e_p^{\max}$ と $e_p^{\min}$ は，X 上の

関数 e_p がとる最大値と最小値である．関数 $\bar{e}_p$ は $[0,1]$ 上の値をとり，0 と 1 の両方をとる．$p=+\infty$ の場合，4.7.1 項で紹介した関数 $\bar{e}$ が得られる．

▶例 4.75 ―― つぎの図のデータセットは，$\bar{e}_p$ の値によって濃淡が付けられており，$\bar{e}_p$ の値が低い場合は薄く，高い場合は濃くなっている．

R の値が小さい場合，$\bar{e}_p$ の劣位集合はつぎのように見える．

そして，0 次元バーコードは

という形になる．◀

▶例 4.76 —— 　このデータセットも $\bar{e}_p$ の値で濃淡を付けている.

R の小さな値に対して, $\bar{e}_p$ の劣位集合は

となる. この点群はほぼ円形なので, 1 次元バーコードは

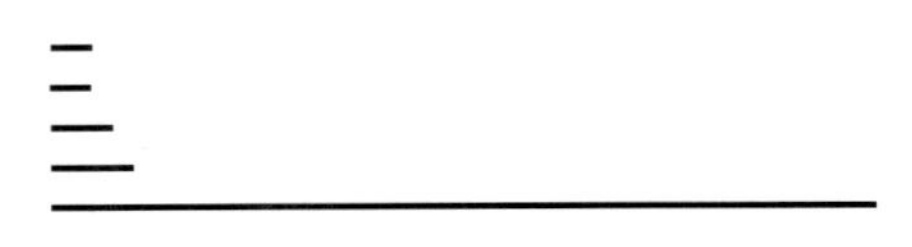

となる. ◀

どちらの例も,「中心から遠い」点の集合の振る舞いは, データセットの形状に対する興味深い特徴を示す. つまり, 一方はクラスターの集合で, 他方は円である.

データの研究に有用な関数のもう一つのクラスは, **密度推定量**である. すなわち, 2.8 節で紹介した有限距離空間の余密度関数のような, 密度の代わりに使える任意の関数の値である.「密度の高い点は, 低い点よりも早く取り込みたい」と考え

るのが普通なので，データセットの密度関数 ρ に対して，パーシステンスパラメータとして関数

$$\xi(x) = \frac{\rho_{\max} - \rho(x)}{\rho_{\max} - \rho_{\min}}$$

を用いる．ただし，$\rho_{\max}$ と $\rho_{\min}$ はそれぞれ $\sup_x \rho(x)$ と $\inf_x \rho(x)$ で，それら値は存在すると仮定する．有限距離空間では，これらの存在は明らかである．有限距離空間の場合，2.8 節で説明した k 番目の余密度 $\delta_k(x)$ は密度と反比例の関係にあり，パーシステンスパラメータに対して，

$$\eta(x) = \frac{\delta_k(x) - \delta_k^{\min}}{\delta_k^{\max} - \delta_k^{\min}}$$

という関数を用いることになる．密度に関係したこれらの関数から，密度関数についての有用な情報が得られる．例として，図 4.14(a) の画像に描かれている実数直線上の密度関数を考えてみよう．

上で定義した関数 ξ の 0 次元パーシステンスバーコードは，2 本のバーを含む．それらはどちらも値 0 から始まるが，一方は無限に続き，もう一方は $\frac{1}{2}$ 付近で終わる．バーコードは密度関数の優位集合の成分を追跡しており，この関数の値が 0 のときに集合内に連結成分が二つ存在することは明らかである．二つの連結成分は，ξ の範囲の真ん中辺りで合流して一つになる．同様に，図 4.14(b) に示した分布からも，4 本のバーが生成される．1 本は 0 から始まって無限に続き，他の 3 本はある小さな正の値で始まって，ある大きな正の値で終わる．これは，0 次元パーシステンスバーコードが**モード**，すなわち密度関数の極大値の検出に利用できることを示している．

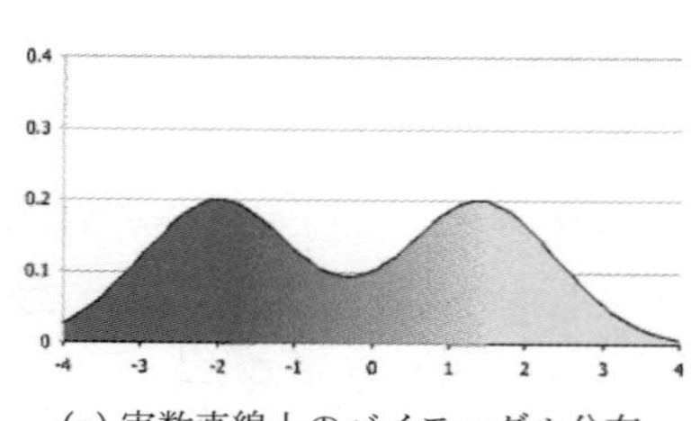

(a) 実数直線上のバイモーダル分布

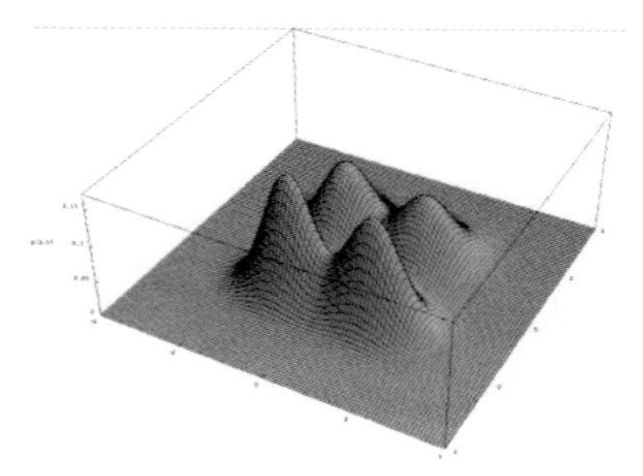
(b) 平面上のマルチモーダル分布

図 4.14 https://en.wikipedia.org/wiki/Multimodal_distribution から得られた画像．(a) は CC BY-SA 3.0 に基づき公開されている．

密度関数は，全体が極大値となっている空間が存在するくらい複雑になることもある．たとえば，確率密度関数が

$$\frac{1}{1+d(\vec{x},S^1)^2}$$

に比例する平面上の確率分布があるとする．ここで，S^1 は単位円である．この場合，円全体が確率密度関数の最大値で構成される．したがって，密度関数の興味深い性質が見られるのは，0 次元パーシステンスバーコードではなく，1 次元パーシステンスバーコードである．

4.8　ジグザグパーシステンス

パーシステンス対象（集合，ベクトル空間など）は，$r \leq r'$ であれば，パラメータ値 r をもつ対象からパラメータ値 r' をもつ対象への射をもつ，非負の実数によるパラメータ付きの対象の集まりとして定義される．パーシステンス対象を非負整数の格子に限定すると，パーシステンス対象は，すべての $n \geq 0$ に対して対象 X_n と射 $X_n \to X_{n+1}$ による図式

$$X_0 \to X_1 \to X_2 \to \cdots \to X_n \to \cdots$$

とみなすことができる．整数に限定したパーシステンス対象は，大雑把にいえば，形状

をもつ対象の図式と同値である．ただし，頂点は対象（集合，ベクトル空間，単体複体，…）で，矢印はある対象から他の対象への射を示す．そのため，この図式は無限**箙**（えびら）**図式**（Derksen & Weyman 2005）である．有向グラフ Γ を箙 (quiver) とよび，体 $\Bbbk$ 上の Γ の表現は，Γ の各頂点 v に $\Bbbk$-ベクトル空間 V_v を，頂点 v から w への各辺 e に $\Bbbk$-線形写像 $L_e : V_v \to V_w$ を割り当てたものである．Γ の表現も**形状 Γ の図式**とよぶことにしよう．そうすると，形状の図式として以下のようなものも考えられる．

これはちょうど，i が偶数のときは射 $X_i \to X_{i+1}$，i が奇数のときは射 $X_{i+1} \to X_i$ をもつ非負の整数でパラメータ付けされた対象の族に対応する．このような $\mathbb{k}$-ベクトル空間（$\mathbb{k}$ は体）の図式を**ジグザグパーシステンスベクトル空間**とよぶことにする．ジグザグパーシステンスベクトル空間は，さまざまな方法で生成される．

▶例 4.77 ―― 非常に大きな有限距離空間 X，具体的には，その大きさのためにヴィートリス - リップス複体を使ってパーシステントホモロジーの計算することができないくらいのものを考える．X を直接扱う代わりに，X からより小さなサンプル $\{S_i\}$ をたくさんつくり，これらの計算結果がどれだけ整合しているかを確認してみよう．ここで注目したいのは，このようなサンプルの族があれば，閾値パラメータ R を固定し，すべての i に対して $\mathrm{VR}(S_i, R)$ を構成できるということである．これらの複体から生じる計算結果の整合性を評価したいので，和集合 $S_i \cup S_{i+1}$ を構成する．包含写像 $S_i \hookrightarrow S_i \cup S_{i+1}$，$S_{i+1} \hookrightarrow S_i \cup S_{i+1}$ があることに注意する．これらの写像はヴィートリス - リップス複体上の写像を誘導し，そのヴィートリス - リップス複体にホモロジーを適用すると，$\mathbb{k}$-ベクトル空間 $V_i = H_j(\mathrm{VR}(S_i, R))$，$V_{i,i+1} = H_j(\mathrm{VR}(S_i \cup S_{i+1}, R))$ を得る．ここで，包含写像によって，

$$V_0 \to V_{0,1} \leftarrow V_1 \to V_{1,2} \leftarrow V_2 \to V_{2,3} \leftarrow V_3 \to \cdots$$

の形をした図式が得られる．計算結果の整合性は，直感的には，$V_{i,i+1}$ における x_i と x_{i+1} の像が同じ非ゼロ類にあるような類 $x_i \in V_i$ と $x_{i+1} \in V_{i+1}$ の存在，より一般には，$x_i \in V_i$ で，すべての i について $V_{i,i+1}$ の x_i と x_{i+1} の像が同じ非零元に等しいような類の列 $\{x_i\}$ の存在によって測ることができる． ◀

▶例 4.78 ―― 単体複体 X と，X から実数直線の非負部分への単体写像が与えられたとする．ここで，この実数直線の非負部分は頂点集合を非負の整数とし，辺を $[n, n+1]$ の形の閉区間とするように三角形分割されている．すると，$f^{-1}(n)$ と同様に，部分複体 $f^{-1}([n, n+1])$ を形成することができる．このとき，

$$f^{-1}(0) \to f^{-1}([0,1]) \leftarrow f^{-1}(1) \to f^{-1}([1,2])$$
$$\leftarrow f^{-1}(2) \to f^{-1}([2,3]) \leftarrow f^{-1}(3) \to \cdots$$

という図式を得る．この図式の頂点に基づく複体のホモロジーだけを計算し，その計算から複体全体のホモロジーを抽出する手順があれば，ホモロジー計算をより細

かく並列化することが可能になる．そうなれば非常に喜ばしい． ◀

▶**例 4.79** ―― ウィットネス複体の議論では，距離空間 X からランドマーク集合 $\mathcal{L}$ を選び，ある複体 $W(X, \mathcal{L}, \epsilon)$ を計算したが，この複体にはいくつかの種類があった．一般に，X のパーシステントホモロジーがどれだけ正確にウィットネス複体で捉えられるかを評価することは難しい．正確さを示す一つの手段は，ランドマークの異なる選択の整合性を評価することである．このために，ランドマーク集合 $(\mathcal{L}_1, \mathcal{L}_2)$ の組を入力とした 2 変量版の C^{V}-構成を構成した（4.3.4 項）．これを $W(X, (\mathcal{L}_1, \mathcal{L}_2), \epsilon)$ と表す．この構成では，複体 $W(X, \mathcal{L}_1, \epsilon)$ と $W(X, \mathcal{L}_2, \epsilon)$ へのそれぞれ自然な写像がある．ランドマーク集合 $\mathcal{L}_i$ の集まりが与えられたとすると，ウィットネス複体の図式

$$\begin{array}{l} W(X, \mathcal{L}_1, \epsilon) \leftarrow W(X, (\mathcal{L}_1, \mathcal{L}_2), \epsilon) \rightarrow W(X, \mathcal{L}_2, \epsilon) \hookleftarrow \\ \quad \hookrightarrow W(X, (\mathcal{L}_2, \mathcal{L}_3), \epsilon) \rightarrow W(X, \mathcal{L}_3, \epsilon) \leftarrow \cdots \end{array}$$

が得られる．これにホモロジーを適用した後，例 4.77 のように再び整合的な族を求めることができる． ◀

体 $\Bbbk$ 上のジグザグパーシステンスベクトル空間には，通常のパーシステンスの場合と類似の分類定理がある．

定義 4.80 定義 4.44 にあるような $\Bbbk$-ベクトル空間の族からなるジグザグパーシステンス $\Bbbk$-ベクトル空間 $V_\bullet$ が**巡回的である**とは，$m \leq i \leq n$ で $V_i = \Bbbk$，$i < m$ または $i > n$ で $V_i = \{0\}$ であり，かつ $m \leq i \leq i+1 \leq n$ ならば射 $V_i \rightarrow V_{i+1}$ または $V_{i+1} \rightarrow V_i$ は $\Bbbk$ 上の恒等写像であるときをいう．

例はつぎのようなものである．

$$0 \rightarrow \Bbbk \xleftarrow{\mathrm{id}} \Bbbk \xrightarrow{\mathrm{id}} \Bbbk \leftarrow 0 \rightarrow 0 \leftarrow \cdots$$

ここで，id は $\Bbbk$ からそれ自身への恒等写像である．各巡回的ジグザグパーシステンスベクトル空間は，図式の直和として表現することができないという意味で，**直既約** (indecomposable) である．この空間は，整数端点をもつ区間 $[m, n]$ によってパラメータ付けされることに注意する．$[m, n]$ に属する整数に対してぴったり非ゼロとなる巡回的 $\Bbbk$-ベクトル空間を $V[m, n]_\bullet$ と表記する．つぎのような命題 4.51 の

類似がある.

定理 4.81 ジグザグパーシステンス $\mathbb{k}$-ベクトル空間 $V_\bullet$ が**有限型**であるとは, (a) 各ベクトル空間 V_i は有限次元であり, (b) 十分に大きな i に対して $V_i = \{0\}$ であるときをいう. このとき, 有限型のジグザグパーシステンス $\mathbb{k}$-ベクトル空間 $V_\bullet$ に対して, 整数の組 (m_i, n_i) が存在して, 同型写像

$$V_\bullet \cong \bigoplus_i V[m_i, n_i]_\bullet \tag{4.4}$$

が存在する. この分解 (4.4) は, 直和因子の並び替えを除いて一意である.

この定理の内容は,「ジグザグパーシステンスベクトル空間の同型類について, バーコードにおける区間が整数であることを除けば, 通常のパーシステンスベクトル空間と同様のバーコードによる記述が存在する」ということである. この定理は P. Gabriel (1972) によってはじめて証明され, Carlsson & de Silva (2010) では計算上の問題の観点から議論された. この結果は, 例 4.77 と例 4.79 に適用することができる. バーコード分解で長いバーの存在は, そのバーで決まる区間内のすべてのベクトル空間で整合性のある元が存在することを意味する. 例 4.78 では, ジグザグ構成により, 複体全体のホモロジーを計算するための, 非常に効率的で並列化可能な方法を得ることができる. このような考え方は, Carlsson & de Silva (2010) や Carlsson et al. (2009) で議論されている.

4.9 多次元パーシステンス

パーシステントホモロジーの計算でよく出てくる問題の一つに, 少数の外れ値の存在によって構造がよくわからなくなってしまうことがある. 以下の図の例は示唆に富んでいる.

主な構造はループからのサンプリングで得られているが, ループの内部には多くの外れ値が存在することに注意しよう. このデータセットから構築された単体複体のホモロジーは, 外れ値どうしや外れ値とループ上の点との間が短い辺によりつながることで, すぐに円盤を埋めてしまうため, ループという構造をはっきりと反映することはない. これを改善するためには, 内部の外れ値を原理的に除去する方法を見つけなければならない. 効果的な方法として知られているのは, 密度を測るこ

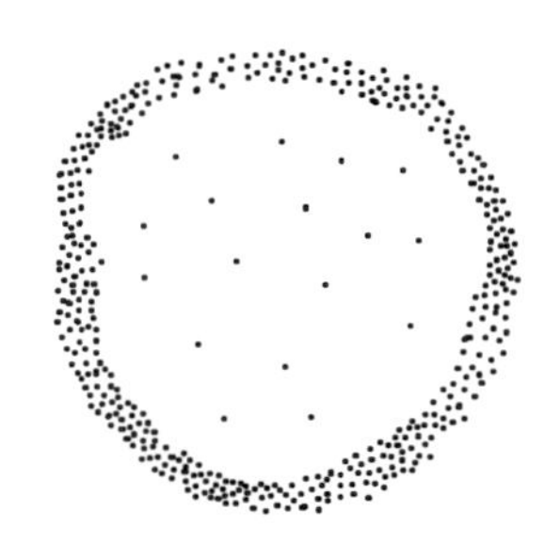

とである．なぜなら，多くの密度測定では，外れ値の密度はループ上の点の密度よりもはるかに低いからである．したがって，密度を測って，たとえば 90% の高密度をもつ点を選べば，ループそのものを効率的に選んでいることになる．しかし，この閾値の選び方は恣意的である．したがって，スケールパラメータのすべての閾値にわたってホモロジー群のプロファイルを保持することを選んだように，密度の値についても同じようなプロファイルをつくることができるかもしれない．

パーシステントホモロジーに関するもう一つの問題は，すでに 4.7.3 項で明らかにされている．そのときは，データセット上の非負実数値関数 f とスケールパラメータ ρ を**固定して**，単体複体の増加族 $\{\mathrm{VR}(f^{-1}([0,R]),\rho\}_R$ を構成した．これらの複体により，パーシステントホモロジーを直接適用するだけでは捉えられないデータセットのトポロジカルな特徴を調べることができるが，この複体を用いるにはスケールパラメータを選択しなければならない．ρ には普遍的もしくは自然な選択はないので，R と ρ の両方の変化を同時に捉えることが非常に望ましいと思われる．

これらの考察から，つぎのような定義を行う．$\mathbb{R}_+ = [0,+\infty)$ とし，$\mathbb{R}^n$ 上の半順序を，$(r_1,\ldots,r_n) \leq (r'_1,\ldots,r'_n)$ であるのは，すべての $1 \leq i \leq n$ に対して $r_i \leq r'_i$ のとき，またそのときに限る，と定義する．

定義 4.82　体 $\mathbb{k}$ 上の **n-パーシステンスベクトル空間**とは，$\vec{r} \leq \vec{r}'$ ならば線形写像 $L(\vec{r},\vec{r}'): V_{\vec{r}} \to V_{\vec{r}'}$ があり，$\vec{r} \leq \vec{r}' \leq \vec{r}''$ ならば

$$L(\vec{r}',\vec{r}'')L(\vec{r},\vec{r}') = L(\vec{r},\vec{r}'')$$

が満たされるものを伴う，$\mathbb{k}$-ベクトル空間の族 $\{V_{\vec{r}}\}_{\vec{r}\in\mathbb{R}^n}$ のことである．n-パーシステンスベクトル空間の線形写像と同型写像は自然に定義される．

n-パーシステンスベクトル空間について，1-パーシステンス（すでに議論した通常のパーシステンスのこと）で利用できるバーコードやパーシステンス図の表現に類似した，同型類の端的な表現があることを期待してもよいかもしれない．しかし，つぎのような理由から，それは不可能であることがわかる．Zomorodian & Carlsson (2005) で観察されたように，通常のパーシステンスベクトル空間は，次数付き環 $\mathbb{k}[t]$ 上の次数付き加群の分類と多くの共通点がある．実際，通常のパーシステンスにおけるスケールパラメータ r の定義域を整数格子 $\mathbb{Z}_+ \subseteq \mathbb{R}_+$ に制限すれば，そのような制限されたパーシステンスベクトル空間の分類は，次数付き $\mathbb{k}[t]$-加群の分類と同一である．同様に，Carlsson & Zomorodian (2009) では，パラメータ集合を $\mathbb{Z}_+^n$ に限定した n-パーシステンスベクトル空間の同型類が，n-次数付き環 $\mathbb{k}[t_1, \ldots, t_n]$ 上の n-次数付き加群の分類と同一であることが示された．代数幾何学では，2 変数以上の多項式環上の加群の分類が，1 変数の場合とは根本的に異なることがよく理解されている．とくに，次数付き 1 変数多項式環では，同型類の集合のパラメータ付けは基礎体 $\mathbb{k}$ に依存しないが，2 変数以上の多次数付き多項式環ではこれが成立しない．実際，2 変数以上に対する分類には通常，離散集合ではなく，構造をもった空間が必要である．これらの問題が示唆することは，n-パーシステンスベクトル空間の同型類の完全な分類を扱うという理想は捨てて，その空間の有用で興味深い性質を測ることができるような，有用な不変量を開発すべきだ，ということである．

不変量を求める一つの方法として，5.2 節で定義される関数を用いる方法がある．それらには，明示的なバーコード表現を得ることなく解釈できるものがあることがわかる．任意の有限表示パーシステンスベクトル空間 $\{V_r\}_r$ に対して，V に付与される二つの関数，$\Delta_V : \mathbb{R}_+ \to \mathbb{R}_+$ と $\rho_V : \mathbb{R}_+^2 \to \mathbb{R}_+$ をそれぞれつぎのように定義する．

$$\Delta_V(r) = \dim(V_r),$$

$$\rho_V(r, r') = \mathrm{rank}(L(r, r'))$$

▶例 4.83 —— 5.2 節において定義される $\sum_i (y_i - x_i)$ で与えられる関数 τ_{10} を考える．容易に確認できるように，有限のバーコードに対して，

$$\tau_{10}(x_1, y_1, \ldots, x_n, y_n) = \int_{\mathbb{R}_+} \Delta_V(r) dr$$

という式が成り立つ. ◀

▶**例 4.84** —— また,

$$\frac{1}{2}(\tau_{10}^2 - 2\tau_{20}) = \frac{1}{2}\sum_i (y_i - x_i)^2 = \iint_{\mathbb{R}_+^2} \rho_V(r, r')drdr'$$

を示すこともできる. ◀

▶**例 4.85** —— さらに,

$$\tau_{11} = \int_{\mathbb{R}_+} r\Delta_V(r)dr$$

も得られる. ◀

いずれの積分にも, 明示的なバーコード分解は含まれていない. これらの積分は, 空間 V_r の次元と線形写像 $L(r, r')$ の階数に関する情報のみに依存するのである. これにより, Δ_V と ρ_V が n-パーシステンスの設定での直接的な対応物であり, それらを（今回はそれぞれ $\mathbb{R}_+^n$ と $\mathbb{R}_+^{2n}$ 上で）積分すると, 多次元の設定において少なくともこれらの不変量の類似物が得られる, ということがわかる. 多次元パーシステンスベクトル空間の不変量の研究は, 現在も進行中である. ここでのアプローチは, Skryzalin & Carlsson (2017) で詳細に研究されている.

第5章
バーコードの空間上の構造

5.1 バーコード空間における距離

ここまでは，任意の有限距離空間に，パーシステンスバーコードまたはパーシステンス図の族を付随させてきた．ヴィートリス - リップス複体は計算が非常に簡単なので，とくに断らない限り，ここからはヴィートリス - リップス複体のパーシステンスバーコードを標準的に使用する．パーシステンスバーコードの理解すべき重要な性質の一つは，データに（適切な意味での）小さな変化があったときにバーコードが変化する度合いである．どの程度変化するかというような問いに答えを出すためにも，「バーコードの小さな変化」とは何を意味するのかを定義する必要があるだろう．そのために，バーコード間の**ボトルネック距離**を定義する†．まず，任意の区間 $I=[x_1,y_1]$ と $J=[x_2,y_2]$ の組に対して，これらの区間を $\mathbb{R}^2$ における順序対とみなして，$\Delta(I,J)$ を両者の ℓ^∞-距離，すなわち $\max(|x_2-x_1|,|y_2-y_1|)$ と定義する．また，与えられた区間 $I=[x,y]$ に対して，$\lambda(I)$ を $\frac{y-x}{2}$ と定義する．ここで，$\lambda(I)$ は I に最も近い $[z,z]$ の形をした区間までの ℓ^∞-距離である．区間の二つの族 $\mathbb{I}=\{I_\alpha\}_{\alpha\in A}$，$\mathbb{J}=\{J_\beta\}_{\beta\in B}$ が与えられたとすると，有限集合 A，B と，部分集合 $A'\subseteq A$ から $B'\subseteq B$ への任意の全単射 θ について，θ の**ペナルティ** $P(\theta)$ を

$$P(\theta)=\max\left\{\max_{a\in A'}(\Delta(I_a,J_{\theta(a)}),\ \max_{a\in A-A'}(\lambda(I_a)),\ \max_{b\in B-B'}(\lambda(J_b))\right\}$$

と定義する．このとき，ボトルネック距離 $d_\infty(\mathbb{I},\mathbb{J})$ を

$$\min_\theta P(\theta)$$

と定義する．ただし，最小値は，A の部分集合から B の部分集合へのすべての可能な全単射に対してとられる．これがバーコードの集合上の距離関数になっていることは容易に確認できる．

---

† ［訳注］4.5.5 項のボトルネック距離の定義と同値である．

注意 5.1 ボトルネック距離 d_∞ は，実際，ワッサーシュタイン距離とよばれる距離の族 d_p の $p=\infty$ バージョンである．距離 d_p は，

$$P_p(\theta)=\sum_{\alpha\in A'}\Delta(I_\alpha, J_{\theta(\alpha)})^p+\sum_{\alpha\in A-A'}\lambda(I_\alpha)^p+\sum_{\beta\in B-B'}\lambda(J_\beta)^p$$

で与えられるペナルティ関数 P_p によって，$d_p(\mathbb{I},\mathbb{J})=(\min_\theta P_p(\theta))^{1/p}$ と定義される．d_p を **p-ワッサーシュタイン距離**とよぶ．

これで，「バーコードが近い」という言葉の意味が定義ができた．また，二つのコンパクトな距離空間が近いことを意味する概念として，Burago et al. (2001) ではじめて定義された**グロモフ-ハウスドルフ距離**がある．それはつぎのように定義されている．Z を任意の距離空間とし，X と Y を Z の二つのコンパクトな部分集合とする．このとき，X と Y の間の**ハウスドルフ距離** $d^{\mathrm{H}}(X,Y)$ は，量

$$\max\left\{\max_{x\in X}\min_{y\in Y}d_Z(x,y),\max_{y\in Y}\min_{x\in X}d_Z(x,y)\right\}$$

で定義される．

任意の二つのコンパクトな距離空間 X と Y に対して，X と Y のすべての同時等長埋込み写像の族 $\mathcal{I}(X,\ Y)$ を考えよう．$\mathcal{I}(X,Y)$ の要素は，Z を距離空間，i_X と i_Y をそれぞれ X と Y の Z への等長埋込み写像とする，三つ組 (Z,i_X,i_Y) である．ここで，X と Y のグロモフ-ハウスドルフ距離は，$d^{\mathrm{H}}(\mathrm{Im}(i_X),\mathrm{Im}(i_Y))$ の $\mathcal{I}(X,Y)$ 上での下限と定義される．これは，すべてのコンパクトな距離空間の集まりに対する距離を与えることが知られている．また，計算が非常に困難であることも知られている．Chazal et al. (2009) において，以下が証明されている．

定理 5.2 非負の整数 k を固定し，すべての有限距離空間のなす距離空間を $\mathcal{F}$ とし，$\mathbb{B}$ をすべてのパーシステンスバーコードの集合とする．そして，各有限距離空間に k 次元のホモロジーバーコードを割り当てる関数を $\beta_k:\mathcal{F}\to\mathbb{B}$ とする．このとき，β_k は距離非増加である．

この結果は，データのある程度の変化が結果にどのような影響を与えるかについての保証を与えるだけでなく，グロモフ-ハウスドルフ距離の下界の，非常に一般的で簡単な計算を与える点で興味深いものである．

写像的パーシステンス，もしくはその類似に対しても，安定性に関する結果が知られている．定義 4.73 では，距離空間の点上の関数，あるいは同値なことだが，

そのヴィートリス－リップス複体の頂点上の関数を用いて，写像的パーシステンスを定義した．任意の位相空間 X と実数値連続関数 $f : X \to \mathbb{R}$ に対して，付随したパーシステンスベクトル空間 $\{H_i(f^{-1}((-\infty, r]))\}_r$ を定義することもできる．この構成は，上記の単体複体の構成に非常に近い．実際，単体複体の頂点集合上の実数値関数は，単体複体の幾何学的実現上の連続関数に自然な形で拡張できる．点の**重心座標**に基づいて頂点の値の加重和を計算し，得られた値を使えばよい．関数の小さな変化は，付随するパーシステンスバーコードの小さな変化のみをもたらすはずだろう．これから述べる結果は，Cohen-Steiner et al. (2007) および Cohen-Steiner et al. (2010) で見られる．

この結果を述べるために，いくつかの定義が必要である．X を位相空間とし，$f : X \to \mathbb{R}$ を X 上の実数値関数とする．すべての非負整数 k，$a \in \mathbb{R}$，$\epsilon \in (0, +\infty)$ に対して，誘導写像

$$j = j_{k,a,\epsilon} : H_k(f^{-1}(-\infty, a - \epsilon]) \to H_k(f^{-1}(-\infty, a + \epsilon])$$

がある．a が f の**ホモロジカル臨界値**であるとは，十分に小さい ϵ に対して，$j_{k,a,\epsilon}$ が**同型にならない**ような k が存在するときをいう．さらに，関数 f が**テイム**であるとは，有限個のホモロジカル臨界値をもち，ホモロジー群 $H_k(f^{-1}(-\infty, a])$ がすべての $k \in \mathbb{N}$ と $a \in \mathbb{R}$ に対して有限次元であるときをいう．この条件は，たとえば閉多様体上のモース関数（Milnor 1963 を参照）や有限単体複体上の区分的線形関数に対しても成り立つので，これから述べる結果は非常に一般的な状況で適用可能である．以下の定理は，Cohen-Steiner et al. (2007) で証明されている．

定理 5.3 X を単体複体に同相な任意の空間とし，$f, g : X \to \mathbb{R}$ がテイム連続関数であるとする．このとき，パーシステンスベクトル空間 $\{H_k(f^{-1}(-\infty, r])\}_r$ と $\{H_k(g^{-1}(-\infty, r])\}_r$ は有限表示であり，したがって，各 $k \in \mathbb{N}$ に対してバーコードによる記述が可能である．また，これらのパーシステンスベクトル空間を $\beta_k f$，$\beta_k g$ と表すと，任意の k に対して，

$$d_\infty(\beta_k f, \beta_k g) \leq \|f - g\|_\infty$$

が成り立つ．

さらに，Cohen-Steiner et al. (2010) において，p が有限である場合のワッサー

シュタイン距離 d_p の安定性，すなわち，関数 β_k に対するリプシッツ性の存在が証明された．

5.2 バーコード空間の座標化と特徴生成

代数幾何学から得られる教訓の一つは，幾何学的構造におけるつぎのような**座標写像**が果たす基本的な役割である．ここで，座標写像とは，空間 $\mathbb{X}$ に対しては，連続写像 $\mathbb{X} \to \mathbb{Y}$ のことである．ただし，$\mathbb{Y}$ はより単純でよく理解できる空間である．

座標写像が重要なのは，我々がよく理解している対象を通して $\mathbb{X}$ の形状を見る方法が得られたり，$\mathbb{Y}$ のために開発されたツールを通して $\mathbb{X}$ を記述する情報を扱う方法が得られたりするからである．座標写像は，**特徴生成**の手順を記述する方法として捉えることができる．すなわち，適切な $\mathbb{Y}$ を選んで座標写像から特徴を生成すれば，それは機械学習や古典的な統計学の手法の入力として適用可能なのである．以下の項では，このような特徴生成のための座標化の方法をいくつか示す．そして，6.6 節で，それらを再び取り上げる．そこでは，ここで述べた方法を具体的に応用する．

5.2.1 対称多項式

無限集合を記述する一つの方法は，**代数多様体**の理論によって，すなわち実数，複素数，あるいは他の体上の方程式の解の集合として記述することである．この記述が可能であれば，大きな集合や無限集合が非常に簡潔に書ける．また，この方法は，多項式関数の定義域をその集合に制限することで，その集合上の関数環を生成する．ここからは，すべてのバーコードのなす集合に対する座標化モデル，および，その結果得られる関数環について議論しよう．

まず，n 個の区間または「バー」を含むバーコードの集合 $\mathbb{B}_n$ を考えてみる．各区間は，左側の端点 x と右側の端点 y の二つの座標で決定される．区間が n 個あれば，$2n$ 個の座標 $x_1, y_1, \ldots, x_n, y_n$ がある．困ったことに，バーコード空間では区間の順序が考慮されていないため，値を i 番目の座標そのものに割り当てることができない．この問題を回避する方法を理解するために，不変式論でよく知られた状況について議論する．

$\mathbb{R}^n$ を考え，Σ_n を集合 $\{1, \ldots, n\}$ の置換のなす群とする．また，$\mathbb{R}^n$ 上の多項式

関数の環 $A_n = \mathbb{R}[x_1, \ldots, x_n]$ を考える．ここでは，軌道の集合 $\mathbb{R}^n/\Sigma_n$（3.2.5 項で定義)，すなわち「順序の入っていない，実数の n-タプルの集合」，もしくはそれと同値な「サイズ n の多重集合の集まり」を座標化する方法について説明しよう．f が $\mathbb{R}^n$ 上の多項式関数で，すべての $\sigma \in \Sigma_n$ と $\vec{v} \in \mathbb{R}^n$ に対して $f(\sigma\vec{v}) = f(\vec{v})$ という性質をもつならば，軌道の集合上の関数として扱うことができる．群 Σ_n は環 A_n に作用し，元 $f \in A_n$ が軌道集合 $\mathbb{R}^n/\Sigma_n$ 上の関数であるのはすべての置換 $\sigma \in \Sigma_n$ の下で固定されるとき，またそのときに限る．すべての固定関数の集合（$A_n^{\Sigma_n}$ と表す）は，それ自体が環であり，非常に簡単な記述があることがわかる．

命題 5.4 環 $A_n^{\Sigma_n}$ は多項式環

$$\mathbb{R}[\sigma_1, \sigma_2, \ldots, \sigma_n]$$

と同型である．ここで，σ_i は

$$\sum_{s_1, s_2, \ldots, s_i} x_{s_1} x_{s_2} \cdots x_{s_i}$$

で与えられる i 次**基本対称関数**を表す．ここで，和は $\{1, \ldots, n\}$ の異なる元のすべての i-タプルにわたっている．

ここで，集合 $\mathbb{R}/\Sigma_n$ を記述する座標が得られた．同様に，集合 $\mathbb{B}_n$ に対する座標化は，x_i それ自身の間で，および y_i それ自身の間で並び替えする Σ_n の作用の下で固定される $\mathbb{R}[x_1, y_1, \ldots, x_n, y_n]$ の部分環として得られるであろう．これが関数環を与える．ただし，純粋な多項式環ではなく，**関係式**もしくは**シジジー** (syzygy) をもっている．この状況についての詳しい議論は Dalbec (1999) にある．この考え方を理解するために，まず，基本対称関数 $\sigma_i(\vec{x})$ と $\sigma_i(\vec{y})$ が確かに不変であり，関数環の充満多項式部分環[†]を生成することに注意する．$n = 2$ の場合に話を限定しよう．このとき，$\vec{x}$ と $\vec{y}$ に適用される基本対称関数では表現できない別の関数 $\xi = (x_1 y_1 + x_2 y_2)$ が存在する．ここで，

$$\xi^2 - \sigma_1(\vec{x})\sigma_1(\vec{y})\xi + \sigma_1(\vec{x})^2\sigma_2(\vec{y}) + \sigma_2(\vec{x})\sigma_1(\vec{y})^2 - 4\sigma_2(\vec{x})\sigma_2(\vec{y}) = 0$$

という代数的な関係式が存在することがわかる．少し考えてみると，この関係式は 4 次元のアフィン空間ではなく，一つ以上の代数方程式で切り取られた高次元空間

† ［訳注］標準的な用語ではないが，関数環の部分環であり，多項式環に同型なものを指している．

の部分集合による代数的座標化が存在することを示している．それでも，この方法で代数多様体の点として $\mathbb{B}_n$ を表現することができる†.

本当に行いたいことは，すべての集合 $\mathbb{B}_n$ の集まりを，適切な意味で多様体として座標化することである．非交和集合 $\coprod_n \mathbb{B}_n$ を考えることもできるが，長さ 0 の区間は，その生まれてすぐ死ぬ特徴に対応し，したがって実際の持続性をもたないので，むしろ体系的なやり方で無視することにしたい．このことは，集合 $\mathbb{B}_\infty$ をつぎのように定義することを示唆する．$\sim$ を，$x_n = y_n$ のとき，

$$\{[x_1, y_1], [x_2, y_2], \ldots, [x_n, y_n]\} \sim \{[x_1, y_1], [x_2, y_2], \ldots, [x_{n-1}, y_{n-1}]\}$$

となるという二項関係によって生成される $\coprod_n \mathbb{B}_n$ 上の同値関係とする．このとき，無限バーコード集合 B_∞ を商

$$\coprod_n \mathbb{B}_n / \sim$$

と定義する．ここで，この無限集合も適切な意味で座標化できるか，という疑問が生じる．実際に座標化が可能であることを見るために，比較的単純な座標化の例を二つ考えてみよう．

▶例 5.5 —— $\mathfrak{U}_n$ が集合 $\mathbb{R}^n/\Sigma_n$，$\mathfrak{U}_\infty$ が集合

$$\coprod_n \mathfrak{U}_n / \sim$$

を表すとする．ここで，$\sim$ は，「$(x_1, \ldots, x_n) \sim (y_1, \ldots, y_m)$ であるのは，つぎの性質を満たす集合 $S \subseteq \{1, \ldots, n\}$ と集合 $T \subseteq \{1, \ldots, m\}$ が存在するとき，またそのときに限る」と定義することによって与えられる同値関係である．

1. すべての $s \in S$ と $t \in T$ に対して，$x_s = 0$ かつ $y_t = 0$ である．
2. $n - \#(S) = m - \#(T)$ である．この共通の数を k と書く．
3. $(x_1, \ldots, x_n)$ と $(y_1, \ldots, y_m)$ それぞれから S と T に対応する元を削除して得られる順序なし k-タプルは，同一である．

$\mathfrak{U}_n$ から $\mathfrak{U}_\infty$ への自然な写像が存在し，その写像は点について単射である．したがって，増加する系

$$\mathfrak{U}_1 \hookrightarrow \mathfrak{U}_2 \hookrightarrow \mathfrak{U}_3 \hookrightarrow \cdots$$

† ［訳注］「上記の複雑な関係式があるので，多項式の解集合として定義できなさそうに見える」が，そうではないと述べている．

が得られ，環準同型写像の系

$$\mathbb{R}[\sigma_1] \leftarrow \mathbb{R}[\sigma_1, \sigma_2] \leftarrow \mathbb{R}[\sigma_1, \sigma_2, \sigma_3] \leftarrow \cdots$$

に対応する．ここで，準同型写像 $\mathbb{R}[\sigma_1, \ldots, \sigma_{n+1}] \to \mathbb{R}[\sigma_1, \ldots, \sigma_n]$ は，$1 \leq i \leq n$ に対して，$\sigma_i \to \sigma_i$ かつ $\sigma_{n+1} \to 0$ によって定義される．

このような系に付随するのは，その**極限**である．そして，その極限はそれ自体が環になっている．これについての詳細は省く．極限とその双対構成である余極限についての基本的な内容は MacLane (1998) を参照されたい．この場合，その極限の構成から，つぎのように記述できる関数環が生成される．$\mathcal{M}$ を無限集合 $\{\sigma_1, \sigma_2, \ldots, \sigma_n, \ldots\}$ に含まれるすべての単項式の集合とし，$\mathcal{M}_n \subseteq \mathcal{M}$ は $\{\sigma_1, \sigma_2, \ldots, \sigma_n\}$ だけに関与する単項式のなす部分集合とする．このとき，**射影極限環**は，和 $\sum_{\mu \in \mathcal{M}_n} r_\mu \mu$ がすべて有限であるようなすべての無限和 $\sum_{\mu \in \mathcal{M}} r_\mu \mu$ の集合と同一視される．つまり，たとえば無限和 $\Sigma_n \sigma_n$ はこの環の元である．この環の元は確かに $\mathfrak{U}_\infty$ 上の関数を定義する．なぜなら，関数 σ_N は $n \leq N$ のとき，$\mathfrak{U}_n$ 上で消滅するからである．任意の点 $x \in \mathfrak{U}_\infty$ に対してベクトル $(\sigma_1(x), \sigma_2(x), \ldots)$ は高々有限個の座標が非ゼロとなるという理解の下で，関数 σ_i を $\mathfrak{U}_\infty$ 上の座標とみなそう． ◀

上の例では，同値関係 $\sim$ による商をとっても，環 $\mathbb{R}[\sigma_1, \sigma_2, \ldots, \sigma_n]$ のそれぞれは純粋な n 変数の多項式環であり，複雑な環ではなかった．しかし，一般に，同値関係による商をとると，純粋な多項式でない環がつくられる．そのような環は，場合によっては，代数として有限生成ですらない．

▶例 5.6 ―― 平面 $X = \mathbb{R}^2$ を考え，すべての x, x' に対して $(x, 0) \sim (x', 0)$ とすることで定義される同値関係を考える．この関係は，x 軸全体を一点に「折り畳む」が，残りの部分は動かさない．問題は，$\mathbb{R}^2/\sim$ が代数多様体として記述可能かどうかである．群作用の不変式環が軌道集合の多様体構造を与える場合と同様に，今回は，$\mathbb{R}$ 上のどの多項式関数 f が「$x \sim x'$ ならば $f(x) = f(x')$」という性質をもつかを問うことにする．つまり，すべての x, x' に対して $f(x, 0) = f(x', 0)$ となるような 2 変数の多項式 f を求める．簡単な計算で，この関数の環は，x の線形項が 0 であるような x と y のすべての多項式からなることがわかる．それゆえ，その基底は，単項式の集合 $\{x^i y^j \mid i > 0 \Rightarrow j > 0\}$ となる．これは理解しやすい環であるが，有限生成代数ではない．それは，元 $\theta_i = x^i y$ と要素 y とで生成され，$\theta_i^2 = y\theta_{2i}$ の関係を満たしている．このとき，$\mathbb{R}^2/\sim$ の記述を，$\mathbb{R}^\infty = \{(y, \theta_1, \theta_2, \ldots) \mid$ すべての i に対して$\theta_i^2 = y\theta_{2i}\}$ における点の集合として得ることができる．この場合，与えられた (x, y) に対して一般に無限個の座標が非ゼロになることに注意する． ◀

写像 $\mathbb{B}_n \to \mathbb{B}_\infty$ における像 $\mathbb{B}_n'$ は，$\mathbb{B}_n$ からつぎのように定義される同値関係 $\sim_n$ で商をとって得られる集合として記述できる．（それぞれ n 個の区間をもつ）二つの区間の多重集合 $S = \{[x_1, y_1], [x_2, y_2], \ldots, [x_n, y_n]\}$ と $S' = \{[x_1', y_1'], [x_2', y_2'], \ldots, [x_n', y_n']\}$ が与えられたとすると，$S \sim_n S'$ であるとは，すべての $i \in I$ に対して $x_i = y_i$ であり，すべての $i' \in I'$ に対して $x_i' = y_i'$ であり，$S - \{[x_i, x_i] \mid i \in I\}$ と $S' - \{[x_{i'}', x_{i'}'] \mid i' \in I'\}$ が区間の多重集合として等しくあるような部分集合 $I, I' \subset \{1, \ldots, n\}$ が存在するときをいう．つまり，$\mathbb{B}_n'$ は例題 5.6 で説明したものと同様の同値関係によって $\mathbb{B}_n$ の商として表現することができる．これは，一般に有限生成でない環 $A(\mathbb{B}_n')$ に対応する．ここで，集合の増加列

$$\mathbb{B}_1' \hookrightarrow \mathbb{B}_2' \hookrightarrow \mathbb{B}_3' \hookrightarrow \cdots$$

と，例 5.5 のように，それに対応する環準同型写像の系

$$A(\mathbb{B}_1') \leftarrow A(\mathbb{B}_2') \leftarrow A(\mathbb{B}_3') \leftarrow \cdots$$

を考えてみよう．この系にも極限があり，これを $A(\mathbb{B}_\infty)$ と表すと，つぎのように記述することができる．$\mathcal{N}$ を変数の集合 $\{\tau_{ij} \mid 1 \leq i, 0 \leq j\}$ のすべての単項式の集合とし，$\mathcal{N}_k \subseteq \mathcal{N}$ を $\{\tau_{ij} \mid 1 \leq i \leq k, 0 \leq j\}$ の単項式のなす部分集合とする．このとき，環 $A(\mathbb{B}_\infty)$ は，すべての和 $\sum_{v \in \mathcal{N}_k} r_v v$ が有限和であるという性質をもつすべての無限和 $\sum_{v \in \mathcal{N}} r_v v$ の集合と同一視される．変数 τ_{ij} は $\mathbb{B}_\infty$ 上の関数に対応し，つぎのように記述できる．τ_{ij} は $\mathbb{B}_n$ 上，すなわち区間の順序なしの n-タプル上に記述すれば十分である．そのために，まず，区間上の**順序付き** n-タプルの集合上の関数 τ_{ij}' を

$$\tau_{ij}'([x_1, y_1], \ldots, [x_n, y_n]) = (y_1 - x_1) \cdots (y_i - x_i) \left(\frac{y_1 + x_1}{2} \right)^j$$

によって定義する．τ_{ij} を得るために，

$$\tau_{ij} = \sum_{\sigma \in \Sigma_n} \tau'_{ij} \circ \sigma$$

と書いて単純に対称化しておく．それゆえ，たとえば，区間の順序なしの n-タプルに適用される τ_{10} は区間の長さの和，τ_{20} は長さにおける 2 次の基本対称関数，τ_{1j} は区間の長さとその中点の j 乗の積の全区間にわたる和となる．

これらの関数は有用だが，バーコードの空間にボトルネック距離が備わっている場合，連続でない．Kališnik (2019) は**トロピカルな類似**を研究している．すなわち，トロピカル代数幾何学（Maclagan & Sturmfels 2015 を参照）では，和演算が max または min に，積演算が加算に置き換えられた関数の半環が研究されていることを思い出しておこう．対称トロピカル多項式は，通常の対称多項式と同じように振る舞うことが示されたが (Carlsson & Kališnik Verovšek 2016)，バーコードの空間上のトロピカル関数の環は，バーコードが分離しないという意味で小さすぎることが示された．これは，あらゆる対称トロピカル多項式下での値が同一である，異なるバーコードの組が存在することを意味する．Kališnik (2019) は，トロピカル有理関数を導入することでこの問題を解決できることを示し，それが実際に点を分離することを見出した．

5.2.2　パーシステンスランドスケープ

パーシステントホモロジーのバーコードやパーシステンス図による記述は，点群のトポロジカルな構造を自然に表現する．しかし，それ自体はとくに統計的な解析に適したものではない．密度推定画像によるもの (Adams et al. 2017)，区間中点に沿った累積分布関数によるもの (Biscio & Møller 2016)，中心極限定理によるもの (Duy et al. 2016) など，少なくとも 2017 年から，パーシステンス図に対する統計的アプローチが進められている．しかし，初期に行われたアプローチの一つは，Bubenik (2015) で導入されたもので，任意のパーシステンス図から関数 $\mathbb{N} \times \mathbb{R} \to \mathbb{R} \cup \{-\infty, \infty\}$ を生成するものである．このアプローチでは，統計的な解析がこれらの新しい関数の各点平均で動作する．

定義 5.7 [Bubenik 2015]　パーシステンス図 $\{(b_i, d_i)\}$ の**パーシステンスランドスケープ**とは，関数

$\lambda(k,t)$

$$= \sup\{m \geq 0 \mid (t-m, t+m) \text{ は少なくとも k 個の区間の部分区間である }\}$$

のことである．ただし，パーシステンス図は有限である必要はなく，また可算無限である必要もない．

これらの関数は，つねに非負であり，k において広義単調減少であり，1-リプシッツである．すなわち，つまり，ランドスケープにおける変動は，基礎となるデータの変動で抑えられる．

Bubenik (2015) は，さらに中心極限定理の証明に踏み切った．証明のために，彼はまず L_p-ノルム $\|\text{-}\|_p$ を固定した．そして，点群を確率変数とみなすことができるため，それらに対応するパーシステンスランドスケープも確率変数とみなせることを観察した．つまり，点群のサンプル $\mathbb{X}_1, \ldots, \mathbb{X}_n$ に対して，ランドスケープ $\lambda_1, \ldots, \lambda_n$ を生成し，$\bar{\lambda}_n = n^{-1}\sum_j \lambda_j$ を考えることができるのである．

定理 5.8 ［大数の法則］ ほとんど確実に $\bar{\lambda}_n \to \mathbb{E}\lambda$ であるのは，$\mathbb{E}\|\lambda\|_p$ が有限であるとき，またそのときに限る．

定理 5.9 ［中心極限］ $p \geq 2$ かつ，$\mathbb{E}\|\lambda\|_p$ と $\mathbb{E}(\|\lambda\|_p^2)$ が有限であるならば，$\sqrt{n}(\bar{\lambda}_n - \mathbb{E}\lambda)$ は λ と同じ共分散構造をもつガウス確率変数に弱収束する．

$\frac{1}{p} + \frac{1}{q} = 1$ となる q に対して，有限 L_q-ノルムをもつ関数 $f : \mathbb{N} \times \mathbb{R} \to \mathbb{R}$ を選び，f を用いて $(\mathbb{N} \times \mathbb{R})$-平面に重みを割り当て，単一値統計量

$$Y = \int_{\mathbb{N}\times\mathbb{R}} f\lambda = ||f\lambda||_1$$

を生成することができる．このとき，中心極限定理から

$$\sqrt{n}(\bar{Y} - \mathbb{E}Y) \to \mathcal{N}(0, \operatorname{var} Y)$$

を得る．

この正規分布から，通常の方法で信頼区間計算や仮説検定ができる．統計学の入門書であれば，そのプロセスの概要が書かれているだろう．

5.2.3 パーシステンスイメージ

パーシステンスイメージは，パーシステンス図のもう一つのベクトル化である．これは Adams et al. (2017) によって導入された．彼らはパーシステンス図を点の塊の集まりとして扱い，いくつかの補助データを用いて対応する分布を平滑化した．補助データは二つの項目からなる．

1. 関数 $\phi : \mathbb{R}^2 \times \mathbb{R}^2 \to \mathbb{R}$ で，関数 $\phi(u,\text{-})$ がすべての u に対して $\mathbb{R}^2$ 上の確率分布であり，関数 $\phi(u,\text{-})$ の確率密度関数としての平均が u であるようなもの．
2. 連続的かつ区分的微分可能な非負の重み付け関数 $f : \mathbb{R}^2 \to \mathbb{R}$ で，x 軸に沿って値 0 をとるもの．

一般に，ϕ としては，平均が u に等しく，分散が固定された σ に等しい標準球対称ガウス分布の確率密度関数となるように，$\phi(u,\text{-})$ が選ばれる．

座標変換 $(x,y) \to (x, y-x)$ によるパーシステンス図の再座標化が有効であることを見てみよう．このような変換を行う理由は，集合

$$\{(x,y) \mid x,y \geq 0, y \geq x\}$$

にある点からなるパーシステンス図が，その変換により第一象限に全単射に写されるからである．変換されたパーシステンス図を構成する点の集まりを $\{(\xi_1,\eta_1),\ldots,(\xi_n,\eta_n)\}$ と表し，$\mathcal{B}$ と記述する．この集合から，関数 $\rho_{\mathcal{B}} : \mathbb{R}^2 \to \mathbb{R}$ を

$$\rho_{\mathcal{B}}(\vec{z}) = \sum_{i=1}^{n} f(\xi_i,\eta_i)\phi((\xi_i,\eta_i),\vec{z})$$

で定義する．これは上半平面上の関数であり，数値をグレースケールで符号化することで画像とみなすことができるため，パーシステンスイメージという名前が付けられた．しばしば関数空間の対象ではなく，有限次元のベクトル表現がほしくなることがある．これを実現する一つの方法は，まず関数を平面上の有限の矩形に制限し，つぎにその矩形を格子状の矩形部分領域に分割し，それぞれの部分領域に対して座標をもつベクトルを作成することである．この方法は，Adams et al. (2017) に記載されている．座標は部分領域上の $\rho_{\mathcal{B}}$ の積分である．これができてしまえば，写像 $\mathrm{PI} : \mathbb{B}_\infty \to \mathbb{R}^N$ が得られる．Adams et al. (2017) において，以下の連続性が証明されている．

定理 5.10 $\mathbb{B}_\infty$ 上の距離が 1-ワッサーシュタイン距離であるとき，写像 PI は連続である．

より進んだ読者のために

5.3 $\mathbb{B}_\infty$ 上の分布

ここまで，パーシステンスバーコードを用いることで，通常の位相空間のホモロジー不変量に類似した有限距離空間の不変量を得られることを見てきた．サンプリングによって得られる有限距離空間の場合，バーコード不変量に関して何らかの推測ができるのではないかと期待されている．たとえば，「長い」と感じるバーをもったバーコードを見たとき，そのような長いバーが，偶然に発生したのか，それとも必然的に発生したのか，判断できるだろうか．より一般には，「標本が固定された分布から得られたのか，それとも分布族から得られたのか」という帰無仮説の棄却に，どうすればバーコードを利用できるだろうか．このような推論を行うためには，$\mathbb{B}_\infty$ 上の確率測度の理論を開発する必要がある．Mileyko et al. (2011) で，この方向の研究における，ある重要な第一歩が踏み出された．彼らの成果をまとめておく．

集合 $\mathbb{B}_\infty$ は，写像

$$\coprod_n \mathbb{B}_n \to \mathbb{B}_\infty$$

の下で商位相（3.2.5 項を参照）を備えた位相空間となる．ただし，各 $\mathbb{B}_n$ は $\mathbb{R}^{2n} \to \mathbb{R}^{2n}/\Sigma_n$ の商位相を用いて位相化されており，$\coprod_n \mathbb{B}_n$ は，$\coprod_n \mathbb{B}_n$ の集合が開であるのは各 n に対して $\mathbb{B}_n$ との共通部分が開であるとき，またそのときに限る，とすることで位相化されている．5.1 節では，$\mathbb{B}_\infty$ 上に $p = \infty$ をとりうる距離 d_p を導入した．Mileyko et al. (2011) の研究の目的は，距離空間 $(\mathbb{B}_\infty, d_p)$ において，フレシェの意味での期待値と分散（Fréchet 1944, 1948 を参照）を定義することであった．この目的を実現するための障害の一つは，距離空間 $(\mathbb{B}_\infty, d_p)$ が完備でないことであった．この問題に対処するために，Mileyko et al. (2011) は $(\mathbb{B}_\infty, d_p)$ の完備化 $\hat{\mathbb{B}}_p$ を構成した．まず，集合 $\mathbb{B}_\infty$ を，区間 $\{I_a\}_a \in A$（A は可算集合）の可算多重集合を含めるよう拡大する．固定された p に対して，$\hat{\mathbb{B}}_p$ の台集合は，

$$\sum_{a \in A} \lambda(I_a) < +\infty \tag{5.1}$$

を満たす，すべての $\{I_a\}_{a\in A}$ の集合である．ここで，距離 d_p は，5.1 節にあるものと同じ式なので，$\hat{\mathbb{B}}_p$ 上の距離 $\hat{d}_p$ に自然に拡張されることは明らかである．ただし，和は無限大になるかもしれないが，条件 (5.1) によってつねに収束する．ここで以下を得る．

定理 5.11 [Mileyko et al. 2011] 距離空間 $(\hat{\mathbb{B}}_p, \hat{d}_p)$ は完備かつ分離可能である．

Mileyko et al. (2011) の目的は，$\hat{\mathbb{B}}_p$ 上の平均と分散を構築することであった．一般的な距離空間 X では，平均値という値が一点であるような平均の概念はなく，実際，平均は X の部分集合となる．以下は，Mileyko et al. (2011) から引用した，フレシェ平均と分散の定義である．

定義 5.12 X を距離空間とし，$\mathcal{B}(X)$ をそのボレル σ-代数とする．$\mathcal{P}$ を $(X, \mathcal{B}(X))$ 上の確率測度であり，有限の 2 次モーメントをもつものとする．すなわち，すべての $x \in X$ に対して $\int_X d(x,x')^2 d\mathcal{P}(x') < \infty$ である．このとき，$\mathcal{P}$ の**フレシェ分散**とは

$$\mathrm{Var}_{\mathcal{P}} = \inf_{x\in X}\left[F_{\mathcal{P}}(x) = \int_X d(x,x')^2 d\mathcal{P}(x')\right]$$

のことである．そして，集合

$$\mathbb{E}_{\mathcal{P}} = \{x \mid F_{\mathcal{P}}(x) = \mathrm{Var}_{\mathcal{P}}\}$$

を $\mathcal{P}$ の**フレシェ期待値**または**フレシェ平均**とよぶ．

前述のとおり，$\mathbb{E}_{\mathcal{P}}$ はつねに集合として存在するが，空の場合や，複数の点を含む場合がある．多様体に対するフレシェ平均の非空性 (non-emptiness) と一意性について，いくつかの結果が知られている (Karcher 1977; Kendall 1990)．Mileyko et al. (2011) において証明されたのは，$X = \hat{\mathbb{B}}_p$ の場合にフレシェ平均が存在するという結果である．

定理 5.13 $\mathcal{P}$ を $(\hat{\mathbb{B}}_p, \hat{d}_p)$ 上の確率測度とし，$\mathcal{P}$ が有限の 2 次モーメントとコンパクト台をもつとする．このとき，$\mathbb{E}_{\mathcal{P}} \neq \emptyset$ である．

Turner et al. (2014) では，この存在定理がアルゴリズム化されているが，距離

と距離空間の選び方がやや異なっている．$\mathbb{B}_\infty$ 上の **L^2-ワッサーシュタイン距離**とは，ペナルティ関数として

$$\lambda_{L^2}(I,J) = (x_1 - x_2)^2 + (y_1 - y_2)^2$$

を選び，d_2 と同じ形で定義されるものを意味する．この距離を入れた距離空間は，計算上単純になり，Mileyko et al. (2011) におけるすべての存在証明が成り立つことが Turner et al. (2014) で示された．

$\mathbb{B}_\infty$ 上の確率測度に対する別のアプローチは，距離空間上の測度間の距離の概念に関するもので，Blumberg et al. (2014) や Chazal et al. (2011) で開発された．有用な選択肢の一つに，いわゆる**レヴィ - プロホロフ距離**がある．

定義 5.14　距離空間 (X, d_X) が与えられたとすると，そのボレル集合の σ-代数 $\mathcal{B}(X)$ をもつ可測空間 X 上の確率測度の集合 $\mathcal{P}(X)$ 上のレヴィ - プロホロフ距離 π_X を，

$$\pi_X(\mu,\nu) = \inf\left\{\epsilon > 0 \;\middle|\; \begin{array}{l} \text{すべての } A \in \mathcal{B}(X) \text{ に対して} \\ \mu(A) \le \nu(A^\epsilon) + \epsilon, \nu(A) \le \mu(A^\epsilon) + \epsilon \end{array}\right\}$$

によって定義する．ここで，A^ϵ は A の ϵ-近傍，すなわち A の点に関する半径 ϵ のすべての球の和集合を表す．この距離はすべての距離空間に対して定義され，X が「ポーランド空間」，すなわち分離可能な完備距離空間であるとき，$\mathcal{P}(X)$ 上の測度の弱収束の位相を誘導することが知られている．

距離測度空間 (X, d_X, μ_X) とは，距離空間 (X, d_X) と，その距離 d_X に付随したボレル集合の σ-代数上の確率測度 μ_X のことと定義する．Greven et al. (2009) では，グロモフ - ハウスドルフ距離の類似がコンパクトな距離測度空間の集まり上で定義されている．すなわち，二つの距離測度空間 $\mathcal{X} = (X, d_X, \mu_X)$ と $\mathcal{Y} = (Y, d_Y, \mu_Y)$ が与えられたとすると，$\mathcal{X}$ と $\mathcal{Y}$ 間の**グロモフ - プロホロフ距離**は Greven et al. (2009) では，

$$d_{\mathrm{GPr}}(\mathcal{X},\mathcal{Y}) = \inf_{(\varphi_X,\varphi_Y,Z)} \pi_{(Z,d_Z)}((\varphi_X)_*\mu_X, (\varphi_Y)_*\mu_Y)$$

と定義される．ただし，グロモフ - ハウスドルフ距離の定義と同じように，$(\varphi_X, \varphi_Y, Z)$ は，X と Y のコンパクトな距離空間 Z への等長埋込み写像 $\varphi_X : X \to Z$ と $\varphi_Y : Y \to Z$ のすべての組にわたって変化する．

Blumberg et al. (2014) で注目されている $\mathbb{B}_\infty$ 上の分布は，確率測度 μ_X に従って X 内の n 点をサンプリングし，パーシステンスバーコードを得るために，固定した次元 k でのパーシステントホモロジーを計算することによって得られるものである．各次元ごとに得られる分布は，それぞれ距離測度空間に対する有限近似の一種だろう．これらの測度の違いが距離空間の間のグロモフ - プロホロフ距離によって制御されることを示す結果がある．より正確には，ブルムバーグらは，距離測度空間 (X, d_X, μ_X) が与えられたとき，

$$\Phi_k^n(X, d_X, \mu_X) = (\beta_k)_*(\mu_X^n)$$

により，上述の完備化されたバーコード空間 $\hat{\mathbb{B}}_\infty$ 上の確率測度 $\Phi_k^n = \Phi_k^n(X, d_X, \mu_X)$ を構成した．ここで，β_k は k 次元バーコード，$(\text{-})_*$ は $\hat{\mathbb{B}}_p$ 上の押し出し測度を表す．この式は，(a) 定理 5.2 により β_k が距離空間の連続写像であること，(b) どちらの空間もボレル σ-代数によって可測空間の構造を与えられていることから意味をもつ．Blumberg et al. (2014) の主定理は以下である．

定理 5.15 [Blumberg et al. 2014, Theorem 5.2]　(X, d_X, μ_X) と (Y, d_Y, μ_Y) をコンパクトな距離測度空間とする．このとき，プロホロフ距離とグロモフ - プロホロフ距離を関係付ける，つぎの不等式を得る．

$$d_{\mathrm{Pr}}(\Phi_k^n(X, d_X, \mu_X), \Phi_k^n(Y, d_Y, \mu_Y)) \le n\, d_{\mathrm{GPr}}((X, d_X, \mu_X), (Y, d_Y, \mu_Y))$$

この推定により，以下の収束結果を証明することができる．

定理 5.16 [Blumberg et al. 2014, Corollary 5.5]　$S_1 \subset S_2 \subset \cdots$ を，(X, d_X, μ_X) からランダムに抽出したサンプルの列とする．S_i を，部分空間距離と経験的測度を用いた距離測度空間とみなす．このとき，$\Phi_k^n(S_i)$ は $\Phi_k^n(X, d_X, \mu_X)$ に確率収束する．

注意 5.17　他の文脈でも同様の結果を定式化することができる．たとえば，ウィットネス複体において，ランドマークをさまざまに取り替えて得られる分布は，非常に興味深い研究対象であろう．これにより，一定サイズのウィットネス複体が，どの程度良く空間を表現できているかの評価が得られると考えられる．

第III部

応　用

第6章 ケース・スタディ

ここまで見てきた手法を現実のデータに当てはめた例として，いくつかの研究論文を紹介し，実際の研究でパーシステント（コ）ホモロジーやマッパーがどのように使われているかを説明しよう．

6.1 マンフォードの自然画像データ

デジタルカメラで作成した白黒画像を考えよう．画像は長方形に並んだ画素の格子から出来ており，各画素には**グレースケール**という数が割り振られている．この値は，灰色の濃さが真っ黒から真っ白の間のどの辺りにあるかを示している．グレースケールを実数値と考えるのは便利だが，実際には決まった桁数の 2 進数，普通は 8 桁か 16 桁の 2 進数で表される．P を画素数とすると，一つひとつの画像は P 次元空間内のベクトルとみなせる．画像を集めることは映像世界の，あるいはその一部の表現をつくることである．一方，神経科学者は脳の視覚経路がどのように動いているかについて一定の理解を得ている．中でも比較的よくわかっているものの一つに，**1 次視覚皮質**，あるいは **V1** とよばれる経路がある．この経路は大規模な神経細胞の格子から出来ていて，構成する神経細胞一つひとつにはっきりした機能がある．この神経細胞個々の機能については，Hubel & Wiesel (1964) 以降重要な研究がなされている．このような研究による発見の一つとして，神経細胞はしばしば方向に敏感であることがある．黒い領域と白い領域の直線状の境界線がある特定の角度のときに反応する神経細胞があるのである．また，ある神経細胞は白地の上に黒い線があるときにのみ反応するが，黒い領域と白い領域の境界があっても反応しない．

ヒューベルとウィーゼルが明らかにした V1 にある神経細胞の一つひとつの機能は，我々の画像の空間の構造とどのように関連しているのか．これは面白い問題である．たとえば，小さな画像で頻出するパターンに対しては，それぞれのパターンにのみ反応する「専門家」の神経細胞がいる，という仮説が考えられる．この考えに基づき，二人のオランダ人神経学者はオランダのグローニンゲン周辺でたくさんの画像データを集め (van Hateren & van der Shaaf 1990)，簡単な統計解析を行った．さらに進んで，Lee et al. (2003) でリーらは，このデータセットから 3×3 の画素の正方形の小さなパッチをつくり，詳細に調べた．こういった小さなパッチ一つひとつに対応する特定の神経細胞が V1 にあるだろうことから，このパッチについて統計をとろうと考えたのである．van Hateren & van der Shaaf (1990) で集められた 4167 枚の画像を基に，リーらは，各画像から 5000 個の (3×3) の画素のパッチを取り出し，その中で最も明暗差の強い 20% のパッチのみを残す，という作業を行った．得られた 4167000 個のパッチの集合 $\mathcal{M}$ は，さらにコントラストの強さを表す D ノルムとユークリッドノルムがともに 1 となるようにパッチごとに正規化された．この正規化により，データ集合は元々の 9 次元空間から 7 次元球面 S^7 に射影されることになる．

これにより得られた点群は，球面上どの点をとっても近くにデータ点があるという意味で S^7 上稠密であったが，Lee et al. (2003) で，データ点がある輪の中に高密度に集中しているということが明らかにされた．**主要円**ともいうべきこの円環を図 6.1 に示す．リーらの論文によると，$\mathbb{R}^8$ 内でうまく座標変換すれば，この主要円を第 1 変数と第 2 変数のみでよく表すことができる．図中の影のついた正方形は，(3×3) のパッチを連続近似したものをグレースケールで示している．Carlsson et al. (2008) では，リーらのデータセットが幾何学とトポロジーの視点からより詳細に調べられた．本節では，そこでどんな解析がされてどういう議論がされたか，そしてデータセットから何を見つけられたかを説明していこう．

データ集合をよく理解するためには，まず**高密度な部分集合**とは何かを理解しな

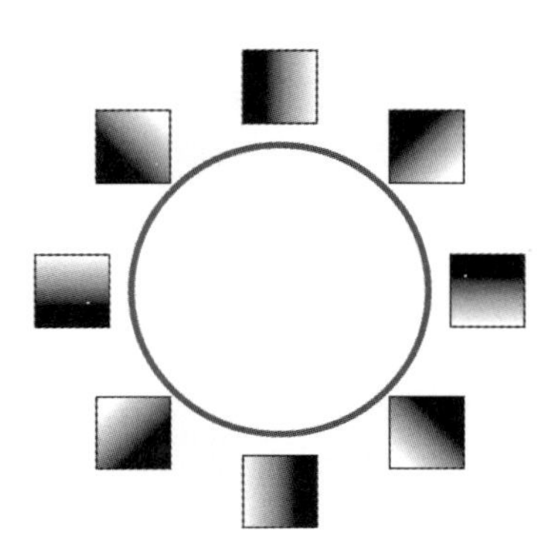

図 6.1　主要円.

くていはいけない.「高密度」という言葉は二つの意味が合わさったものである.つまり,密度とは何か,そしてそれが高いとはどういうことか,をはっきりさせなくてはならない.ここでは,密度の代用として,2.8 節で定義した余密度 δ_k を使うことにしよう.ここで,k は閾値を与えるパラメータで,$\delta_k(x)$ は x から k 番目に近い点までの距離である.k がどんな値であれ,マンフォード - リー - ピーターセンのデータ集合 $\mathcal{M}$ 内の各点に対し δ_k を計算できる.δ_k を求めたら,新しくパーセンテージを表すパラメータ τ をさらに導入する.そして,$\mathcal{M}$ から δ_k が小さい(密度が高い)点 τ% を選び,そこからさらに 5000 点をサンプリングしたものを $\mathcal{M}_0(k, \tau)$ で表す.そして,$\mathcal{M}_0(300, 30)$ からランドマークを 50 個選び,これを基にウィットネス複体 $\mathcal{W}_{50}\mathcal{M}_0(300, 30)$ をつくる.この集合のパーシステントホモロジーを計算したところ,次数 1 のバーコードは図 6.2 のようになった.

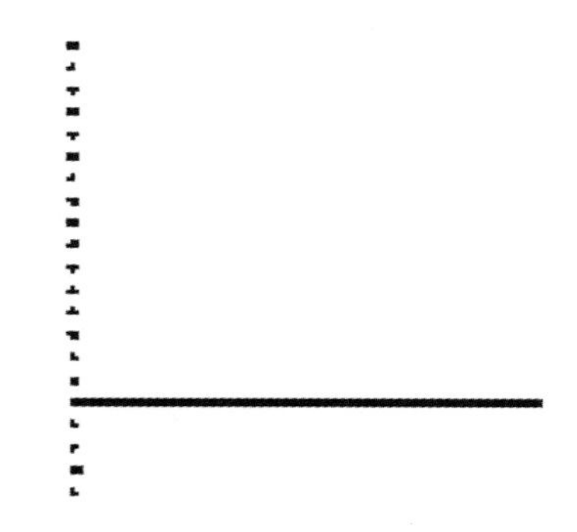

図 6.2 $\mathcal{W}_{50}\mathcal{M}_0(300, 30)$ の β_1-バーコード.ここで,β_1 は 1 次のベッチ数,すなわち H_1 の次元である.

データサンプルや 50 個のランドマークを変えても,得られた結果はつねに図 6.2 と同様のものであった.すなわち,小さく短い多数の区間と,主要円に対応する一つの大きく長い区間が得られた.この長い区間が本当に主要円に対応していることを確認するには,このホモロジー類の代表元となる輪体を計算し,輪体上に現れる点をサンプリングすればよい.実際にこのようなサンプリングを行うと,期待どおりに線形グラデーションをもつパッチが得られる.

図 2.3 で示したように,k を小さくするとデータを滑らかにする効果は薄れ,細かい特徴が捉えられる.図 2.3 の左図では,選ばれた点は小さく濃密なクラスターがどこにあるかを示しているのに対し,右図では全データ集合の中心がどこかを示していた.であれば,マンフォード - リー - ピーターセンのデータ集合について

も，k の値を小さくしてウィットネス複体を調べれば，データの微細な構造を捉えられるだろう．実際，$\mathcal{W}_{50}\mathcal{M}_0(15,30)$ から得られる β_1-バーコードでは（図 6.3），データ集合内に五つの円があることがわかる．この場合も，得られたバーコードは安定で，ランダムにとったランドマーク点群をさまざまに変えても同じ結果が出られる．

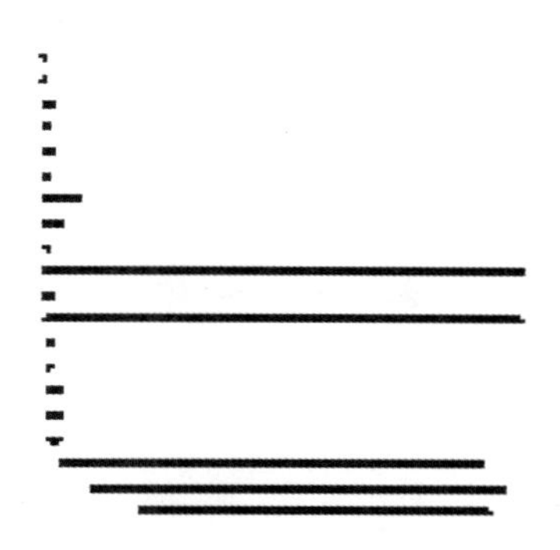

図 6.3 $\mathcal{W}_{50}\mathcal{M}_0(15,30)$ から得られる β_1-バーコード．

このようなバーコードは，五つの輪が花束状に集まった，図 6.4 の左図のような場合に見られるが，五つの輪をもつ構造は他にも考えられる．データを詳しく調べ，さまざまなモデルについて数値実験してみると，他の可能性として図 6.4 の右図のようなモデルも考えられることがわかる．

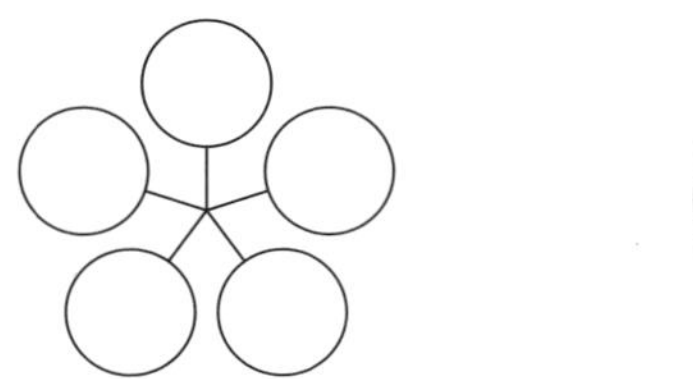
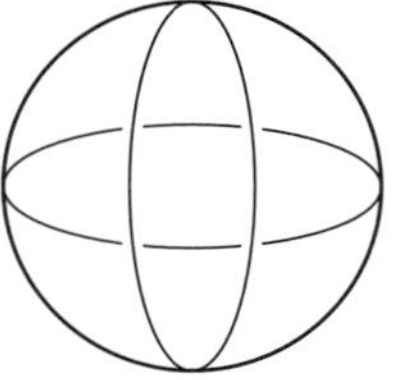

図 6.4 $\beta_0 = 1$ かつ $\beta_1 = 5$ となる構造．どちらも五つの輪を束ねた構造とホモトピー同値であるが，今回のデータは右図で説明できる．

データを調べると，図 6.4 の右図の 3 円のモデルについて，三つの輪体を異なる成分に対応させられることがわかる．図 6.5 を見てみよう．ここで，赤の輪に対応するのが，図 6.1 ですでに見た主要円である．他の緑と黄色の輪を調べてみると，図 6.6 に示すように，それぞれ水平方向と垂直方向の非線形のグラデーションを表すと解釈することができた．

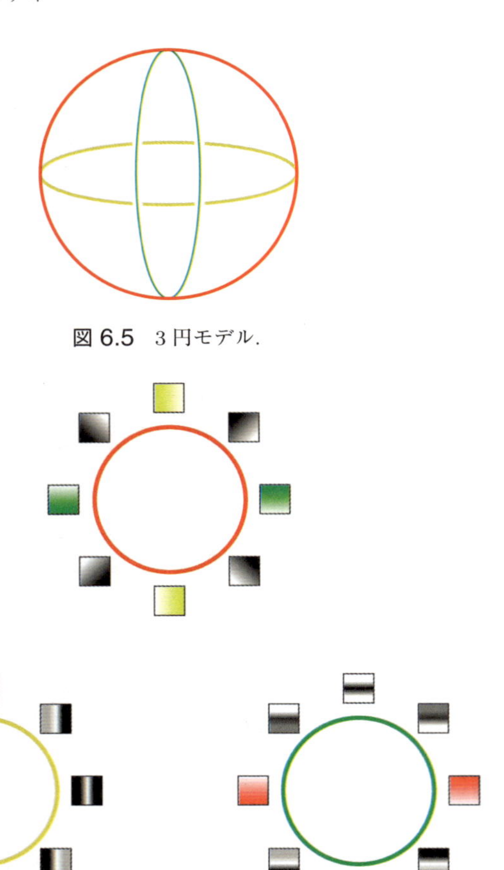

図 6.5 3円モデル.

図 6.6 マンフォードのデータの3円モデル.

この解釈では，主要円は線形勾配を表し，その方向が円に沿って変化する．一方，他の二つの輪は垂直および水平方向のグラデーションを表し，さらにその方向に沿った山や谷があることを考えると，たとえば2次式のような形で与えられると考えることができる．この場合も，各ホモロジー類に含まれるパッチをいくつか代表元としてサンプリングしてみると，まさにこのような状況になっており，我々の解釈が正しいことがわかる．

面白いのは，主要円のつぎに現れるのが水平および垂直方向の構造をもっていることである．この理由として，2通りの可能性が容易に考えられる．

1. 垂直や水平の構造は安定性が高いため自然界に頻繁に現れる．斜めの構造は支えがないので他のものと釣り合わせないと倒れてしまうが，垂直な構造は支えがなくても立ったままでいられる．
2. カメラのセンサーが長方形の格子状に並んでいるため，写真にバイアスが発生し，センサーの配列方向に画像が並びやすい．

一方，自然画像から (5×5) のパッチを取り出して同様の解析をした場合にも，同様の3円の構造が見られた．この結果は，1番目の説明にとって有利に思える．しかし，さまざまな実験によると，どちらの要因もこの結果に寄与しているようである．

例 3.89 で**クラインの壺**とよばれる空間を扱ったことを思い出そう．これは，長方形の端の点の間に簡単な同値関係を入れたものとして定義される．ここまで述べてきた3円モデルは，クラインの壺上に自然に埋め込める．図 6.7 の状況を考えよう．主要円はクラインの壺の方向に沿っており，2周することで元の点に戻る．一方，他の円は壺と直交する方向に走っており，主要円が横切るたびに交点が一つ出来ている．

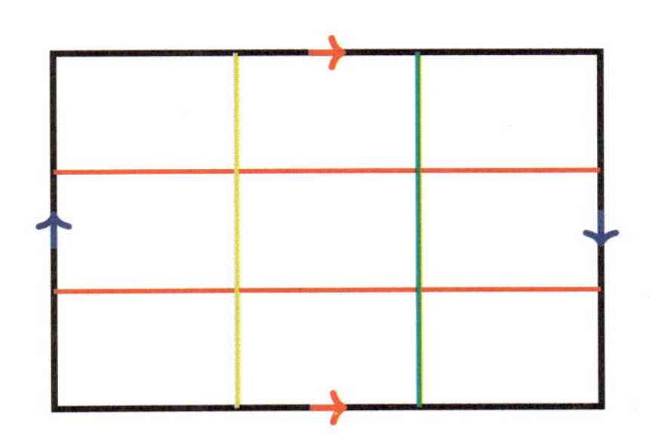

図 6.7 クラインの壺上の三つの円．

とはいえ，単にモデルをある空間に埋め込めることを示しただけでは何も証明したことにはならない．つぎにすべきことは，ここまで見てきた高密度のパッチの集合に対して，クラインの壺を使って非線形のパラメータ化を行う方法を示すことである．そのためにはまず，いま取り扱っている画素パッチとうまく合うようなクラインの壺モデルをつくる必要がある．

数学では，クラインの壺はさまざまな文脈で登場する．画像への応用では，2変数2次多項式の空間をクラインの壺上の空間として捉える考え方が役に立つ．ここまで見てきたパッチは，そういった多項式を平面上の 3×3 の格子上に限定することで離散化したものと考えることができる．そして，こういった多項式の部分集合としてクラインの壺と同相で，画像パッチについての我々の発見とよく合うものをつくれる．$\mathcal{Q}$ を 2 変数 x, y からなる 2 次多項式の空間とする．このような多項式は

$$f(x,y) = A + Bx + Cy + Dx^2 + Exy + Fy^2$$

と書き表せるので，$\mathcal{Q}$ は 6 次元の実ベクトル空間である．ここで，このような多項式は画素パッチの元となる画像に対応していることに注意しよう．なぜなら，$I = [-1,1]$ としたとき，この多項式を正方形 I^2 上で定義された，色の濃さを表す関数であるとみなすことができるからである．画素パッチは，この多項式を集合 $\{-1,0,1\} \times \{-1,0,1\} \subseteq I^2$ に制限して得られたもの，と考えることができる．このとき，Lee et al. (2003) による正規化は以下のようなものになる．まず，最初に平均の中心化を行い，パッチを平均が 0 になるように変換する．これを関数の方で考えると，2 次多項式 f を

$$\hat{f} = f - \frac{1}{4} \iint_{I^2} f \, dxdy$$

に変換することに対応する．$f \in \mathcal{Q}$ のうち，$\iint_{I^2} f \, dxdy = 0$ を満たすものすべての集合を $\mathcal{P}$ と書こう．$\mathcal{P}$ はすべての 2 変数 2 次関数がなす 6 次元空間内の 5 次元部分空間である．$f \in \mathcal{P}$ のうちで恒等的に 0 なものを除いたものすべての集合を $\mathcal{P}^*$ と書こう．これは，ほとんど 0 の値しかとらないパッチを取り除くフィルタリングをすることに相当する．つぎに，すべての $f \in \mathcal{P}^*$ に対して $\bar{f} = \frac{f}{||f||_2}$ を定義する．ここで

$$||f||_2 = \left(\iint_{I^2} f(x,y)^2 dxdy \right)^{1/2}$$

である．もちろん関数 $\bar{f}$ は $||\bar{f}||_2 = 1$ を満たす．$f \in \mathcal{P}^*$ のうちで $||f||_2 = 1$ を満たすものをすべて集めた部分集合を $\mathcal{P}_0^*$ と書こう．空間としては，$\mathcal{P}_0^*$ は元々あった多項式の 6 次元空間の中にある 4 次元の楕円体になる．

一方，$\mathcal{P}$ の中には，q を 1 変数の 2 次関数，λ, μ を $\lambda^2 + \mu^2 = 1$ を満たす定数として，

$$f(x,y) = q(\lambda x + \mu y)$$

と表せる多項式からなる部分空間 $\mathcal{P}_1$ がある．空間 $\mathcal{P}_2 = \mathcal{P}_0^* \cap \mathcal{P}_1$ は $\mathcal{Q}$ 内の 2 次元多様体となっている．

主張 6.1　空間 $\mathcal{P}_2$ はクラインの壺と同相である．

[証明]　多項式 $q(t) = c_0 + c_1 + c_2 t^2$ で，

$$\int_{-1}^{1} q(t)dt = 0 \quad かつ \quad \int_{-1}^{1} q(t)^2 dt = 1$$

を満たすものがつくる多項式の空間を $\mathcal{A}$ とする．$\mathbb{R}^3$ の部分集合として見ると，この空間は楕円になるので，円と同相である．任意の単位ベクトル $\vec{\nu} = (\lambda, \mu) \in \mathbb{R}^2$ と任意の $q \in \mathcal{A}$ に対して，$q_\nu : \mathbb{R}^2 \to \mathbb{R}$ を $q_\nu(\vec{w}) = q(\vec{\nu} \cdot \vec{w}) = q(\lambda x + \mu y)$ と定義する．ここで $\vec{w} = (x, y)$ である．q_ν は明らかに $\mathcal{P}_1$ の元である．

容易にわかるように，

$$\int_{I^2} q_\nu = 0 \quad かつ \quad \int_{I^2} q_\nu^2 \neq 0$$

であるから，

$$(q, \vec{\nu}) \mapsto \frac{q_\nu}{||q_\nu||_2}$$

は連続写像 $\theta : \mathcal{A} \times S^1 \to \mathcal{P}_2$ を定める†．ここで

$$||q_\nu||_2 = \left(\int_{I^2} q_\nu^2 \right)^{1/2}$$

である．

ここで，1 変数多項式の写像 τ

$$\tau(c_0 + c_1 t + c_2 t^2) = c_0 - c_1 t + c_2 t^2$$

を $\mathcal{A}$ 上に制限したもの $\tau : \mathcal{A} \to \mathcal{A}$ を考える．$\tau \circ \tau = \mathrm{id}_{\mathcal{A}}$ となることに注意しておこう．$\theta(q, \vec{\nu}) = \theta(\tau(q), -\vec{\nu})$ なので，θ は明らかに同相写像ではない．そこで，θ の商写像 $\bar{\theta} : \mathcal{A} \times S^1 / \sim \to \mathcal{P}_2$ が得られる．ここで，$\sim$ は同値関係 $(q, \vec{\nu}) \simeq (\tau(q), -\vec{\nu})$ を表す．

さて，商写像 $\bar{\theta}$ が同相写像であることを示そう．この証明は 3 段階になっている．まず第 1 段階として，$\theta(q, \vec{\nu}) = \theta(q', \vec{\nu})$ ならば

$$\frac{1}{||q_\nu||_2} q = \frac{1}{||q'_\nu||_2} q'$$

であることに注目する．なぜなら，$\theta(q, \vec{\nu}) = \theta(q', \vec{\nu})$ なので，$\sigma_\nu(x, y) = \lambda x + \mu y$ とおき，

$$\mathcal{Q}(t) = \frac{1}{||q_\nu||_2} q, \quad \mathcal{Q}'(t) = \frac{1}{||q'_\nu||_2} q'$$

とすると，$\mathcal{Q} \circ \sigma_\nu \equiv \mathcal{Q}' \circ \sigma_\nu$ が成り立ち，写像 $\sigma_\nu : \mathbb{R}^2 \to \mathbb{R}$ は全射なので，$\mathcal{Q}(t) = \mathcal{Q}'(t)$，

† ［訳注］原文では θ を $\mathcal{P}_0$ への写像としているが，後で出てくる $\bar{\theta}$ の記述との整合性から $\mathcal{P}_2$ への写像とした．

すなわち Q と Q' は関数として見た場合に等しくなるからである．したがって，q と q' は正定数倍の違いしかないことになる．しかし，

$$\int_{-1}^{1} q(t)^2 dt = \int_{-1}^{1} (q'(t))^2 dt = 1$$

であったので，$q = q'$ となる．

証明の第2段階では，$\theta(q, \vec{\nu}) = \theta(q', \vec{\nu}')$ ならば $\vec{\nu} = \pm\vec{\nu}'$ となることを示す．そのために，ヤコビ行列 $J_{(x,y)}\theta(q, \vec{\nu})$ と $J_{(x,y)}\theta(q', \vec{\nu}')$ を計算しよう．微分の連鎖律を用いれば，

$$J_{(x,y)}\theta(q, \vec{\nu}) = \frac{1}{||q_\nu||_2} \frac{dq(\sigma_\nu(x,y))}{d\sigma_\nu(x,y)} \cdot \vec{\nu},$$

$$J_{(x,y)}\theta(q', \vec{\nu}') = \frac{1}{||q'_{\nu'}||_2} \frac{dq'(\sigma_{\nu'}(x,y))}{d\sigma_{\nu'}(x,y)} \cdot \vec{\nu}'$$

となるから†，ある実数 r があって，$\vec{\nu} = r\vec{\nu}'$ となることがわかる．しかし，$\vec{\nu}$ も $\vec{\nu}'$ も単位ベクトルであるから，$\vec{\nu} = \pm\vec{\nu}'$ となる．さて，$\theta(q, \vec{\nu}) = \theta(q', \vec{\nu}')$ としよう．第2段階の議論から，このとき $\nu = \pm\nu'$ である．もし $\nu = \nu'$ なら，第1段階の議論から $q = q'$ とわかる．一方，$\vec{\nu} = -\vec{\nu}'$ ならば，

$$\theta(q, \vec{\nu}) = \theta(q', -\vec{\nu}) = \theta(\tau(q'), \vec{\nu})$$

となるから，第1段階の議論より $\tau(q') = q$ となり，さらに $q' = \tau(q)$ となる．しかし，商空間では $(q, \vec{\nu})$ と $(\tau(q), -\vec{\nu})$ は同一であるから，$\bar{\theta}$ は連続な全単射となる．したがって命題 3.86 より，$\bar{\theta}$ は同相写像である． □

実は，余密度 δ_k やサンプルサイズ，リサンプリングなどを色々と変えて試すだけでは，クラインの壺モデルを検証することはできない．確かに三つの輪があることを示すことはできる．しかし，$\mathbb{F}_2$ を係数にもつクラインの壺のホモロジーならば非自明な β_2 をもつはずだが，これを示すには一筋縄ではいかない．

実際にクラインの壺でモデル化できることを示すため，パッチには水平方向あるいは垂直方向の構造が多いという，これまで見てきた洞察を使うことにする．このことから，水平あるいは垂直方向から斜め 45° に傾いたパッチは滅多にないと予想できる．さらに，45° に傾いたパッチの中でも，2次関数型になっているパッチはさらに稀だろう．そこで，水平あるいは垂直方向に並んだ構造ではなく，そのうえで2次関数型に非常に近い少数のパッチをとってきてデータを補完しよう．

図 6.8 に示すように，これらのデータ点はクラインの壺の中の2対の1次元弧に対応する．

---

† ［訳注］この式は，原文では右辺の微分記号および σ の添え字が抜けているので，補っている．

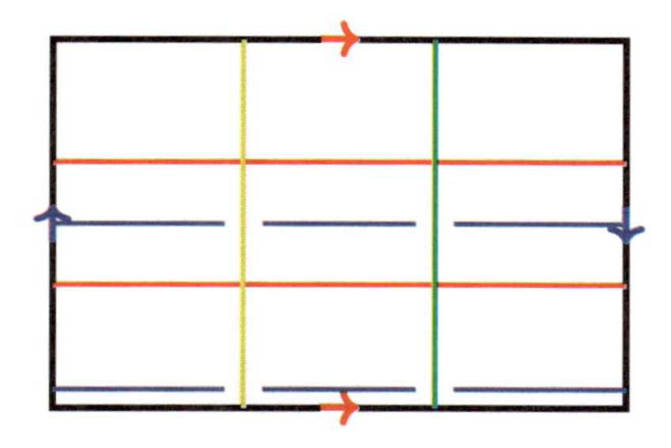

図 6.8　クラインの壺を構成するために必要な 4 本の弧を青で示す．この絵では，下にある青線の両端はつながっていないように見えるが，実際にはつながっているはずである．

この青い弧の上のデータ点を $\mathcal{M}(100,10)$ からサンプルされたデータ点に加え，50 個のランドマーク点を用いたウィットネス複体を計算した結果を図 6.9 に示す．β_1, β_0 については予想どおりだが，それに加えて β_2 も消えずに残る．

この解析から，マンフォードのデータ集合内のクラインの壺は，図 6.10 のように見ることができるだろう．クラインの壺の主軸の一つはパッチのグラデーションの

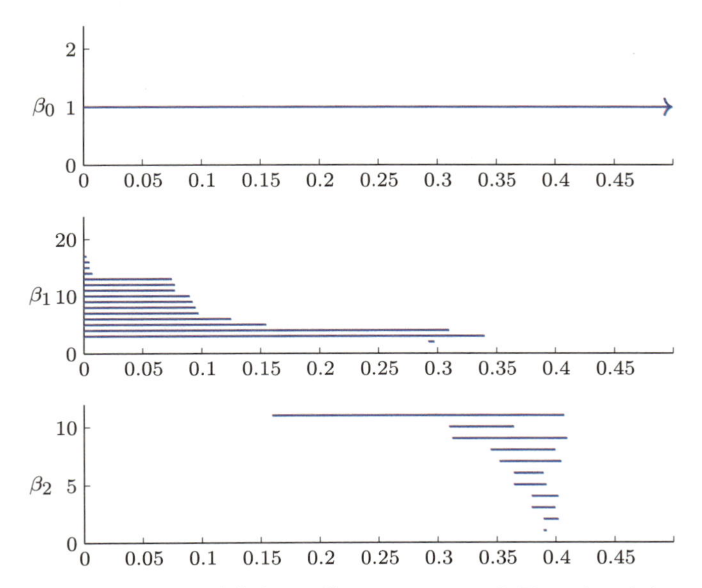

図 6.9　改良したデータ点集合から得られるバーコード図．これにより，マンフォード - リー - ピーターセンのデータ集合にはクラインの壺の構造があることがわかる．縦軸はバーの順番を，横軸はフィルトレーションのパラメータを示す．

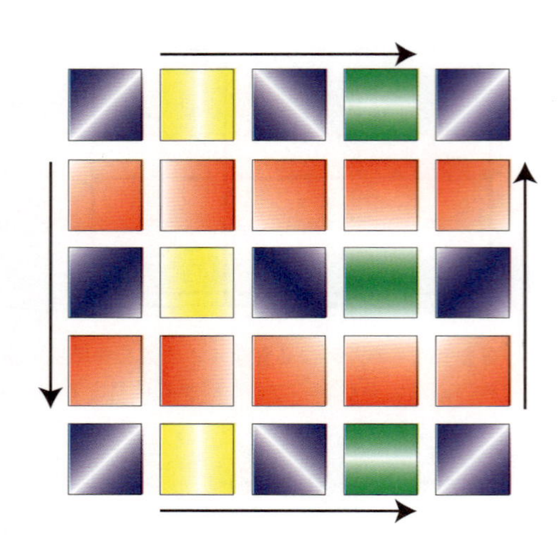

図 6.10 クラインの壺上での画素パッチの表現．色は青を基本としているが，図 6.6 の円に合わせて，二つの「副次的」円に対応するパッチは黄色と緑，「主要」円に対応するパッチは赤で描いている．

方向を，もう一方はグラデーションの種類を示している．このように各軸の方向が何を意味するかはっきりすれば，データをクラインの壺でモデル化した甲斐もあったといえる．

注意 6.2 データ点を付け加えたのは，3 円モデルから得られた洞察に基づいたものだが，結論ありきに思えるかもしれない．*"parametrized topological data analysis"* (2020) と題されたブラッド・ネルソンのスタンフォード大学博士論文では，より系統的な手法について議論している．

注意 6.3 Hatcher (2002) によると，体 $\mathbb{F}_2$ 係数上で，ホモロジーが同じ 2 次元表面が二つある．一つはクラインの壺，もう一つはトーラスである．我々の場合は，データから得られた洞察により，得られたデータはクラインの壺と一致するとした．そういったデータから得られた洞察なしに，自動的にトーラスかクラインの壺か判断したいという考えもあるだろう．実は，体 $\mathbb{F}_3$ 係数上のホモロジーを計算すれば，トーラスとクラインの壺を識別できる．Carlsson et al. (2008) では，この計算を行い，その結果，クラインの壺モデルが正しいという結論を得た．

データ集合の幾何学的構造をこのように記述することは，さまざまな用途で役に立つ．

1. **圧縮手法**：どのような圧縮手法であっても，データ集合に頻出するデータ点の特徴を理解するのはしばしば重要である．たとえば，**wedgelet 圧縮法**(Donoho 1999 を参照）は面白い圧縮法で，我々の主要円の上に頻出パッチがあることを利用している．Maleki et al. (2008) ではクラインの壺モデルに基づく手法が提案されており，いくつかの画像データに対しては wedgelet 圧縮法より高い性能を示す．図 6.11 はレート歪曲線を示したもので，一番上にある線がクラインの壺を用いた圧縮法，下の二つは 2 種類の wedgelet 圧縮法のものである．

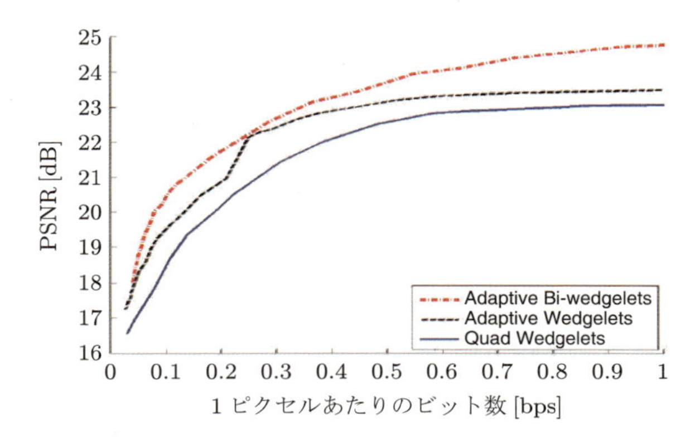

図 6.11 クラインの壺を利用した圧縮法のレート歪み曲線．1 ピクセルあたりのビット数を横軸に，ピーク信号とノイズの比の分散 (PSNR) を縦軸にプロットしたもの．［Maleki et al. (2008) より．© 2008 IEEE］

2. **テクスチャー認識**：画像処理においては，大規模な特徴だけでなく，画像の一部分のテクスチャーを調べたい場合も多い．そういった場合，たとえばパッチ内の小さな特徴量の統計を調べたくなることもある．この問題に対して，Perea & Carlsson (2014) によるアプローチを紹介しよう．アイディアは，大きなテクスチャーパッチ内から明暗比の大きいパッチを切り出し，統計的に調べれば，統計の差がテクスチャーの差を示してくれるのではないか，というものである．そこで統計をとるため，明暗比の大きいパッチそれぞれについて，一番近くにあるクラインの壺上の点を対応させる．そうすれば，クラインの壺上のたくさんの点の集まりが得られ，さらに平滑化すればクラインの壺上の確率密度が計算できる．クラインの壺は簡単な幾何学的構造をもっている（トーラスを二重被覆空間としてもっている）から，確率密度関数をフーリエ解析することでフーリエ係数を計算できる．こうして得られたフーリエ係数からさまざまな画像データベースのテクスチャーを非常に効率的に判定することができ，その能力は実際，現時点でほぼ最高の性能であることがわかった．この手法の長所は，画像の回転がクラインの壺上では単純な変換，すなわち図 6.10 での水平方向の移動に対応するという点である．この問題の標準的な解き方は，まずパッチの有限集合（暗号帳）を用意して，与えられたパッチごとに暗号帳に載っているすべてのパッチとドット積を計算し，有限集合上の分布を求めるというものである．重要なのは，暗号帳がクラインの壺のような便利な幾何学的構造をもっていれば，無限サイズの暗号帳を使えるということである．暗号帳が有限でなくても，暗号帳に**書かれた文章が有限**であればよい．

3. **深層学習**：Carlsson & Gabrielsson (2020) では，クラインの壺モデルを使って特徴量を生成し，トポロジーに基づく深層学習モデルをデザインできることを示している．深層学習（Goodfellow et al. 2016 および Aggarwal 2018 を参照）はニューラルネットワークをベースにした計算法で，人工知能分野で用いられている．その基盤にあるのは有向グラフで，これにより計算のパイプラインを決める．この手法は，画像データの分析をはじめ，さまざまな分野ですばらしい成功を収めている．先に主張 6.1 の辺りで述べたように，クラインの壺上の点は $[-1,1] \times [-1,1]$ 上の関数と捉えることができるので，3×3 の格子に限定して内積をとることで，パッチの集合上に定義された関数，あるいは特徴量と捉えることができる．データ集合の特徴量に幾何学的構造を入れるというのは，トポロジカル信号処理 (Robinson 2014) の背後にある思想である．このアイディアは色々と役に立つ．とくにいまの場合，問題としている空間（たとえばクラインの壺）を三角形分割してグラフをつくれば，これに基づく計算ネットワークはさまざまな画像データの研究において，色々な面で高い性能を出すのではないかと期待される．実際，Carlsson & Gabrielsson (2020) や Love et al. (2020) ではそのような結果が得られている．

6.2 化合物データベース

前節では，複雑なデータ集合に対して，集合の全体構造を理解するのにパーシステントホモロジーが役立つことを見た．以前述べたとおり，パーシステントホモロジーの別の使い道として，集合自体には構造がないが個々のデータ点が幾何学的な構造をもっているような場合に，データの特徴量をつくるというものがある．本節ではとくに，有機化合物の研究においてこのアイディアが役に立つことを見よう．

有機化合物のデータベースは，多くの生物学的・医学的応用にとって不可欠である．たとえば，新薬の開発ではこのデータベースが主要な研究対象になる．データベースを調べ上げ，どの化合物とどの化合物が機能的に似ているかを高速かつシンプルに判定する手法があれば，有用な薬を開発するのに非常に役立つ．このためには，化合物のペアにある種の距離を入れて，距離関数で類似度を測れるようにする必要がある．ここで厄介なのは，化合物の集合はスプレッドシートのような標準的なデータ形式ではきれいに表せないことである．化合物の情報は，構成原子の位置情報と，原子間の化学結合の情報で与えられる．化合物が違えば原子の数も結合の数も違うので，決まった長さのベクトルで化合物の集合をベクトル化するのは簡単には行かない．さらに，たとえすべての化合物で原子数が同じであっても，分子を回転させれば原子の位置座標は変わるので，ベクトルは一意には決まらない．化合物の構造の標準的な記述法としては，SMILES(simplified molecular-input line-entry system) というものがある（Weininger 1988 を参照）．この記法では，原子の種類を示す記号と，化合物を再構成するために必要な注釈にあたる記号，これらをまとめてリストにして化合物を表現する．この手法の抱える問題点として，以下の三つがある．

(a) 一つの化合物に対する SMILES 表現は 1 通りとは限らない．
(b) SMILES を化合物の立体構造に変換する際に曖昧さがある．
(c) SMILES で構造が与えられても，化合物間の距離または類似度を簡単に計算できない．

そこで別の方法として，分子を有限距離空間として考えてみよう．各原子を点と捉え，色々な形のパーシステントトポロジーを用いて，パーシステンス図やパーシステンスバーコードを計算する．これに 5.2 節で示したような方法で座標を導入すれば，分子の特徴を示す数が得られるだろう．

分子を距離空間とみなす方法は，少なくとも三つある．

1. 分子が原子のリストと各原子のユークリッド空間内での位置として与えられているなら，各原子の中心間のユークリッド距離として，原子集合上の距離を定義できる．
2. 分子が原子のリストと原子間の化学結合のリストとして与えられていれば，原子のグラフをつくることができる．各原子を頂点に，原子間結合を辺に対応させればよい．この場合，原子対の間のグラフ距離を，二つの原子をつなぐ最短経路に含まれる辺の数として定義できる．
3. 分子が原子のリストと化学結合のリストで与えられ，さらに結合の長さが与えられている場合，原子の集合を**重み付きグラフ**の頂点と捉えることができる．このとき，原子のペア $\{x, y\}$ に対して，2 点間の距離を x から y への最短経路の長さと定義すれば，辺長距離を定義できる．ただし，ここで長さとしては経路上のすべての辺の重みの和をとることにする．

多くの場合，これらの定義のうちどれを使ってもよいが，分子を物理的に調べる場合には 1 番目の距離が最も適切である．この場合，ユークリッド距離が実際には最も重要になるからである．一方，2 番目や 3 番目の距離の方が適切になるのは，物理的距離がわからない場合や，分子がさまざまな配位（ユークリッド空間内への埋め込みなど）をもつがそういった配位構造によらない手法で分子を調べたい場合などである．

距離を決めた後，フィルター付き複体のつくり方を少し変えて，調べたい重要な量を強調するのもよいだろう．こういった手法の例を挙げよう．

1. もし原子（つまり頂点）ごとに実数が与えられていれば，スケールパラメータを一つ固定して 4.7.3 項に述べたような写像的パーシステンス複体をつくることができる．この手法で使える関数は色々あるが，たとえば，原子の質量や部分電荷，分子が定める距離空間内での中心度などが挙げられる．
2. 分子内の原子は，それが表す元素や，たとえばハロゲンや金属といった元素の種類で分類できる．分子全体についてリップス複体をつくった後，さらに部分複体として，特定のグループの原子のみからなる単体からなる部分複体を考えることができる．
3. さまざまな目的に合わせてフィルトレーションを直接変更することもありうる．たとえば，密度関数を用いてフィルトレーションを変更することができるだろう．距離を直接使うのではなく，原子対の密度の情報に基づいてスケールパラメータを変更し，フィルトレーションをかけることができる．

この種の手法の有効性については，グオウェイ・ウェイと彼の共同研究者の仕事で述べられている (Xia et al. 2015; Cang et al. 2018; Cang & Wei 2017, 2020; Nguyen et al. 2020a, 2020b)．この研究の大きな原動力となっているのが**ドラッグ・リポジショニング**の可能性である．これは，ある疾患に有効であるとすでにわかっている治療薬を別の疾患の治療に使おうというものである．この研究の重要な点は，既存の薬は副作用にどんなものがあるかすでに解析が済んでいるだろうから，迅速に実用化できるといったところにある．Nguyen et al. (2020a) では，COVID-19 ウイルスに関するドラッグ・リポジショニングについて調べており，Nguyen et al. (2020b) では，この手法を新薬開発全般に使えるように拡張し，機械学習の性能を競う国際大会で好成績を収めている．これらの研究では，データ分析からさらに踏み込み，パーシステントホモロジーの情報を使った深層学習法を開発している．

6.3　ウイルス進化

ダーウィン以降，**系統樹**は種の進化を捉える標準的なモデルである．現存しているものも絶滅したものも含めて，すべての種は**生命の木**とよばれる 1 本の木の上に配置される．ここ 20 年の遺伝子技術の革命により，配列情報から木構造を推測するためのデータも技術も爆発的に増加した (Felsenstein 2004; Drummond et al. 2002)．ところで，系統樹モデルは厳密にいえば，クローン進化のモデルである．この進化では，遺伝物質は一つの血統の祖先から引き継がれたものである．そして，変異が起これば，それは遺伝物質の複製により一人の親から子孫へと引き継がれる．しかし，遺伝子物質を生物間で受け渡す方法は他にも色々あることが知られており，中には異なる種の間での受け渡しすらある．このような遺伝物質の再編は多くの種で共通に見られる．種の間の受け渡しの例としては，植物の種間交雑，バクテリアで見られる遺伝子の水平移動，ミトコンドリアや葉緑体などで見られる遺伝子の融合などが挙げられる．Doolittle (1999) によれば，あらゆる遺伝物質の受け渡しを記述するモデルとしては木構造は適切ではない．無理に木構造を使おうとすると，矛盾する**生命の木**がいくつも出来てしまう．ところで，木構造のホモロジー群はつねに自明なものだけであるから，ホモロジーの手法を用いれば，配列の集合や遺伝的履歴の中から水平進化があった証拠を得られるかもしれない．この考えは Chan et al. (2013) で提案されたもので，そこでは代数トポロジーと進化上の概念を対応付ける辞書について概説され，ウイルス進化を例に遺伝子データの解析にホモロジーが有用なことが示されている．

ここで扱う遺伝情報のデータは，遺伝子配列からなっている．これは4種類のアルファベット $\{A, G, C, T\}$ の並びで，各文字はそれぞれヌクレオチドのアデニン，グアニン，シトシン，チミンに対応している．こういった配列集合上の距離で自然なものとしては**ハミング距離**がある．これは，二つの配列 $\{x_i\}_i$ と $\{y_i\}_i$（ここで $x_i, y_i \in \{A, G, C, T\}$）に対して，$x_i \neq y_i$ となる i の個数として定義されるものである．いい換えれば，ハミング距離は片方の配列からもう片方の配列をつくる際に必要な置換数の最小値である．この距離にはさまざまな変種があり，そこではさまざまな置換が起こる確率を考慮して各置換ごとに異なる値を当てはめる．Chan et al. (2013) では何種類かの距離について調べているが，どの距離を使っても同様な結果が出ている．距離が決まれば，有限距離空間にパーシステントホモロジーを適用し，パーシステンスバーコードを計算することができる．

こうして得られる距離空間が木と違うかどうかを知りたいので，「木のような」空間のパーシステントホモロジーとはどのようなものかを知っておくことは重要である．Γ を重み付きグラフ，つまり，有限集合 $V(\Gamma)$ と，$V(\Gamma)$ の元二つからなる集合（辺）の集まり $E(\Gamma)$，そして辺に重みを与える関数 $f_\Gamma : E(\Gamma) \to (0, +\infty)$ の三つ組 $(V(\Gamma), E(\Gamma), f_\Gamma)$ とする．$\nu_i \in V(\Gamma)$ からなる列 $\{\nu_0, \nu_1, \ldots, \nu_n\}$ で，すべての $0 \leq i \leq n-1$ に対して $\{\nu_i, \nu_{i+1}\}$ が $E(\Gamma)$ に含まれているものを**経路**とよぼう．任意の経路 $\mathfrak{e} = \{\nu_0, \nu_1, \ldots, \nu_n\}$ に対して**長さ** $\lambda(\mathfrak{e})$ を

$$\lambda(\mathfrak{e}) = \sum_{i=0}^{n-1} f_\Gamma(\{\nu_i, \nu_i + 1\})$$

で定義する．そして，Γ の二つの頂点 ν と ν' の間の距離 $d_\Gamma(\nu, \nu')$ を

$$d_\Gamma(\nu, \nu') = \min_{\mathfrak{e}} \lambda(\mathfrak{e})$$

で定める．ただし，ここで最小をとる際には，$\mathfrak{e} = \{\nu_0, \nu_1, \ldots, \nu_n\}$ と書いたとき $\nu_0 = \nu$ かつ $\nu_n = \nu'$ を満たすすべての経路についての最小をとるものとする．距離空間 (Γ, d_Γ) を $\mathfrak{M}(\Gamma)$ と書くことにしよう．$\mathfrak{M}(\Gamma)$ のパーシステンスバーコード

について，次元が正の場合には以下のことがわかる．

命題 6.4　Γ を重み付きグラフとし，基になる無向グラフが木，すなわち輪体をもたないとする．このとき，ヴィートリス - リップスのパーシステンスバーコード $\beta_i(\mathfrak{M}(\Gamma))$ はすべて自明である．すなわち，$i > 0$ のときは，バーの多重集合は空である．

注意 6.5　この結果の証明には，Buneman (1974) が証明したつぎの定理が不可欠である．距離空間が $\mathfrak{M}(\Gamma)$ の形で与えられることと，いわゆる 4 点条件が満たされることは同値である．すなわち，有限距離空間 (X, d) が距離空間 $\mathfrak{M}(\Gamma)$ で与えられることと，任意の $x, y, z, t \in X$ について

$$d(x,y) + d(z,t) \leq \max(d(x,z) + d(y,t), d(x,t) + d(y,z))$$

が成り立つことは同値である．

この結果を用いれば，有限距離空間が木構造と似ていないか，あるいは木が与える距離空間 $\mathfrak{M}(\Gamma)$ の有限部分集合と等長であるかを判定できる．実際にはノイズがあるので，「厳密に木構造」な距離空間をデータがもつことはないだろうから，この命題だけでは役に立たない．しかし，我々には定理 5.2 がある．これを使えば，有限距離空間が木構造に近いとき，つまりグロモフ - ハウスドルフ距離で見て木構造の距離空間に近いとき，高次元のバーコードはボトルネック距離で見て空のバーコードに近いことがわかる．つまり，バーコードに含まれる区間はすべて短いものになる．

Chan et al. (2013) では，1 次元と 2 次元のパーシステントホモロジーを用いて，ウイルス進化で得られたデータ集合を解析している．その際，4.3.2 項で定義したヴィートリス - リップス複体と 4.3.4 項で定義したウィットネス複体を用いている．詳細は Chan et al. (2013) にあるが，結果を要約すると以下のようになる．

1. 遺伝物質の交換方法は，遺伝情報のトポロジーを用いて分類できる．厳密なクローン進化では，すべての情報は 0 次元のホモロジーに含まれる．セグメント化されたウイルス，つまり遺伝子情報が複数の異なる「染色体」あるいはセグメントにコード化されているウイルスでは，遺伝子の再結合が起こる．つまり，異なる系統の親からのセグメントが組み合わさって新しいウイルスが生まれる．この現象は，これまで報告された大部分のヒトインフルエンザの大流行の元になっている（1957 年の H2N2 型の大流行，1968 年の H3N2 型

の大流行など）．これらの例では，異なる宿主に感染した異なる系統のウイルスが親となり，セグメントの再結合が起こって新しいウイルスの系統が発生する．こういった観点から，鳥インフルエンザの遺伝子配列データ集合が解析された．その結果，一つひとつのセグメント内では，高次元構造は見られなかったのに対し，セグメントを統合した配列がつくる距離空間ははっきりと1次元のホモロジーをもっていた．これは，通常の系統発生で完全に説明することはできない．他にも，AIDSをもたらすHIVのようなウイルスでは，遺伝子の組み換えが起こり，子孫のゲノムは親のゲノムの寄せ集めになる．組み換え型流行株 (circulating recombinant form, CRF)†の存在は，HIVウイルスの組み換えパターンの複雑さを示している．これらのデータにパーシステントホモロジーを用いると高次元ホモロジー群が得られ，これは複雑な組み換え構造をある程度捉えている．

2. 水平進化の速度とスケールの推定：進化シミュレーションの結果をパーシステントホモロジーで解析し，対応するバーコードの本数を数えることで，再結合／組み換えレートの下限が求められる．こういったイベントの数を数え，異なる遺伝物質が結び付けられる進化圧を推定できる．たとえば，鳥インフルエンザAのホモロジー解析では，ポリメラーゼをコードしている遺伝子などのいくつかのセグメントが同時に分離しやすいことがわかった．これはおそらく，遺伝子の組み合わせによって自然選択への適応度が異なることを示しているのだろう．
3. 高次元のホモロジーの生成元から遺伝子の交換がわかる．高次元のホモロジーが存在すれば，その特徴（バー）を代表する輪体が得られる．こういった輪体は，1次元の場合はランドマーク対の線形結合であり，2次元の場合はランドマーク三つの組からなる集合の線形結合であり，高次元の場合も同様である．これらの輪体はイベントが起こったデータ点のリストを与えてくれる．このリストを調べたところ，起こったイベントは既知の水平移動メカニズムと矛盾しないものであった．この研究では，代表の輪体はパーシステントホモロジーを計算する過程で得られたものを直接使っていることを注意しておこう．ここでは，たとえば最小輪体，つまり何かの和が最小になるような輪体を求めてはいない．こういった最小輪体を使えば，よりはっきりした結果

† ［訳注］サブタイプの異なるHIVウイルス間で遺伝子組み替えが起こることで生まれた流行株.

が得られるだろう．ホモロジーによる結果を，Singh et al. (2007) による写像を用いた研究の結果と比較してみるのもよいだろう．

4. 具体例についても調べられている．中国で 2013 年 3 月に発生した鳥インフルエンザの元になった三重再結合や，異なる宿主（ヒト，ブタ，鳥）に感染するインフルエンザ A ウイルスの再結合レート，HIV の遺伝子組み換え，その他デング熱ウイルス，C 型肝炎ウイルス，西ナイル熱ウイルス，狂犬病ウイルスなどについて分析されている．

Lesnik et al. (2019) では，こういったアイディアを系統的に調べ，数学としてきちんと理論化する方向性を示している．

6.4 時系列

時系列はとても興味深いデータのクラスで，離散変数 t に対して距離空間 (X, d) 内の点 x_t が与えられたものである．通常，X はユークリッド空間 $\mathbb{R}^n$ である．こういった時系列と正整数 l が与えられれば，以下のようにして $\{x_t\}_t$ からデータ集合をつくることができる．各時刻 t_i に対して部分列 $(x_{t_i}, x_{t_{i+1}}, \ldots, x_{t_{i+l}})$ を考え，これをすべて集めた集合を $\mathfrak{T}_l(\{x_t\}_t)$ とする．X 上の距離関数 d を用いれば，$\mathfrak{T}_k(\{x_t\}_t)$ 上の距離 d_T を以下のように定義できる．

$$d_T((x_{t_i}, x_{t_{i+1}}, \ldots, x_{t_{i+l}}), (x_{t_j}, x_{t_{j+1}}, \ldots, x_{t_{j+l}})) = \left(\sum_{s=0}^{l} d(x_{t_{i+s}}, x_{t_{j+s}})^2\right)^{1/2}$$

これがどのようなものかを見るために，

$$x_t = \sin(t\epsilon)$$

で与えられる時系列について考えてみる．ここで，ϵ は非常に小さな閾値である．もし $l = 0$ なら，データ集合は単に正弦関数で，引数を ϵ の倍数に限定したものとなる．ϵ が十分小さければ，このデータ集合は正弦関数の値域 $[-1, 1]$ 全体を大体覆うだろう．一方 $l = 1$ とすると，データ点は $(\sin(t\epsilon), \sin((t+1)\epsilon))$ という二つの値の組になる．$\epsilon = \frac{\pi}{4}$ の場合のこのデータ集合の散布図を図 6.12 に示す．

三角関数の公式を使えば，この集合が楕円

$$x^2 - \frac{\sqrt{2}}{2}xy + y^2 = \frac{1}{2}$$

の上にある点の離散集合であることはすぐにわかる．このデータ点がループをつ

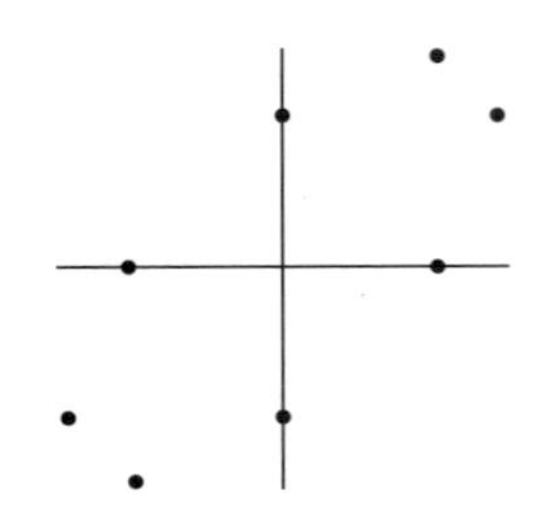

図 6.12　$l=1$，$\epsilon=\frac{\pi}{4}$ の場合の時系列.

くっているのは，正弦関数が周期関数であることの反映である．もし $x_t = t\epsilon$ で与えられた時系列データについて同様なことを行えば，代わりに得られるのは直線 $y = x + \epsilon$ 上の点の集合になる．この集合はループをもたないが，これは線形関数 $f(x) = x\epsilon$ が周期関数でないことを反映している．

これらの観察から，距離空間 $\mathfrak{T}_l(\{x_t\}_t)$ の 1 次元パーシステントホモロジーやコホモロジーを調べることで，与えられた関数が周期的な振る舞いをするかどうかを調べられるのではないかと考えられる．

信号の次元が低いときには，Takens (1981) によって提案された**遅延埋め込み**により，時系列 a_t を $(d+1)$ 次元の高次元空間での時系列 $(a_t, a_{t+\epsilon}, \ldots, a_{t+d\epsilon})$ に射影すれば，幾何学的な形状を与えることができる．適切に d と ϵ を選べば，この埋め込みにより時系列の元になった力学系を再現できるということを，ターケンスが証明している．

こういった研究については，4.5.6 項で述べたコホモロジーと円座標を用いたものとして，de Silva et al. (2012)，Berwald et al. (2014)，Vejdemo-Johansson et al. (2015) によるものがある．また，パーシステントホモロジーを用いたものとして，Perea & Harer (2015) がある．ここでは両方のアプローチを紹介しよう．

6.4.1　固有位相座標

関数がほぼ周期関数の場合，上で見たように，点群は非自明な次数 1 のホモロジーを，またとくに非自明な次数 1 のコホモロジーをもつだろうから，点群の形から座標を決めることができる．

このアイディアは de Silva et al. (2011) により導入されたが，そこでは 4.5.6 項で述べたパーシステントコホモロジーが使われている．パーシステントコホモロジーと位相座標，つまり周期のどの辺りにいるかを示す値との関係は，古典的な代数トポロジーから得られる．なぜなら，S^1 は関手 $H^1(-;\mathbb{Z})$ という，注意 3.125 と注意 3.126 で定義したコホモロジーの積分版の分類空間になっているからである．

これは，写像 $X \to S^1$ のホモトピー類と，$H^1(X;\mathbb{Z})$ の整数係数のコホモロジー類が完全に対応しているということである．この対応は簡単に構成的に示すことができる．単体複体 X と，余輪体 $z \in C$ を代表元にもつコホモロジー類 $[z]$ を考えよう．いい換えると，$z: C_1 \to \mathbb{Z}$ が X の辺から整数への写像であり，$\delta z = 0$，つまり任意の $y \in C_2$ に対して $z(\partial y) = 0$ が成り立つということである．

この最後の条件は，値が経路によらないということである．経路に沿った余輪体の係数の和は，ホモトピー同値な経路ならば同じ値になる．もし穴の周りを回るような経路なら異なる値をとってもよいが，一方の経路をもう一方の経路に変形させることができるなら，余輪体から得られる和の値は変わってはいけない．

これを用いて S^1 上への写像をつくるには，すべての X の頂点を 0 に射影し，辺 e に対して $z(e)$ を回転数として定義する．回転数は e が S^1 上を何周するかを示したものである．$z(e)$ の符号で回転方向を表す．経路に対する不変性を考えると，ホモトピー同値な経路なら円の周りを回る回数は同じだから，得られる関数は連続である．

しかし，このままではこの関数はあまり現実のデータに対しては役に立たない．なぜなら，ヴィートリス－リップス複体にこれを使うと，データ点（つまりヴィートリス－リップス複体の頂点）はすべて円の始点に写ってしまうからである．この関数が与えるのは回転数だから，その値は整数になる．より実用的な関数をつくるために，係数を $\mathbb{R}$ に拡張しよう．そうすれば関数を連続的に変形することができる．いい換えると，データ点を円上の値に写す関数を認め，$H^1(X,\mathbb{R})$ を調べようということである．de Silva et al. (2011) での議論によると，L_2-ノルム

$$||z||_2 = \sum_{e \text{ edge}} z(e)^2 \tag{6.1}$$

は z の滑らかさをよく示す指標になっており，これが大きくなると，滑らかさは小さくなる．そこで，$||z||_2$ を最小にすることで，実数に値をとるコホモロジー類の中で最も滑らかなものを探すことができる．このとき，コホモロジー類を変えないようにするため，余境界のみを変化させることにする．

この場合でも少し定義を変えて，一つの辺が円の周り 1 周ではなく，円の一部に対応する，としてやれば，回転数を用いて円座標を導入できる．円座標に値をも

つ関数をつくるには，まず，どこか始点を選んでそこでの値を 0 にする．そして，グラフに従って移動し，始点からたどった道上の辺の値の和をデータ点に与えていく．こうすれば，データ点は円周から均等に選ばれたものとみなせる．そして，最も滑らかな余輪体を求める問題は，最小二乗法で

$$\min_{w \in C^0} ||z + \delta w||_2 \tag{6.2}$$

を求める問題に帰着される．

筆者らは，明示的にグラフ上を移動しなくても，式 (6.2) を最小化する w を求め，各頂点での値としてその小数部分を与えればよいことを発見した．こうすれば，S^1 を区間 $[0, 1]$ の両端を同一視することで得られる円と考え，関数 $f_z : X \to S^1$ を

$$f_z(x) = w(x) \pmod{1.0} \quad \text{ここで } w = \arg\min_{w \in C^0} ||z + \delta w||_2 \tag{6.3}$$

として定義できる．

6.4.2 モーションキャプチャーとインデックス関数

6.4.1 項で説明した方法を用いて，Vejdemo-Johansson et al. (2015) では，モーションキャプチャーのデータを解析している．このデータは，被験者の体に明るいマーカーを取付け，さまざまな運動（歩行，スキップ，登攀，水泳など）をスタジオで行ってもらい，いくつかの方向からカメラで記録することで得られたものである．マーカーの動きを追い，四肢が関節でつながっていて，各関節に可動角が与えられているという人骨格の抽象的モデル（図 6.13 (a)）を用いて，運動を表す時系列データが構築できる．時系列内の各時点のデータは一つのポーズを表しており，基準点（通常は尻）から見た 3 次元座標と方向，そして骨格モデルにおける各関節の角度として与えられてる．

一つひとつの時系列データは，この「姿勢の空間」内で曲線を描くが，Vejdemo-Johansson et al. (2015) で使われたデータの場合，この空間は大体 70 次元となる．再帰的な運動（同じところに戻ってくる運動）は姿勢の空間では閉じたループを描き，もしいくつか異なる種類の動きが含まれていれば，それぞれの動きは別の曲線を描く．それぞれの曲線は異なるコホモロジー類を生成し，それぞれのコホモロジー類は異なる座標関数を与え，それぞれの座標関数は特定の再帰運動を記述する．歩行のように位置が変化する運動の場合はこの曲線は引き伸ばされて螺旋にな

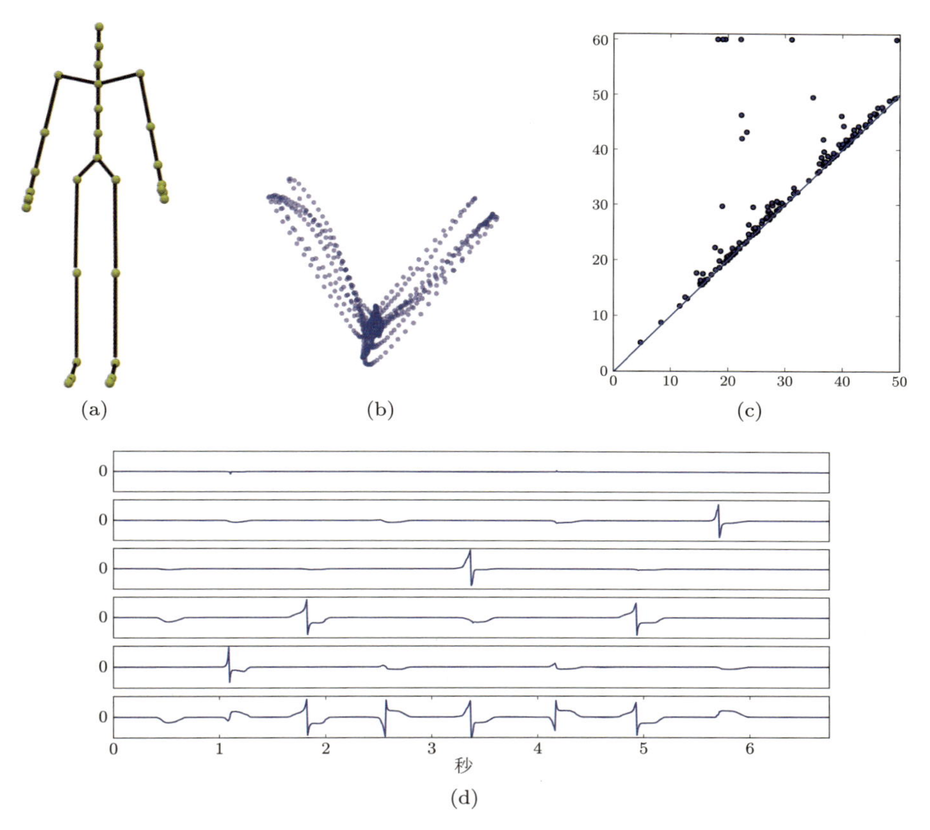

図 6.13 (a) モーションキャプチャに使われた人体の骨格モデル．(b) 143 分 23 秒のモーション記録中，ボクシングの動きを射影したもの．(c) 143 分 23 秒のモーション記録中のボクシングの動きから得られたパーシステンス図．(d) 143 分 23 秒のモーション記録のうちボクシングの動きから得られた六つの円座標（図 (c) で death が 50 を超えるもの）．これらの座標を組み合わせれば，異なる運動を判別できる．［図 (a) は Vejdemo-Johansson et al. (2015) より．© 2015 Springer-Nature］

るが，その場合は姿勢が以前と同じになったときに尻の位置を示す変数が変化する．したがって，このような運動を判別するには，データの写像をとり，空間座標の情報を取り除いてから計算すればよいだろう．

このようにいくつかの異なる座標関数に分ける手法を 143 分 23 秒に及ぶ CMU モーションキャプチャーデータ (CMU Graphics Lab 2012) で試したところ，劇的な成果が得られた．このデータにはボクシングのデータが含まれており，この動きのモーションキャプチャーの記録ではパンチやジャブとして左右の拳が交互に繰り出されている．この動きがどのようなものかを見るため，姿勢の空間を主成分分析 (PCA) のような次元削減法で 2 次元に射影したところ，ボクサーの場合，得られた曲線は図 6.13(b) となった．

6.4.3 移動窓上のパーシステントホモロジー

Perea & Harer (2015) ではターケンスの埋め込みの定義を拡張している．実軸上で定義された任意の実数値関数 f に対し，f の**移動窓埋め込み** $\mathrm{SW}_{r_{M,\tau}}f(t)$ を以下のように定義する．

$$\mathrm{SW}_{r_{M,\tau}}f(t) = (f(t), f(t+\tau), \ldots, f(t+M\tau))$$

ここで，$M \in \mathbb{N}$ と $\tau \in (0, +\infty)$ はパラメータである．$\mathrm{SM}_{r_{M,\tau}}f(t)$ は $\mathbb{R}$ 上で定義された $\mathbb{R}^{M+1}$ に値をとる関数となる．有限個の点からなる集合 $T \subset [0, L]$ を決めれば，T の各要素 $t \in T$ に対して $\mathrm{SW}_{r_{M,\tau}}f(t)$ を求めることで†，関数 f に対する点群が得られる．これを $\mathfrak{C} = \mathfrak{C}(f, M, \tau, T)$ と表そう．ヴィートリス - リップス複体を用いて $\mathfrak{C}$ のパーシステントホモロジーを見れば，周期運動について知ることができる．Perea & Harer (2015) の主要な結果をきちんと書くため，いくつか定義をしよう．S^1 上の任意の L^2 関数に対し，N 次で打ち切ったフーリエ展開を $S_N f$ で表すことにする．つまり，f をフーリエ展開し，$n < N$ の条件の下で $\sin(nt)$ と $\cos(nt)$ の線形和として表したものである．つぎに，あらかじめ M と τ を決めておき，任意の有限集合 $T \subseteq S^1$ について，T の各要素ごとに $S_N f$ の移動窓埋め込みを行って，$(M+1)$ 次元ユークリッド空間内の点群 $Y = Y(f, T, N, M, \tau)$ を求める．そして，得られた Y 上のデータ点一つひとつに対し，重心を原点に写し，さらにデータ点が $\mathbb{R}^{M+1}$ 内の単位球面上に来るように正規化する．つまり，各データ点 $\underline{x} = (x_0, x_1, \ldots, x_M)$ を，まず

$$\hat{x}_i = x_i - \frac{1}{M+1}\sum_i x_i$$

によって $\underline{\hat{x}} = (\hat{x}_0, \hat{x}_1, \ldots, \hat{x}_N)$ に変換し，その後 $x^* = \underline{\hat{x}}/||\underline{\hat{x}}||$ と変換する．このような変換で得られた点群を $\overline{Y}(f, T, N, M, \tau)$ と書こう．さて，f が S^1 上の周期 L の関数であり，したがって $f(x + \frac{2\pi}{L}) = f(x)$ となるとしよう．そこで

---

† ［訳注］原文ではポイントクラウド $\mathfrak{C}$ が T からどのように決まるか説明されていないので，「T の各要素 $t \in T$ に対して $\mathrm{SW}_{r_{M,\tau}}f(t)$ を求めることで」を補足した．

$$\tau_N = \frac{2\pi}{L(2N+1)}$$

とする．点群を 1 次元のパーシステンス図またはバーコードに写す操作を dgm, $w = \frac{2\pi}{L}$ とすると，5.3 節で定義したボトルネック距離の下で完備化したバーコードの空間 $\hat{\mathfrak{B}}_\infty$ において，列 $\mathrm{dgm}\,\overline{Y}(f, T, N, 2N, \tau_N)$ の極限 $\mathrm{dgm}_\infty(f, T, w)$ が存在することを Perea & Harer (2015) は示した．また，$\mathfrak{B}_\infty$ 内の任意のバーコード $\beta = \{(x_1, y_1), \ldots, (x_n, y_n)\}$ に対して，**最大パーシステンス**を $\mathrm{mp}(\beta) = \max_i(y_i - x_i)$ で定義すると，mp を $\hat{\mathfrak{B}}_\infty$ 上の関数に拡張できることは簡単にわかる．さらに，Perea & Haraer (2015) では，つぎのことも証明している．T_δ を，S^1 上のすべての点が T_δ の点のどれかから距離 δ 以内にあるという意味で，δ-稠密な集合とする．このとき，部分集合族 $T_\delta \subseteq S^1$ について，$\delta \to 0$ の極限 $\mathrm{dgm}_\infty(f, w)$ をとることができる．Perea & Harer (2015) の主要な結果の一つは，以下のようなものである．

定理 6.6 f を S^1 上の周期 L の連続関数で，$\hat{f}(0) = 0$ かつ $||f||_2 = 1$ を満たすとする．そのとき．$\mathbb{Q}$ を係数とするホモロジーについてパーシステンス図を計算すると，以下の式が成り立つ．

$$\mathrm{mp}(\mathrm{dgm}_\infty(f, w)) \geq 2\sqrt{2} \max_{n \in \mathbb{N}} |\hat{f}(n)|$$

ここで $\hat{f}(n)$ は，f のフーリエ展開の $\cos(nt)$ と $\sin(nt)$ の係数をそれぞれ a_n，b_n とするとき，

$$\hat{f}(n) = \begin{cases} \frac{1}{2}a_n - \frac{i}{2}b_n & (n > 0 \text{ のとき}) \\ \frac{1}{2}a_{-n} + \frac{i}{2}b_{-n} & (n < 0 \text{ のとき}) \\ a_0 & (n = 0 \text{ のとき}) \end{cases}$$

で定義される．

この関係式は非常に興味深く，関数 f からつくられた点群のパーシステンスバーコードを用いて周期性を判定するのに利用できる．Peras & Harer (2015) では，従来の手法とこの手法で周期性の判定を比較しており，他の手技に劣らぬ結果が得られている．

6.5 センサー被覆と回避

6.5.1 被覆問題

被覆問題はさまざまな状況で現れる．例を挙げてみよう．

- ユーザーがどこにいてもカバーできるように，携帯電話の電波塔が配置されているだろうか？
- ロボットがある領域を動き回るとき，そのナビゲーションを助ける最良のビーコンの配置は？
- 大衆向け作品から一例を挙げると，『オーシャンズ 8』(他の多くの泥棒映画でも同様だが) では，センサー被覆が完全でないおかげで盗みがうまくいく．

以下，問題を定式化しよう．領域 $\mathfrak{D}$ 内にいくつかのセンサーがある．そして，各センサーは自分の周りに**検知領域**をもち，領域内にいる侵入者や他のセンサーの存在を検知できる．知りたいのは，これらの検知領域が $\mathfrak{D}$ を覆っているかどうかである．もし覆っていれば，侵入者は少なくとも一つのセンサーに検知されることになる．すべてのセンサーの位置を知っていれば，被覆条件が満たされているかどうかを知るのは比較的単純な問題である．しかしここでは，センサーがとても簡素なもので，GPS などの方法で自分の位置を決めることができない場合を考えよう．センサーが利用できる情報は，自分の検知領域内にあるセンサーのリストだけである．この情報だけで被覆条件が満たされているかどうかを知ることができるだろうか．この問題は de Silva & Ghrist (2006) で考察された．

彼らの仕事を理解するために，まずは特異ホモロジーの簡単な場合を見てみよう．

命題 6.7 D^2 をユークリッド平面内の単位円盤，S^1 をその境界である円とする．$X \subseteq D^2$ を，S^1 を含む任意の部分空間とする．このとき命題 3.143 より，(X, S^1) の組の長完全系列を考えることができる．この完全系列から以下の部分を取り出す．

$$H_2(X) \to H_2(X, S^1) \xrightarrow{\delta} H_1(S^1)$$

準同型写像 δ が零でないとき，またそのときに限り，$X = D^2$ である．

[証明] この証明は，3.3.10 項で出てきた間接的方法と可換図式という手法の力を示すのに良い問題である．そこで，これらの手法の使い方を示すため，証明を細かく見てみよう．一般にはもっと簡便な方法があり，それを使えば証明は 2, 3 行で終わる．

命題 3.143 で述べなかったが，長完全系列のペアがもつ一つの特徴として自然性がある．これは，もし二つの空間のペア (X_0, Y_0) と (X_1, Y_1) があって，各 i に対して Y_i が X_i の部分空間であり，$f(Y_0) \subseteq f(Y_1)$ を満たす連続な写像 $f : X_0 \to X_1$ があれば，以下の図式が可換であることをいう．

$$\begin{array}{ccccc} H_i(X_0) & \longrightarrow & H_i(X_0, Y_0) & \xrightarrow{\delta_0} & H_{i-1}(Y_0) \\ \downarrow & & \downarrow{\scriptstyle H_i(f)} & & \downarrow{\scriptstyle H_i(f|_{Y_0})} \\ H_i(X_1) & \longrightarrow & H_i(X_1, Y_1) & \xrightarrow{\delta_1} & H_{i-1}(Y_1) \end{array} \tag{6.4}$$

可換図式の概念は代数トポロジーでは至るところに現れ，計算や応用においては極めて重要である．（ベクトル空間の）図式は有向グラフであり，各頂点は一つのベクトル空間に，矢印線はそれぞれ根元の頂点が表すベクトル空間から先の頂点が表すベクトル空間への線形変換に対応している．ベクトル空間 V を表す頂点からベクトル空間 W を表す頂点への経路は，経路を構成する各辺に対応した線形変換を合成してできる，V から W への線形変換を与える．図式が可換であるとは，二つの頂点の間の経路をどのようにとっても同じ線形変換になるということである．とくに，図式 (6.4) では，線形変換 $H_{i-1}(f|_{Y_0}) \circ \delta_0$ が変換 $\delta_1 \circ H_i(f)$ と等しいことを示している．

X が D^2 全体と一致しないとしよう．このとき，D^2 の内点で X に含まれない点 p があることになる．S^1 を変化させずに円盤内の座標をとり直せば，p は円盤の原点にあるとしてよい．包含写像 $S_1 \hookrightarrow D^2 - \{0\}$ はホモトピー同値を与える．なぜなら，$D^2 - \{0\}$ は極座標表示を用いれば $S^1 \times (0, 1]$ と位相同型だからである．このことから，線形変換 $H_2(S^1) \to H_2(D^2 - \{0\})$ と $H_1(S^1) \to H_1(D^2 - \{0\})$ はともに同相写像であり，長完全系列を $(D^2 - \{0\}, S^1)$ の組に対してつくると，

$$H_2(S^1) \xrightarrow{\alpha} H_2(D^2 - \{0\}) \to H_2(D^2 - \{0\}, S^1) \to H_1(S^1) \xrightarrow{\beta} H_1(D^2 - \{0\})$$

を得る．ここまで見てきたように，変換 α と β は同型写像である．すると，命題 3.139 で出てきた式より，$H_2(D^2 - \{0\}, S^1)$ は零ベクトル空間ということがわかる．

さらに，以下の可換図式が得られる．

$$\begin{array}{ccc} H_2(X, S^1) & \xrightarrow{\delta_1} & H_1(S^1) \\ {\scriptstyle \phi}\downarrow & & \downarrow{\scriptstyle id} \\ H_2(D^2 - \{0\}, S^1) & \xrightarrow{\delta_2} & H_1(S^1) \\ {\scriptstyle \psi}\downarrow & & \downarrow{\scriptstyle id} \\ H_2(D^2, S^1) & \xrightarrow{\delta_3} & H_1(S^1) \end{array}$$

図式が可換であるので，変換 $\delta_1 : H_2(X, S^1) \to H_1(S^1)$ と合成変換 $\delta_3 \circ \psi \circ \phi$ は等しい．

ところが，この合成は途中でベクトル空間 $H_2(D^2 - \{0\}, S^1)$ を経由しているが，上で議論したように，これは零ベクトル空間である．したがって，δ_1 は恒等的に零である．　□

この議論を，X が「被覆領域」，つまりすべてのセンサーの検知領域の和集合である場合に適用しよう．さらに，境界上に**柵上センサー**があって，これらのセンサーの検知領域は領域の境界線を覆っているとしよう．どこに検知領域があるかわからないので，X を直接扱うことはできない．しかし，チェック複体やヴィートリス - リップス複体をつくり，これらの関係を見ることでそのホモロジーを調べることができる．検知領域がすべて同一の半径の円盤である場合を考えよう．この場合，以下のことがわかる．

1. 検知領域は凸集合であり，したがって可縮である．検知領域の共通部分も同様である．
2. 1番目の事実から，検知領域に被覆された領域に対して脈体補題 4.6 が適用できる．閾値を R とするチェック複体は X を半径 R の球で被覆したときの脈体であるから，D について適切な条件が成り立てば（たとえば凸領域であるなど），チェック複体の単体ホモロジーは X の被覆領域の特異ホモロジーと同型となる．$H_i(X, \partial X)$ についても，柵上センサーの被覆領域の被覆を使えば，境界に適切な条件が成り立つときに同様の結果を証明できる．
3. センサーが，半径 R 内にある他のセンサーを正確に検知できることから，センサーの集合について閾値 R のヴィートリス - リップス複体を計算できる．
4. 4.3.2 項で，一般に以下の包含関係が成り立つことを示した．

$$C^{\text{Cech}}(X, R) \subseteq \text{VR}(X, 2R) \subseteq C^{\text{Cech}}(X, 2R)$$

   いまのように平面内に点がある場合には，$2R$ という条件はより厳しいものに置き換えることができる．

デ・シルヴァとグライストは，D が単位円にその境界を加えたものと位相同型である場合の被覆問題を考えた．∂D を D の境界，$\mathcal{S}$ を D 内のすべてのセンサーの集合，$\mathcal{S}^\partial$ を境界 ∂D 上にあるセンサーとする．de Silva & Ghrist (2006) では，ヴィートリス - リップス複体 $\text{VR}(\mathcal{S}, R)$ と $\text{VR}(\mathcal{S}^\partial, R)$ の解析を行っている．これによると，商鎖複体 $C_*(\text{VR}(\mathcal{S}, R))/C_*(\text{VR}(\mathcal{S}^\partial, R))$ が存在し，さらに位相同型写像

$$\delta^{\text{VR}} : H_2(C_*(\text{VR}(\mathcal{S}), R)/C_*(\text{VR}(\mathcal{S}^\partial, R))) \to H_1(\text{VR}(\mathcal{S}^\partial, R))$$

が存在する．さらに，領域 D とパラメータ R についての条件として，線形変換 δ^{VR} が零にならなければセンサーが D を覆うことを明らかにした．この条件はセンサーの情報だけから判定可能である．ただ，この結果は十分条件であることに注意しよう．必要十分条件を見つけるのは望み薄である．

6.5.2 逃避問題

センサーが時間とともに動く場合を考えるのも面白い．実は，センサーが領域を被覆することが**一度もなくても**，侵入者が検知を免れないようにセンサーを動かすことができる．そこで，時間変化する被覆問題を考えてみよう．ここで問題にするのは，侵入者がずっとセンサーを避け続けていられるかということである．これを**逃避問題**とよぶことにしよう．逃避問題の定義を正確に述べると，以下のようになる．

領域 $\mathcal{D}$ 内を動き回るセンサー S_i の集合が与えられるとする．このとき，各センサーに対して $\mathcal{D}$ 内の曲線 $\sigma_i : \mathbb{R} \to \mathcal{D}$ が定義できる．問題は，つねにどの S_i の被覆領域にも入らないような曲線 $E : \mathbb{R} \to \mathcal{D}$ が存在するか，ということである．いい換えると，今までやってきたように検知領域を半径 r の円と簡単にした場合，$\mathrm{dist}(E(t), \sigma_i(t)) > r$ がすべての t に対して成り立つような逃走経路 E が存在するのだろうか．

問題を扱いやすくするため，これまでと同様に，デ・シルヴァとグライストはいくつか仮定を置いた．被覆問題のときに述べた仮定に加えて，さらにセンサーは領域を出入りしてもよいが，柵上センサーは動くことも消えることもないとする．

デ・シルヴァとグライストによる構成は少々技術的に複雑なので，ここでは簡単に概略だけを述べる．サンプリングされた時間ごとにヴィートリス－リップス複体を構成し，これを積み重ねる．そして，ある時刻に存在する単体のうちつぎの時間にも残っているものをすべて選び，対応する単体どうしをつなぐプリズム（角柱）で糊付けすることで，時間の経過をトポロジカルに追うことができる．いい換えると，**プリズム複体**とは，$[\nu_0, \ldots, \nu_d] \in \mathrm{VR}_r S_*(t)$ かつ $[\nu_0, \ldots, \nu_d] \in \mathrm{VR}_r S_*(t+1)$ であるとき，$\Delta^d \times [0,1]$ を追加し，$\Delta^d \times \{0\}$ を時刻 t での単体に，$\Delta^d \times \{1\}$ を時刻 $t+1$ での単体に糊付けすることで得られるものである．この構成を図 6.14 に示した．

もしプリズム全体に逃走者を捕まえるシートを貼ったら，（シートは時間ととも

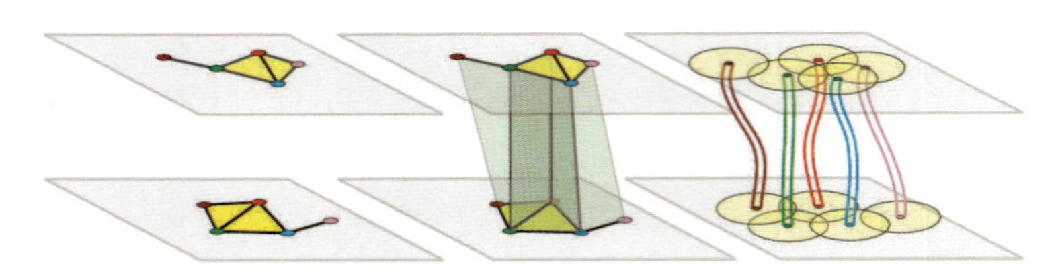

図 6.14 プリズム複体の構成．[de Silva & Ghrist (2006) より．© 2006 SAGE Publication]

にばたばたと動いていたとしても）侵入者は捕まるのではないか？ この考えを形にしたのが，デ・シルヴァとグライストが論文中の Theorem 7 で示した，以下の定理である．

定理 6.8 上に述べた仮定の下，もしある相対ホモロジー類 $[\alpha] \in H_2$ $(\mathcal{P}\mathrm{VR}_r S_*, \mathcal{F} \times [0,1])$ があって，射影 $\mathcal{F} \times [0,1] \to \mathcal{F}$ によってホモロジー上に誘導される写像の元で $\partial\alpha$ の像が 0 でなければ，任意の曲線 $p : [0,1] \to \mathcal{D}$ はどこかの時刻 t において被覆内部にある．

後に Adams & Carlsson (2015) では，定理 6.8 と似ているがストリーミングアルゴリズムを用いて計算できる検定法を提案している．この方法を使えば，より大きな問題に対し，はるかに少ない計算量で同様の判定ができる．

デ・シルヴァとグライストのようにすべての積み上げられた複体を糊付けて 1 本の長いプリズム複体をつくる代わりに，4.8 節で述べたジグザグ構成法を使うこともできる．その場合は個々の複体から隣接ペアを結ぶプリズムへの包含写像を使う．図 6.15 にその構成法を示す．

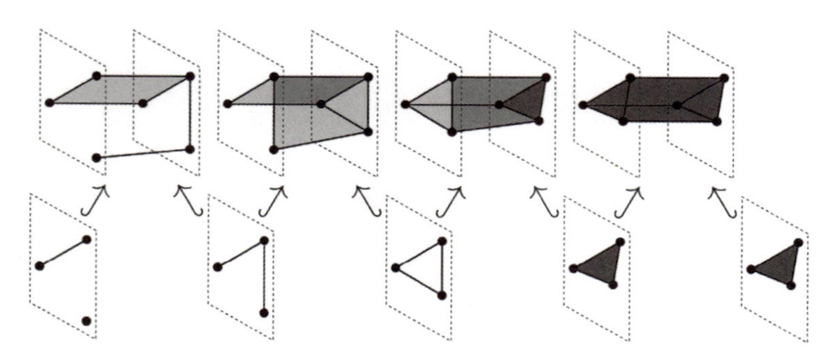

図 6.15 アダムスとカールソンによる，スタックされた複体のジグザグダイアグラム．[Adams & Carlsson (2015) より．© 2015 SAGE Publication]

4.8 節で述べたように，こういったベクトル空間をジグザクにつなげたものは，通常のパーシステントホモロジーと同様，バーコードを使って分類できる．これを使えば，もし領域に逃避経路があれば，次数 0 のジグザグバーコードは長さが全領域にわたる区間をもつことがわかる．一方，この逆は成り立たない．ジグザグバーコードが全領域にわたる区間をもっているが，逃避経路をもたない場合があるからである．例を図 6.16 に示す．

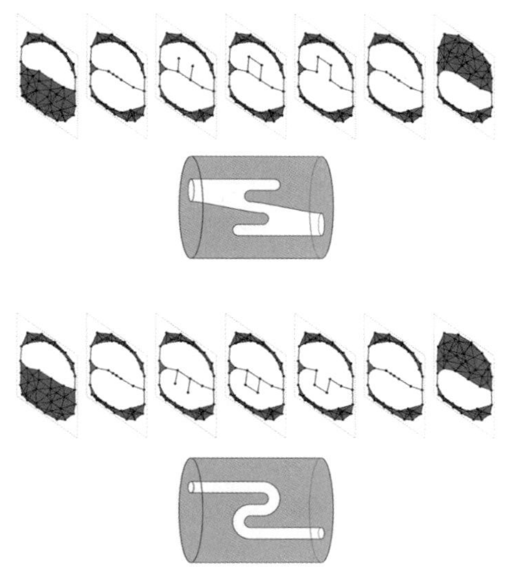

図 6.16　デ・シルヴァとグライストの手法では逃避経路の有無がわからない例．上 2 段は，逃避経路がある例．下 2 段は，パーシステントホモロジーから得られるバーコードはどの時点でも上と等しいが，逃避経路がない例．1 段目と 3 段目では，いくつかの時点における被覆領域を，左から右に時間順に並べている．2 段目と 4 段目の図では，全時刻に対して時刻ごとの被覆領域をグレーで示している．奇数段目の図と偶数段目の図は同一のものではないが，ホモトピー同値になっている．［Adams & Carlsson (2015) より．© 2015 SAGE Publications］

いい換えれば，アダムス‑カールソンのテストも，デ・シルヴァとグライストによるものと同じく，必要条件を与えるだけで十分条件ではない．

図 6.16 では，アルファ‑ウィットネス被覆は存在しないが，逃避経路も存在しないようなセンサーの分布の例を示した．この例で鍵になるのは，逃走者が時間を逆行できないということである．もし逆行できるなら，この例でも逃走経路がある

ことになる.

ここまで，センサーは最小限の機能しかもたないと仮定してきた．つまり，決められた半径内での通信と探索しかできないとし，位置や距離，方向といったものを計測する機能は一切仮定しなかった.

センサーの機能をここまで制限すると，逃避問題を解くことはできないということを示唆する結果がいくつかある．Adams & Carlsson (2015) では，次元数が2以上の任意の領域について，図6.16の下図で示したような構造をもつ例があることを示した．さらに，図6.16の上図は，下図とチェックバーコードが同一にもかかわらず，逃走経路が存在する例を示している．チェック複体を近似する複体を用いる限り，これら二つの例は区別できない．これを受けて，アダムスとカールソンは，逃避問題を解くにはホモロジー以上の情報をセンサーが捉える必要があると結論付けた．さらに洗練された量，たとえばいわゆる**カップ積**（Hatcher 2002 や Carlsson & Filippenko 2020 を参照）といったものを使えば，逃走経路が存在する必要十分条件を得ることができ，さらには逃走経路の空間構造までわかる可能性がある.

アダムスとカールソンは，センサーに能力を付け加えて，逃走経路が存在する必要十分条件を判定する方法を提示している．彼らが新たにセンサーに付け加えた能力は，近傍の循環的順序を検知する能力である．センサーは相対距離を測れなくてもよいが，他のセンサーが並んでいる方向が相対的にどういう順序になっているかを知ることができる．この能力が付け加われば，以下の定理が証明できる．これは Adams & Carlsson (2015) で Theorem 3 となっている.

定理 6.9 平面上にセンサーネットワークがあって，各時刻 t において連結な被覆領域 $X(t)$ をもつとする．このとき，アルファ複体と各センサー周りの近傍の循環的順序はどちらも時間とともに変化するが，これらの情報から逃走経路が存在するかどうかを決定できる.

アダムスとカールソンによるこの定理の証明は非常に構成的である.

［証明］ この場合，アルファ複体の1-骨格は平面上のグラフになる．グラフの各辺を2本の反対方向を向いた有向辺で置き換えると，これらの辺を向き付けられた輪体に分割し，各輪体が平面グラフ内の面の境界になるようにできる．これらの輪体は，各頂点に入ってくる辺に対して隣接する出ていく辺を見つけることで，局所的に決定することができる.

例を図 6.17 に示す．アルファ複体は時間変化するので，分割された領域はさらに分割されたり，くっついたり，1 個のセンサーの探知半径内に収まってしまうほど小さくなったりすることもあるかもしれない．しかし，こういった変化はすべて辺の分割を使って追うことができる．

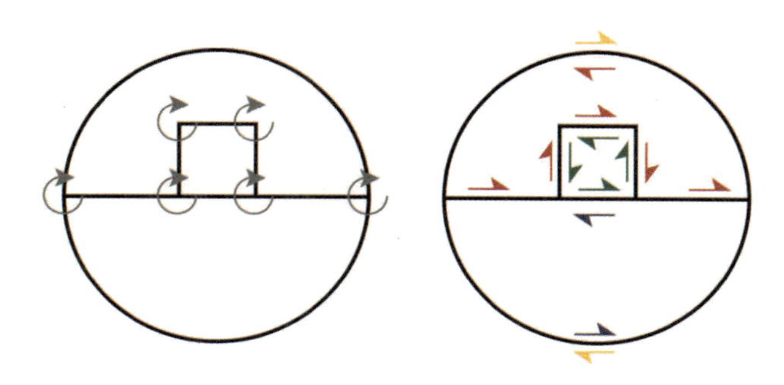

図 6.17 有向辺（左）を，面の境界となる輪体（右）に分割する例．輪体ごとに色を変えて表示している．［Adams & Carlsson (2015) より．©2015 SAGE Publications］

この変化を追うため，各境界輪体にラベルを付けよう．もし対応する面に侵入者が存在しうるときは**真**，存在できないときは**偽**とラベル付けすることにする．時刻 $t = 0$ では，長さ 3 の輪体と外側の境界領域は**偽**，他のすべての輪体は**真**とラベル付けられる．時間を進めるたびに変化が起こるが，それは以下のものしかない．

1. もし一つの辺がアルファ複体に加われば，一つの境界輪体が二つに分割される．これら二つの新しい境界輪体の逃避ラベルは，分割前の輪体のものを引き継ぐ．
2. もし一つの辺が取り除かれたら，その辺に対応する有向辺を含むような境界輪体二つが融合して一つの輪体ができる．この輪体は，元あった二つの輪体の少なくとも一方が**真**なら**真**，どちらも**偽**だったときのみ**偽**とラベル付けされる．
3. もしアルファ複体に 2-単体が加わったら，その境界は**偽**とする．2-複体が消えたときには，ラベルは変わらない．

逃走経路が存在する必要十分条件は，最終時刻に**真**にラベル付けされた境界輪体が少なくとも一つ存在することである． □

Khryashchev et al. (2020) によると，アダムスとカールソンの解には 2 点重要な特徴がある．まず一つ目として，この証明では具体的なアルゴリズムを示しており，局所情報からドロネー複体を構成できることを使えば，この計算を並列化できる．二つ目として，アルゴリズムにより見つかった逃走成功例の経路を見れば，可能な逃走経路（のホモトピー類）を数え上げることができる．具体的には以下のようにすればよい.

1. 追跡終了時（アルゴリズムの終了時）に**真**である領域には，逃走経路のホモトピー類が一つは含まれる.
2. アルゴリズムのステップを逆にたどっていくと，どの時刻においても，以下のどれかが**真**の領域に対して起こりうる.
   - **真**の領域は変化しない．これらの領域はどれも1世代前の時刻にただ一つの親領域をもつ.
   - **真**の領域は，新たなアルファ辺が既存の領域を分断することにより生まれた．この場合も**真**領域は1世代前の時刻にただ一つの親領域をもつ.
   - **真**の領域は，元々あった**真**の領域と**偽**の領域がアルファ辺の消滅により結合して生まれたものである．この場合も，領域は1世代前の時刻にただ一つの**真**の親領域をもつ.
   - **真**の領域は，二つの**真**の領域がアルファ辺の消滅により融合して生じた．この場合，**真**領域の1世代前には二つの先祖があり，追いかけている逃避経路は2倍になる.
3. これらの変化をアルゴリズムの全過程について追いかけることで，逃走経路をすべて得ることができる.

より進んだ読者のために

アダムス とカールソンに用いられた，無限の長さのバーコードの存在を使った導出は，Curry (2013) の cellular sheaves を用いて再現できる．この層理論を用いて再解釈することで，さらなる結果を導くことができる．Ghrist & Krishnan (2017) では，任意の次元の領域について，逃走経路が存在するための必要十分条件を与えた．アダムスとカールソンの手法は，平面グラフの構造を用いているため，平面に対してしか使えなかった.

この証明のために，クリシュナンとグライストは，パラメータ付けられた空間の（コ）ホモロジーについて重要な新しい理論をつくり上げた．彼らは，**正値コホモロジー錐**という概念を導入することで，**アレクサンダー双対性**

$$^{+}H^{\dim E-q-1}C = {}^{+}H_q(E\backslash C)$$

を証明した．ここでプラスの上付き文字は，この論文で新しく定義されたものだということを表している．この双対性から，逃走が可能であるのは $^{+}H^{\dim E-2}C \neq \emptyset$ であるとき，またそのときに限ることを示したのである．

この手法について詳しく知りたい方は Ghrist & Krishnan (2017) を読むことをお勧めする．

6.6 ベクトル化の方法と機械学習

4.5 節の最初で述べたように，パーシステンス図は多重集合になる．そのため，パーシステンス図の大きさは実際に求めてみないとわからない．実際，バーの数はデータ集合からつくられる複体に含まれる単体の数と同じになることもありうる．このため，パーシステントホモロジーを解析のパイプラインに載せて使うのは困難や面倒が伴う．なぜなら，多くの機械学習手法ではベクトルの長さが固定されていることが求められるからである[*1]．

よく見られるやり方は，単純に長いほうからバーを N 本とってきて，これらのバーの長さや消滅時刻と生成時刻の比（バーの長さの対数版）によって長さ N のベクトルをつくり，これでパーシステンス図を表す方法である．最も単純に $N=1$ とすると，**パーシステンスノルム**にあたるもの，つまり最も長いバーの長さであって，さらには空のダイアグラムとのボトルネック距離に対応するものを得る．本節では，いくつかのベクトル化法について見よう．

6.6.1 関数による要約

5.2 節では，対称多項式，パーシステンスランドスケープ，パーシステンスイメージなど，パーシステンスバーコードをベクトル化するいくつかの手法を紹介した．これらの例では，パーシステントホモロジーをさまざまな関数を使って要約して記述子としている．ここでは，論文などで実際に用いられている他のやり方についてもいくつか見ていこう．まずはパーシステンスランドスケープの応用について眺めた後，オイラーの特性曲線の利用について紹介し，最後に Chung & Lawson (2019) による構成法を見よう．この手法を用いると，さまざまなベクトル化法を共

*1 ［原注］この対策として再帰的ニューラルネットワークにパーシステンス図を入力するというのは面白いアプローチである．

通の枠組みを用いて一般化できる．

◆パーシステンスランドスケープ

Kovacev-Nikolic et al. (2016) では，生体内の反応過程においてマルトース結合タンパク質 (MBP) の構造がどのように変化するかを調べている．Protein Data Bank (Bank 1971) にある3次元立体構造を用い，5.2.2 項で導入したパーシステンスランドスケープを用いて，タンパク質が開いたときと閉じたとき（Open と Closed），つまりリガンド† と結合しているときとしていないときのタンパク質の立体構造を自動的に判別することを試みた．彼らの研究内容を図 6.18 に示す．

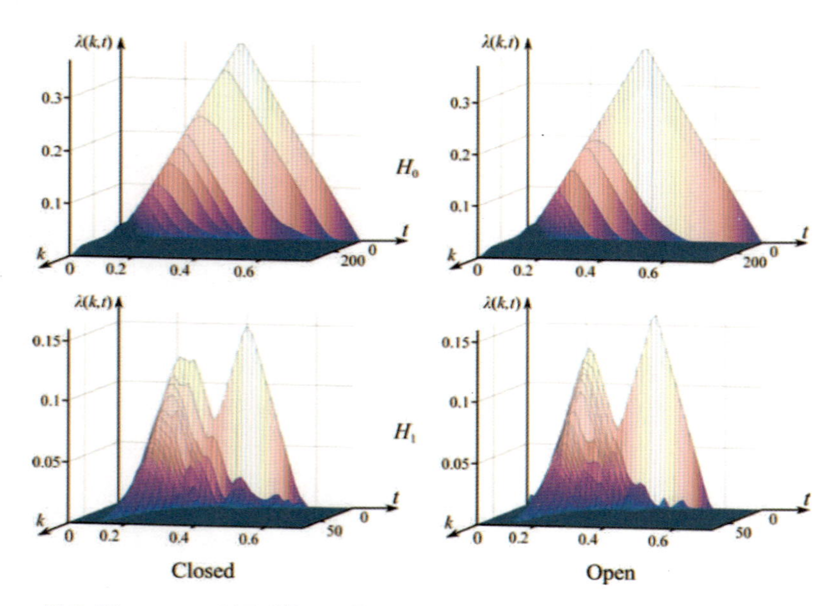

図 6.18　MBP の原子配置から得られるパーシステンスランドスケープの平均．［Kovacef-Nikolic et al. (2016) より］

MBP は 370 個のアミノ酸残基からなるが，これら残基の位置は Protein Data Bank に登録されたデータからわかる．動的距離 (Kovacev-Nikolic et al. 2016) を用いて，論文の著者らはアミノ酸残基間の距離行列をまず求めた．そして，この距離行列を基にヴィートリス - リップス複体を構成し，ホモロジー H_0，H_1，H_2 についてのパーシステンスランドスケープを計算した．

† ［訳註］タンパク質と結合する物質．一般にタンパク質はリガンドと結合する際に形を大きく変える．

論文の著者らによると，パーシステンスランドスケープを用いてサポートベクトルマシンを訓練したところ，開いた配置と閉じた配置を，正確かつ完全に分類することができた．また，ランドスケープの台の全面積を要約量 X として統計的推測に用いた結果についても報告されている．

彼らは，カテゴリーごとにサンプルのパーシステンスランドスケープの台の平均面積を求め，2 群の t 検定を行った．さらにデータを入れ替えて開いた構造と閉じた構造を混ぜこぜにした 2 群をつくり，こちらについても検定を行って，両者を比較した．可能な交換パターンは 1716 通りで，H_0 と H_1 の場合には，どのように交換しても t 値はまったく交換しない場合よりも小さくなった．このとき，まったく交換しない場合の p 値は 5.83×10^{-4} となった．H_2 については，3.96% の交換で台の平均面積の統計から得られる t 値は極大となった．

◆オイラーの標数曲線

Richardson & Werman (2014) では，ビットマップ画像から得られる方体複体について**オイラー標数曲線** (ECC) を定義し，これを非常に効率的に計算するアルゴリズムを提案している．4.4.2 項を思い出すと，ECC はパラメータ付けられた位相空間 Y_x に対して，$ECC(x) = \chi(Y_x)$，つまり対応する位相空間のオイラー標数を与える関数として定義されていた．ビットマップ画像の場合，ECC を使うことで，カットオフ値が大きくなるに従って画像のサブレベル集合のトポロジーがどのように変わっていくかを追いかけることができる．

ECC を用いて幾何学的形状認識を行うため，この論文では 3 次元の対象物の局所曲率を使っている．対象物の上にある点は局所曲率の順に並べられ，この値を用いて各点ごとのフィルトレーションを行い，オイラー標数を集計する．これにより，3 次元のメッシュ構造を定めるごとに曲線が決まる．対象物が異なれば，曲率が大きいところと小さいところの幾何学的分布の違いがあり，その違いは曲線からわかる．

3 次元の対象物認識を評価するため，二つのデータ集合が使われた．どちらのデータについても，Richardson & Werman (2014) では，まず各頂点ごとにヘシアンを求め，そしてヘシアンの固有値 $\kappa_1 > \kappa_2$ を用いて局所曲率を評価している．この論文では，フィルトレーション関数として以下の二つについて調べている．一つは**最大曲率** $\max\{\kappa_1, \kappa_2\}$，もう一つは**形状指数**

$$\frac{2}{\pi}\arctan\frac{\kappa_2+\kappa_1}{\kappa_2-\kappa_1}$$

である．

リチャードソンとウェルマンは，ECC を分類の特徴量を選択するために用いた．ECC はサポートベクトルマシン分類器に入力され，ランダムな 4 分割と 8 分割の交差検証を行って性能評価を行うことを 100 回繰り返した．

まず彼らは，TOSCA(Bronstein et al. 2008) データセットを用いて研究を行った．このデータは分類済みの高解像度 3 角形メッシュデータである．データの一例を図 6.19 に示す．形状指数を用いて TOSCA 内の対象についてオイラー標数曲線を計算すると，後出する図 6.21 のような曲線が得られた．これを見ると，対象のグループに応じてはっきりと曲線が別れていることがわかる．この手法でデータから分類の再現を試みたところ，表 6.1 のように高い正解率が得られた．具体的には，最大曲率を使った場合に 98.6%，形状指数を使った場合に 99.6% であった．

図 6.19　TOSCA データ集合内の猫のデータの例．左図はオリジナル，中央図は最大曲率，右図は最大曲率が 0.05 を超えるメッシュ領域．［Richardson & Werman (2014) より．© 2014 Elsevier］

表 6.1　TOSCA と Lithic データセットに対するオイラー特性曲線の分類正解率．

手法	TOSCA [%]	Lithic [%]
最大曲率の ECC	98.6	93.7
形状指数の ECC	99.6	96.8

つぎに，リチャードソンとウェルマンは，Lithic データセットを調べた．これは，ケセムとナハル・ジオールの 2 箇所から発掘された，先史時代の石器のスキャンデータのコレクションである (Grosman et al. 2008)．一例を図 6.20 に示す．表 6.1 に示すとおり，この場合も二つの手法どちらも高い正解率[†]が得られた．最大曲率を用いた場合で 93.7%，形状指数を用いた場合で 96.8% であった．

† ［訳注］原文では precision であり，機械学習の分野では「精度」と訳されることが多いが，文脈および原論文から accuracy「正解率」のほうが正確と考えて訳した．

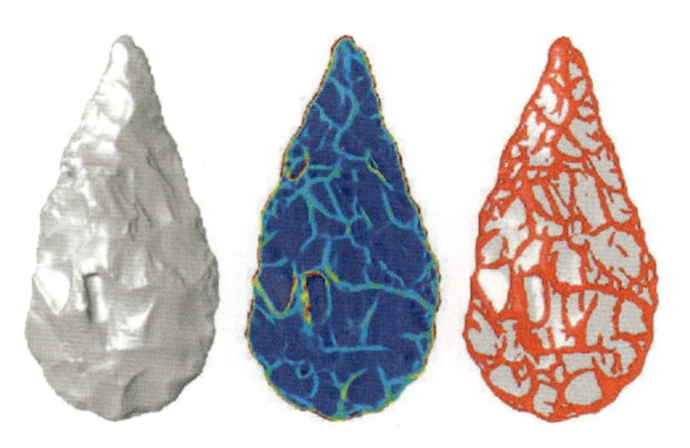

図 6.20　ナハル・ジオールから発掘された石器の 3 次元スキャン．左図はオリジナル，中央図は最大曲率，右図は最大曲率が 0.007 を超える領域．［Richardson & Werman (2014) より．© 2014 Elsevier］

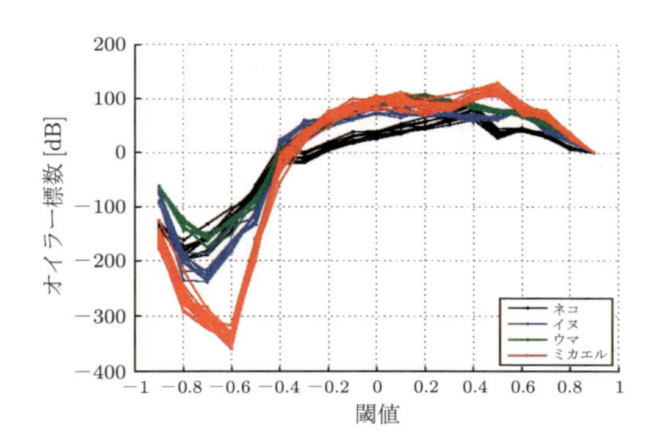

図 6.21　TOSCA 内のデータに対し，形状指数から得られた ECC．［Richardson & Werman (2014) より．© 2014 Elsevier］

◆パーシステンス曲線

三つ目のアプローチは，Chun & Lawson (2019) で導入されたパーシステンス曲線によるものである．パーシステンス曲線は，階数不変量とオイラー特性曲線を一つの枠組みにまとめて一般化したものである．パーシステンス図を用いて説明しよう．パーシステンス曲線は，四半平面 $Q_x = \{(x+\epsilon, x+\delta) | \epsilon, \delta > 0\}$ を対角線 (x, x) に沿ってスライドさせてつくる．こうすると，x ごとに部分多重集合 $D \cap Q_x$ が得られるが，この四半平面それぞれについて，内部の点を要約した関数 f を求め，それを曲線の高さとするのである．

たとえば，

- $f(D \cap Q_x) = \#\{D \cap Q_x\}$：階数関数

- $f(D\cap Q_x)=\sum(-1)^d\#\{D^{(d)}\cap Q_x\}$，ここで $D^{(d)}$ は d 次元のパーシステンス図：オイラー特性曲線
- $f(D\cap Q_x)=\sum_{(b,d)\in D\cap Q_x}(d-b)$：図 6.22 に示す曲線

といったものがある．

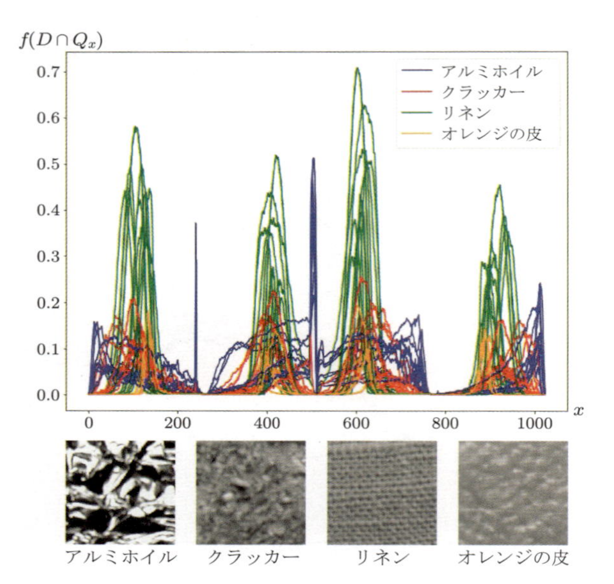

図 6.22 上段の図は何種類かの素材について，パーシステンス曲線を示している．下段の図は使われた素材の画像である．ここで，パーシステンス曲線の要約関数としては，各点の生存時間（消滅時刻と生成時刻の差）の和を用いた．［Chung & Lawson (2019) より］

6.6.2 ベクトル化の応用例

さらに最近では，パーシステントホモロジーを使って特徴量をつくり，それを他の機械学習の入力とすることが当たり前になりつつあり，パーシステントホモロジーと深層学習を結び付けるようなものもいくつかある．

◆ TopoResNet

Chun et al. (2019) では，皮膚の腫瘍の写真データに対して，深層学習のアーキテクチャである ResNet (He et al. 2016) にベクトル化したパーシステントホモロジー特徴量を加えて性能が上がるかを調べている．この研究では，三つの色チャン

ネルそれぞれについてパーシステントホモロジー解析を行い，その結果得られた二つの出力を深層学習に入力している．生成時刻を b，消滅時刻を d で表そう．この研究では，パーシステンス区間 (b,d) に対して中間値 $M=\frac{b+d}{2}$ と寿命 $p=\frac{d-b}{2}$ を使い，ホモロジー次元 0 と 1 の場合について，以下の統計量を独立に用いている．

- M と p の平均
- M と p の標準偏差
- M と p の歪度
- M と p の尖度
- M と p の中央値
- M と p の四分位点
- M と p の四分位範囲

この研究では，これらと 6.6.1 項で述べたパーシステンス曲線と合わせたものを，拡張された ResNet (He et al. 2016) の入力とした．最終的に得られた皮膚腫瘍分類器を図 6.23 に示す．トポロジカルな特徴量を加えることで，分類の正解率は 80.6% から 85.1% に上昇した．

◆タンパク質のスコアリング

Cang & Wei (2018) では，パーシステントホモロジーを拡張したうえで特徴量とし，k-最近傍法や深層畳み込みネットワークの入力とすることでタンパク質の構造を調べた．この研究では，ヴィートリス - リップス複体とアルファ複体をさまざまなやり方でつくり，さらに何種類かのベクトル化手法を用いている．

ベクトル化手法としては，以下のような手法が使われている

1. 先の例で見たようなさまざまなバーコードの統計量を計算する．
2. パーシステンス区間を生成時刻や消滅時刻，生存時間（消滅時刻と生成時刻の差）などで分類し，分類ごとにバーコードのパーシステンス統計量を計算して，高次元の特徴量をつくる．
3. 高次元パーシステンスの近似として複数のパーシステンス図を用いて，2 次元の表現をつくる．複数のパラメータのうち，一つを除いて値を固定し，残った一つのパラメータについてパーシステンスを計算する．これを各パラメータごとに行う．

これらのベクトル化をアルファ複体やヴィートリス - リップス複体に対して行う

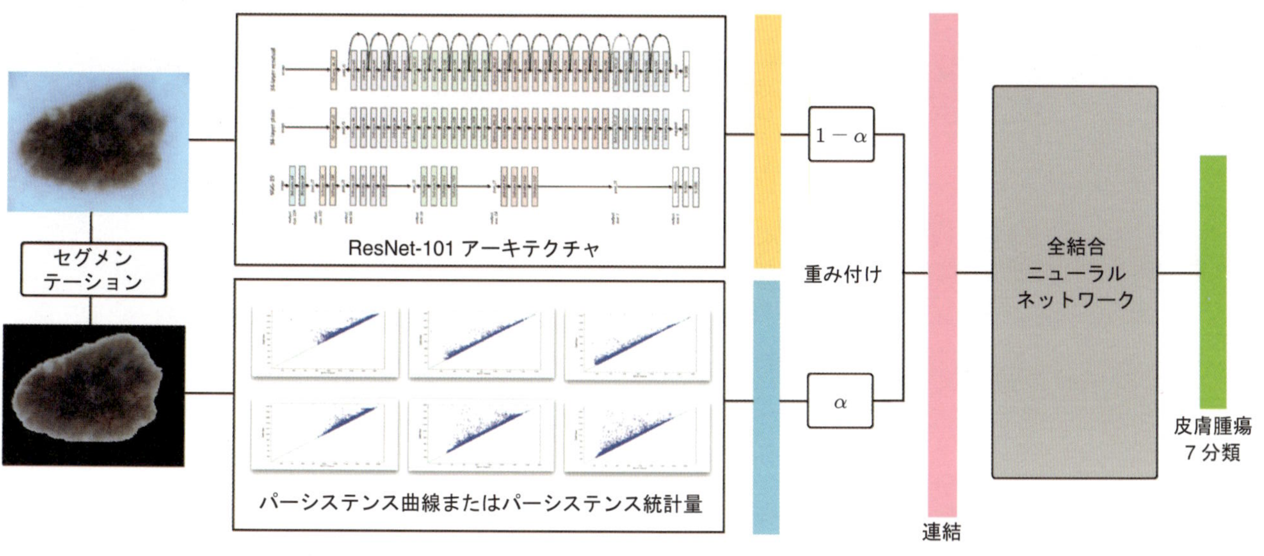

図 6.23 TopoResNet-101 の構成図．この分類器では，皮膚腫瘍画像は ResNet 深層学習モデルに入力されると同時に，方体複体のパーシステントホモロジーにより特徴量ベクトルが計算される．双方の出力は重み付けられ，連結され，最後のニューラルネットワーク層を用いて分類される．［Chung et al. (2019) より．© 2013 IEEE］

が，これらの複体の構成法も複数ある．

- **元素特化型パーシステントホモロジー**：元素を絞り込むことで，生体内の特定の相互作用に関わる結果を集中的に見ることができる．
- **マルチレベルパーシステントホモロジー**：化学結合している原子を強引に切り離した距離行列をつくることで，より繊細な水素結合やファンデルワールス相互作用を強調できる．
- **相互作用パーシステントホモロジー**：二つのグループを選び，このグループ間以外の原子のペアを強引に切り離した距離行列をつくることで，このグループ間の相互作用を強調できる．変異サイトに付いて調べたり，タンパク質と，リガンドや他のタンパク質，核酸などとの相互作用を調べたりするのに役立つ．
- **距離の追加**：相関長や柔軟性，剛性などの指標を用いて距離行列をつくる．
- **静電パーシステントホモロジー**：荷電粒子間の静電相互作用を用いて距離を定義し，フィルトレーションを行う．

こういったフィルトレーション関数とデータ部分集合をまとめたものを，Cang & Wei (2018) では**多成分パーシステントホモロジー**とよんでいる．

こうして得られたものを入力として，ボトルネック距離やワッサースタイン距離を元に k-最近傍法や勾配ブースト木による回帰を行ったり，論文で提案された畳み込みニューラルネットワークにより学習を行ったりする．著者らは，これらの手法を組み合わせたものを，4000 種のタンパク質 - リガンド複合体や 128374 種の化合物 - 結合部位ペアでテストし，TopVS というアンサンブルモデルを提案している．これには，上に述べた特徴量の選択手法と複体構成法の組み合わせのうち，いくつかが使われている．このアンサンブルモデルの性能は，結合親和性の予想については現在最高のものをさらに上回っている．

6.7　ケージング把持

ロボット工学で重要な問題の一つに，ロボットに物体を掴ませるにはどうすればよいかというものがある．一つのやり方は，物体をギュッと握って，重力を打ち消すのに十分な摩擦力が生まれるように調整することである．しかし，このやり方では，ちょうどよい力加減を見つけるための大量の知識と正確さが必要になる．たとえば，ロボットにりんごを持たせたら力をかけすぎてリンゴが傷ついた，といったことは容易に起こりうる．これとは別のやり方として考えられるのが**ケージング把持**である．ケージング把持では，接触点での摩擦力と重力を拮抗させることで掴むのではなく，物体の周りに「ケージ」をつくる．ケージに捕まった物体はロボットの手に阻まれて完全に自由には動けなくなる．

この違いを日常生活の具体例で見てみよう．人差し指と親指で挟んでカードを持ち上げるとき，あなたは重力を打ち負かすに十分な力をカードに加えている．そして，指にかかる圧力を感じ取ることで，実用的だが不快にならない程度に加える力を調整している．これに対して，買い物袋を持ち上げるときは指を袋の上部についた持ち手に通してから手全体を持ち上げる．そうすれば，かばんは指からぶら下がった状態になる．かばんが落ちるには，指を通り抜けねばならなくなるからである．親指と他の指で持ち手の周りに輪をつくれば，ケージング把持が完成する．摩擦や圧力に頼ることなく，物体の動きうる範囲を制限することで把持が可能になる．

これをより抽象的だが数学的に明快な形で表現すると，以下のようになる．通常の3次元空間内にループ $\mathcal{L}$ があるとする．$\mathcal{L}$ が通り抜けられない障害物集合 $\mathcal{O}$ によって $\mathcal{L}$ が動きうる範囲を制限できるか，というのがいまの問題である．もし障害物が円盤状のものばかりなら，$\mathcal{L}$ の動きを物理的に制限できないことは簡単にわかる．たとえば，$\mathcal{L}$ はすべての障害物から遠く離れたところに行くことができるから，$\mathcal{L}$ 上のすべての点も $\mathcal{O}$ から遠く離れたところに行くことができる．しかし，もし $\mathcal{O}$ 自身もループで，しかも $\mathcal{L}$ と絡み合っていれば，$\mathcal{L}$ は $\mathcal{O}$ から遠く離れたところには行けない．$\mathcal{L}$ が $\mathcal{O}$ を横切れないなら，$\mathcal{L}$ の一部はつねに $\mathcal{O}$ の近くにあることになる．この問題で面白くかつ重要なのは，$\mathcal{O}$ の補集合のトポロジーが関わっているところである．S^3 の中の単純なループの補集合は，円 S^1 とホモトピー同値であり，したがってその1次元ホモロジーは体 $\Bbbk$ そのものとなる．より複雑な対象 $\mathcal{L}$ のケージング把握を考えるには，$H_1(\mathcal{L})$ を考えると便利である．たとえば，8の字型をしたプレッツェル $\mathcal{P}$ を考えよう．$\mathcal{P}$ の補集合の1次元のホモロジーは $\Bbbk \oplus \Bbbk$ となる．これは**アレクサンダーの双対定理**（Hatcher 2002 を参照）を使えばわかる．この定理は，部分集合 $\mathcal{K} \subseteq \mathbb{R}^n$ の補集合のホモロジーの構造を $\mathcal{K}$ 自体のホモロジーで表すものである．補集合のホモロジーからプレッツェルを把持するには2通りの方法があることがわかる．つまり，ループをどちらの穴に通すかで2通りある．3次元空間内のさまざまな曲線に対し，その補集合を調べる数学のことを**絡み目理論**とよぶ．関連する問題として結び目という，1本のループの $\mathbb{R}^3$ 内への埋め込みの分類の研究もある．この分野の入門としては，Rolfsen (1976) が良い参考書である．

この話でパーシステントホモロジーの使い所としては，ロボットのセンサーデータを点群 X と考えて，$H_1(X)$ を調べることが考えられる．これにより X に含まれるループの集合が得られ，各々のループに対してこれと絡むループを $\mathbb{R}^3$ 内につくれば，ケージング把握を定義できる．一般に，$\mathbb{R}^3$ 内の点群の補集合のホモロジー類に応じて異なる把握法が得られる．

近年のロボットには，Kinect（ビデオゲームの拡張モジュールの一つ）のような深度センサー付きカメラが多く搭載されている．そのため，把持を設計する際，ロボットは把持したい対象物から得られる点群を知ることができるとしてもよいだろう．ただ，このデータは欠損もあるし，ノイズも含むだろう．

ストックホルムにあるスウェーデン王立工科大学のロボット工学チームが出した三つの一連の論文 (Pokorny et al. 2013; Stork et al. 2013; Marzinotto et al. 2014) では，カメラで得た点群からループをつくり，これを用いてケージング把持を行うというアイディアをさらに発展させている．このためには**局所ホモロジー**が必要になるが，これは 4.6 節で説明した方法で計算することができるし，あるいは Erickson & Whittlesey (2005) や Busaryev et al. (2010)，Dey et al. (2011) などで提案された，パーシステントホモロジー類を最短の輪体の代表元とともに計算するアルゴリズムを用いてもよいだろう．図 6.24 を見てみよう．

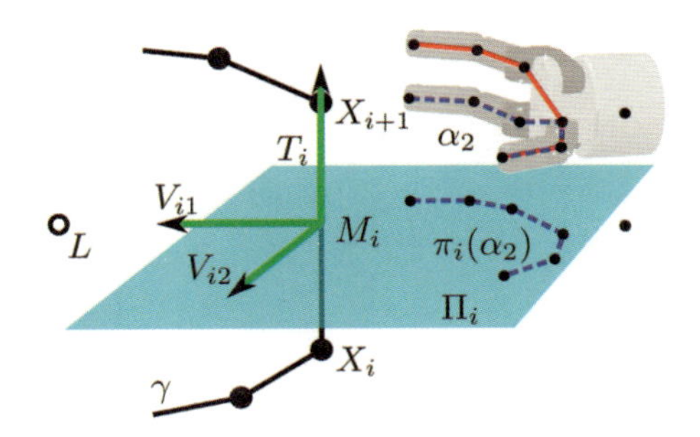

図 6.24 X_i と X_{i+1} を結ぶ辺 T_i を評価するには，T_i の中点 M_i を通り T_i に垂直な平面を考える．把持する手 α_2 をこの平面に射影した像 $\pi_i(\alpha_2)$ を考え，この像の M_i を中心とした回転数を最大にする．［Pokorny et al. (2013) より．© 2013 IEEE］

センサーデータを用いて，点群から十分に長い H_1 クラスのパーシステンスをとってくれば，これを把持するためのハンドルの候補とすることができる．これらの候補に対して長さが最小の代表元，つまり単体の係数のうち 0 でないものの数が最小になるような輪体を計算すれば，局所化されたループ，つまり対象のごく一部しか含まないループの表現が得られる．この輪体は，ハンドルから余計な情報を可能な限り削ぎ落としたものになっている．把持アルゴリズムの詳細は複雑なので本書の範囲を超えるが，簡単にやり方を紹介しよう．興味をもった読者は元の論文 (Pokorny et al. 2013) を参照してほしい．制御アルゴリズムを構成するため，以下の三つの制限の下での最適化問題を考える．最小輪体の代表元 γ をもつ 1-類 $[\gamma]$ と，ある辺 $[\gamma_i, \gamma_{i+1}]$ が与えられたとする．最適化問題の拘束条件は以下のようになる（図 6.24 を参照）．

1. 辺に垂直な平面に手のモデルを射影したとき，その像の回転数を最大にする．
2. 辺の中央を通り辺に垂直な平面と，手の間の距離を最小にする．
3. 物体どうしの衝突は避ける．

回転数は以下のように計算できる．

$$w(\gamma) = \frac{1}{2\pi} \sum \left[\tan^{-1} \left(\frac{\langle \gamma_{i+1}, \gamma_{i+1} - \gamma_i \rangle}{\gamma_{i,1}\gamma_{i+1,2} - \gamma_{i,2}\gamma_{i+1,1}} \right) + \tan^{-1} \left(\frac{\langle \gamma_i, \gamma_i - \gamma_{i+1} \rangle}{\gamma_{i,1}\gamma_{i+1,2} - \gamma_{i,2}\gamma_{i+1,1}} \right) \right]$$

実際にデータが与えられたときの全パイプライン（一連の処理）を図 6.25 に示す．

Pokorny et al. (2013) が提案したこの手法は，Stork et al. (2013) で改良が加えられた．ここでも，バッグの持ち手を掴む例で考えよう．いまのアルゴリズムのように最小ループの真ん中を狙って掴もうとすると，ハンドルではなくカバン全体のほうを掴もうとすることがあった．この問題を解決するため，ループのうち掴まれる部分の体積を概算するステップを加え，ハンドルの周りを掴んでいるのか，バッグの周りを掴んでいるのかを区別するようにする．最終的なパイプラインは図 6.26 のようになる．

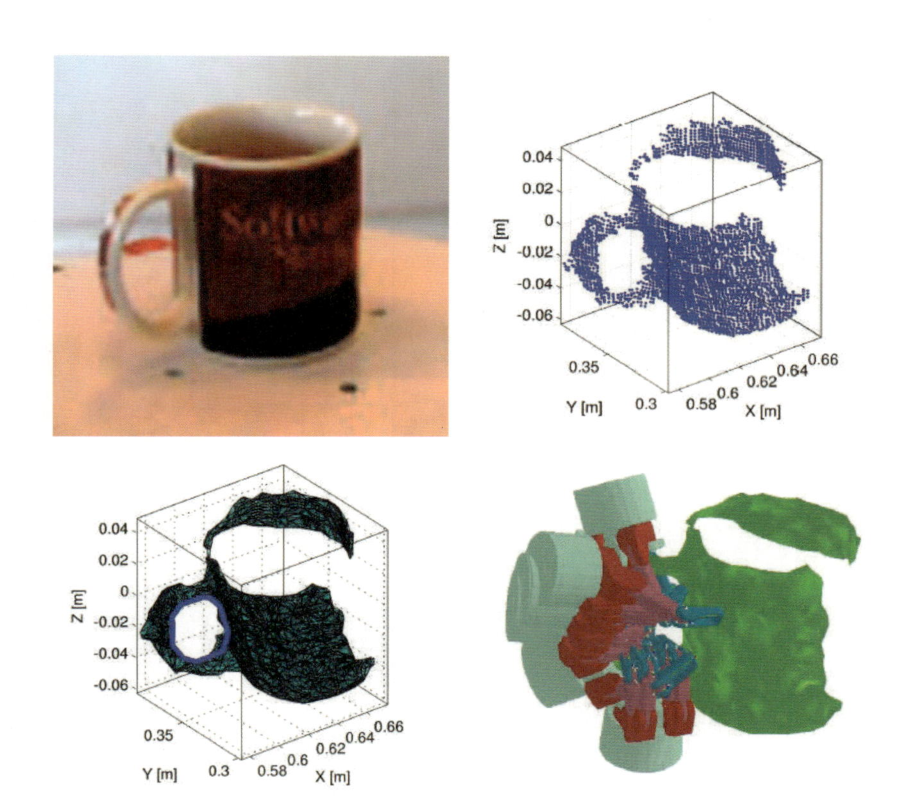

図 6.25　センサーにより現実の物体（上左図）から点群を抽出する（上右図）．フィルター付きドロネーメッシュと最短ホモロジーループの計算によりトポロジカル表現を求め（下左図），これを元にロボットの手の動きを決める（下右図）．この図では，物体とともに把持可能な手の配置をいくつか示している．点群から推定された物体の表面を濃いめの緑で，腕の位置を青緑で，指の位置をセグメントごとに赤，ピンク，青で示している．［Pokorny et al. (2013) より．© 2013 IEEE］

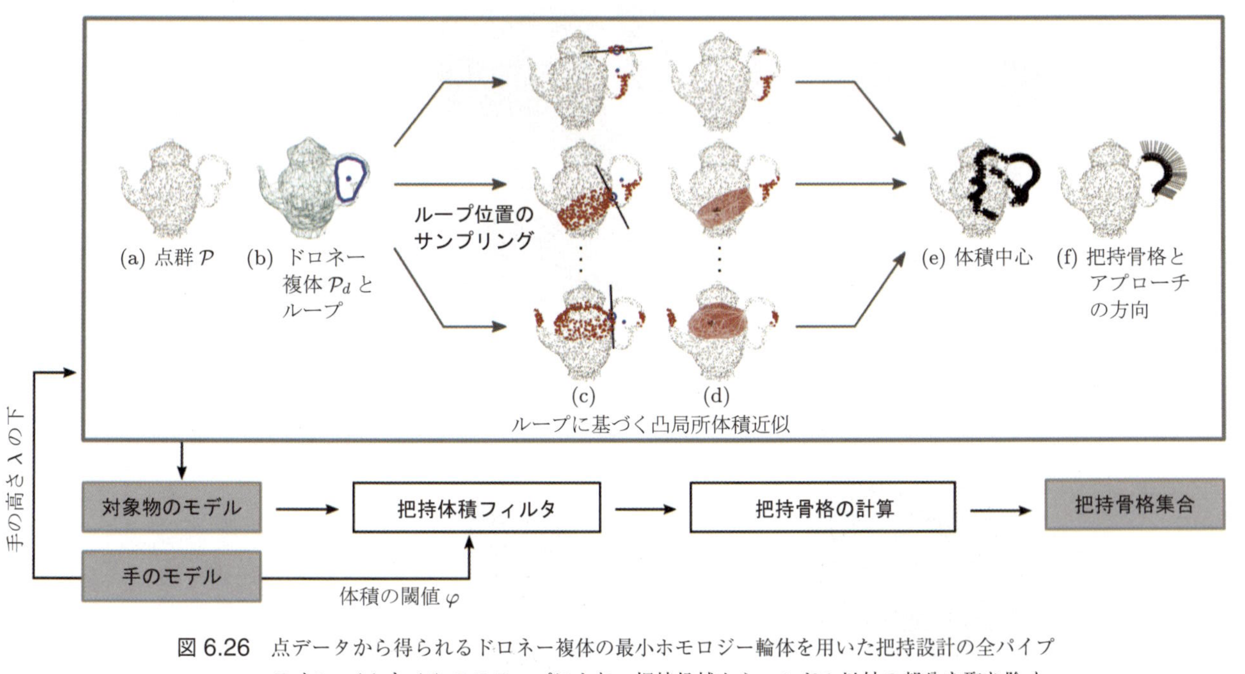

図 6.26 点データから得られるドロネー複体の最小ホモロジー輪体を用いた把持設計の全パイプライン．(c) と (d) のステップにより，把持候補からハンドル以外の部分を取り除く．［Stork et al. (2013) より．© 2013 IEEE］

6.8　コズミックウェブの構造

宇宙論や天体物理学の研究対象として，星や銀河などの分布は非常に興味深い．これらの分布は一様からは程遠く，図 6.27 で示すような複雑な局所的構造を見せる．

(a) 2MASS 赤方偏移調査

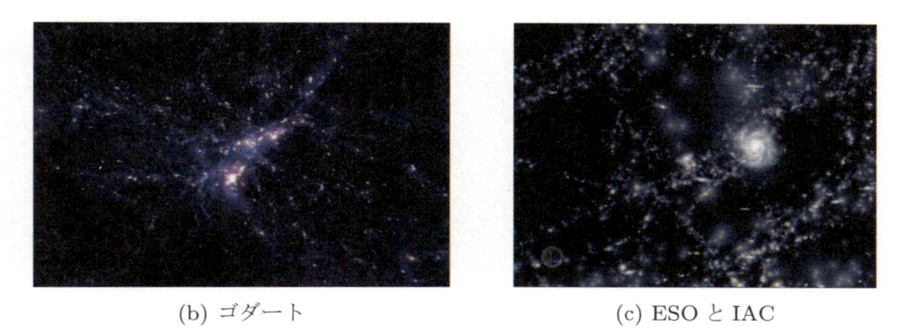

(b) ゴダート　　(c) ESO と IAC

図 6.27　宇宙の構成物の分布．［(a) Huchra et al. (2005) より．(b) NASA ゴダード宇宙飛行センターより．(c) ヨーロッパ南天天文台 (ESO) とカナリア天体物理研究所 (IAC) より．］

画像 (a) は Huchra et al. (2005) から，(b) は NASA のゴダード宇宙飛行センターから，そして (c) はヨーロッパ南天天文台とカナリア天体物理研究所からの画像である．銀河や質量は，束ねられた糸が網目をつくったような分布をしている．小さく濃密なクラスターの間を，長く伸びたフィラメントや布のような壁が結び付けており，その糸や壁はほぼ空っぽの領域を囲んでいる．これについて宇宙論の立場からの説明は Bardeen et al. (1986) を参照してほしい．こういった 3 次元の構造を理解するにあたり，トポロジーの問題として考えてみよう．よくあるやり方は，3 次元空間内に密度関数 ρ が定義されていて，観測された物質はこの関数に従ってサンプリングされたものと考えることである．サンプリングの結果が複雑なことを考えると，ρ 自体も複雑なものだろう．この場合にトポロジー的手法が有用だろうということに最初に気づいたのは，Gott et al. (1986) や Hamilton et al. (1986) であった．これらの研究のアイディアは，ρ のレベルセットをトポロジーの立場から調べるというものである．これらのレベルセットは 2 次元の表面をもち，こういった表面には**種数**という整数の不変量が自然に定義できる．これは，1 次のベッチ数の 2 分の 1 として定義される量である．Gott et al. (1986) と Hamilton et al. (1986) では，いまの場合レベル表面の種数が役に立つ不変量であると考えた．ここで，種数は後で定義するオイラー標数とは定数分だけ異なることに注意しておこう．他にも，$\rho^{-1}([r,+\infty))$ として定義される**エクスカージョン集合**を用いて，さまざまなレベル r に対して同様な解析を行うこともできる．Sousbie (2011) と Sousbie et al. (2011) では，パーシステントホモロジーを使い，閾値が小さくなるに従ってエクスカージョン集合のトポロジーがどのように変わるかを追いかけている．

観測結果をきちんと理論化し理解するために，ρ 自身が何らかの確率過程によって得られたランダムな関数，あるいはランダムな場であるとしよう．知りたいのは，ランダムな場のエクスカージョン集合のベッチ数の期待値である．ランダムな場については，Adler (1981) や Adler & Taylor (2007) で詳しく研究されている．とくに興味深いのは，**ガウス確率場**の場合である．このモデルでは，領域内の特定の一点，あるいは有限個の点集合に対して値を与え，これを基に分布を決めるが，この分布を決めるときにガウス分布を用いる．ガウス場は宇宙論において非常に重要な役割を果たすが，それは以下のような事実があるからである．

1. 原始宇宙は高い精度で空間的ランダムガウス場で記述できる．これは COBE (Bennett et al. 2003)，WMAP (Spergel et al. 2007)，さらに最近では Planck (Abergel et al. 2011) など，多くの宇宙マイクロ波背景輻射の観測から示されている．
2. 物理学的にも，原始宇宙では分布はほぼ完全なガウス分布だったと予想されている．宇宙初期のインフレーション相（ビッグバンから $t \sim 10^{-36}$ 秒後）に原始宇宙で密度ゆらぎが生まれ，量子ゆらぎがマクロなサイズへと成長したと考えられている．
3. ゆらぎがガウス分布していたとする数学的な理由としては，中心極限定理の存在が挙げられる．個々のスケールで独立に分布したゆらぎがあると考えると，ガウス場が生まれるのは自然である．

ガウス確率場を仮定すれば，さまざまな性質を知ることができるが，その中にはトポロジカルなものも含まれる．

多くのガウス確率場では，ランダム場を決めるパラメータに応じて，エクスカージョン集合のオイラー標数の分布が計算できる．この美しい結果は Adler & Taylor (2007) に詳しく述べられている．その中には，宇宙論に関連するもの（Bardeen et al. 1986 および Hamilton et al. 1986 を参照）として重要な例（ガウス場が**パワースペクトル**によって特徴付けられる場合）もある．このように数学理論が十分に調べられいているおかげで，コズミックウェブの分布を生み出す確率過程のモデルを評価することができる．

さらに最近では，Park et al. (2013) と van de Weygaert et al. (2011) により，ガウス確率場のベッチ数がもつ確率場の情報は，オイラー標数単独でもっているものよりも多いことがわかった．とくに，**パワースペクトルの傾き**とよばれるガウシアン場の不変量は，ベッチ数と閾値 r の関係に影響するが，オイラー標数の r 依存性には影響を与えないことがわかった．

パーシステントホモロジーを用いた研究も同様に行われている．Adler et al. (2010) では，オイラー標数と似た量をパーシステントホモロジーについて定義し，ガウス確率場における性質を調べている．この量の定義は以下のようなものである．バーコード $\beta = \{(x_1, y_1), \ldots, (x_n, y_n)\}$ が与えられたとしよう．これに対して，以下の量を定義する．

$$\tau(\beta) = \sum_i (y_i - x_i)$$

そして，オイラー標数に似た量として χ^{pers} を

$$\chi^{\mathrm{pers}}(X) = \sum_i (-1)^i \tau(\beta_i(X))$$

として定める．ここで，$\beta_i(X)$ は X の i 次元パーシステンスバーコードである．オイラー標数にはいくつかの性質があって，おかげで計算が非常に楽になるのだが，この量も同様の性質をもっており，Adler et al. (2010) での証明結果を使えばガウス確率場について χ^{pers} を計算できる．

最後に，別のトポロジカルな手法を用いた van de Weygaert et al. (2011) の研究について紹介しよう．この論文では，2 次元または 3 次元空間内の離散点の集合

について，さまざまなスケールでのトポロジーを調べている．ここでは，各点は一つひとつの星や銀河と考えてよい．アイディアは，これらの点に対してさまざまなスケールのアルファ複体（4.3.3 項を参照）をつくるというものである．van de Weygaert et al. (2011) では，この手法を用いてさまざまな確率過程モデルのベッチ数を調べており，その中には宇宙論のモデルとして提案されたものも含まれている．さらに，彼らはパーシステントホモロジーをこれらの複体群に適用できることを指摘し，実際に研究を行うつもりであると述べている．

6.9 政 治

あるホモロジー類が存在することは，**中間がない領域がある**ということを意味する．すなわち，データは空孔の周りには存在するが，空孔の真ん中には存在しない．このような状況に当てはまり，さらにパーシステントホモロジーが外れ値に比較的弱いことも示すデータがある．それは合衆国議会での投票パターンのデータである．

筆者らは 2010 年度の合衆国議会内で行われたすべての点呼投票[†]について，投票結果を集計した．一つひとつの投票について，賛成票は $+1$，反対票は -1，それ以外のすべては 0 に数字を割り振った結果，447 行 664 列（データ内の議員一人が 1 行にあたり，1 回の点呼投票が 1 列にあたる）のデータ行列が得られた．Lum et al. (2013) では，このデータを用いて議員をグループ化したところ，得られたクラスターはグラデーションをもち，クラスター間でつながり合っていた（グラデーションのあるクラスターではグループ内の中心度にばらつきがあり，クラスターを見ると，核の部分から「炎」が吹き出てくるように見える．前に議論した糖尿病のデータと似たような形である）．

しかし，このデータ行列は転置して使うこともできる．すると，各行は 1 回の点呼投票を表すことになり，1 回の投票は各議員の投票結果で表現されることになる．各議題に対する投票パターンの空間の中の議員たちがつくる形を議論する代わりに，議員の投票パターンの空間の中にある議題の集合について調べることができる．

この考えに基づき投票データを解析して得られたのが以下の形である（PCA で 2 次元に射影している）．

† ［訳注］議員一人ひとりの名前をよび，よばれた議員が議案に賛成か反対かを述べる投票形式のこと．

この図を見ると，全体は四角形状をしていて，データ点が，四つの角のうち三つに集中していること，またある程度ばらけているが辺の上にも集中していること，さらに中央部に散在していることがわかる．この形状は年度によらず不変であった．中央や辺上の点の数は年により変わっても，基本的な形は非常に安定していた．

どうしてこのようなことが起こるかを知るため，まずはデータの性質を見ることにしよう．つぎの図では，左は民主党議員の票数の和，右では共和党議員の票数の和に基づいて色を付けてみた．これについては後で述べよう．

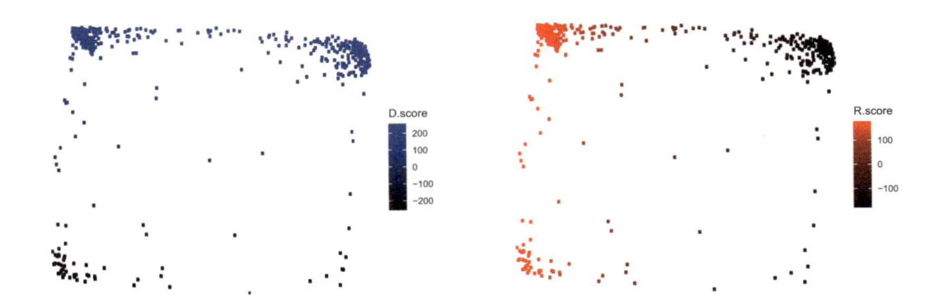

また，Python で動く Ripser (Tralie et al. 2018) を用い，データ中 99% 稠密な点からパーシステンス図（下図）を計算した*2．この図は H_1 に対するパーシステンス図を示したもので，対角線からかなり離れた点が一つあることが確認できる．この点は PCA で見られた大きな四角の形に対応しており，PCA プロットで見られた構造が 2 次元に射影する前から存在していることを示している．

*2 ［原注］バンド幅 1.0 のガウシアンカーネル密度推定を行った．計算には scikit-learn 0.22.1 (Pedregosa et al. 2011) を用いた．

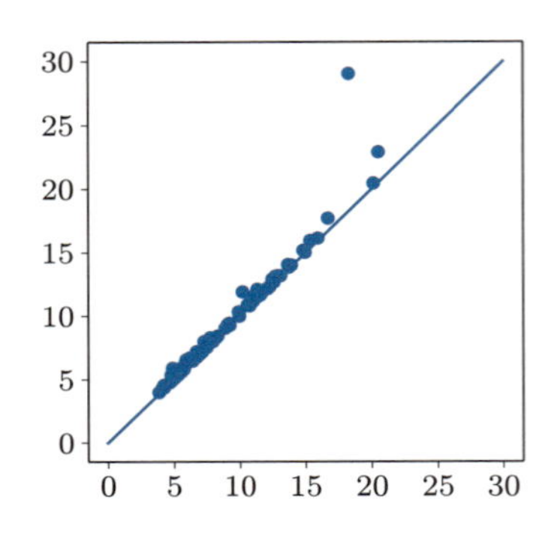

どういうことだろうか？

投票は PCA プロットの四角形の四つの角のうち，三つに集中している．これらの角は民主党，共和党のうちどちらか 1 党が，あるいは両方の党が全員一致で賛成している場合に対応している．辺は一方の党は異議なく賛成（または反対）しているがもう一方の党は意見が割れている場合に対応し，どの程度割れているかはその点が辺のどの辺りにあるかによって決まる．四つ目（右下）の角はどちらの党からも強く反対された議題である．そのような議題が議会に上がることはあまりないが，真ん中の点にあたる，どちらの党も一部の人が賛成するような議案よりは多い．両党から反対される議題はどういったものか，調べてみるのも面白い．密度が高いほうからトップ 10 をとると，可決されるとは思えないが議題として認められる議案が出てくる．たとえば，アメリカ軍をアフガニスタンとパキスタンから撤退させる決議案，プエルトリコ民主化法の修正案などである．他の法律の修正案や会期延長案などもあった．四つ目の角が比較的まばらなのは，少なくとも 1 党の強い支持がなければ，議会で投票にこぎつけるのは極めて稀であるからである．中央に来るのは両党の一部分から支持されるか，データ集計スクリプトで 0 と記録された票が多かった議案である．

ここで見たホモロジーの構造は，データを密度でフィルタリングすればもっとはっきりするだろうが，政党内の規律構造の結果として得られたものである．議場に上がるほとんどの議案は少なくとも 1 党に支持されているので，少なくとも 1 党はほぼ異議なく賛成する．そのため，議案は二つの区間が張る四角形の境界に集中する．一つは民主党の支持割合を示す区間で，もう一つは共和党の支持割合を示す区間である．中央部に（比較的）点が少ないため，空孔が生まれ，パーシステントホモロジーの計算はこれを捉えている．このことから，どちらの党内でも意見が割れる議題よりどちらの党からもほとんど支持されない議題のほうが議場に上がりやすいことがわかる．

比較のため，上の計算では除外した 1% の点も含めた，すべてのデータ点を用いて同様にパーシステントホモロジーを計算した．その結果，1 次元のパーシステンス図はつぎのようになった．

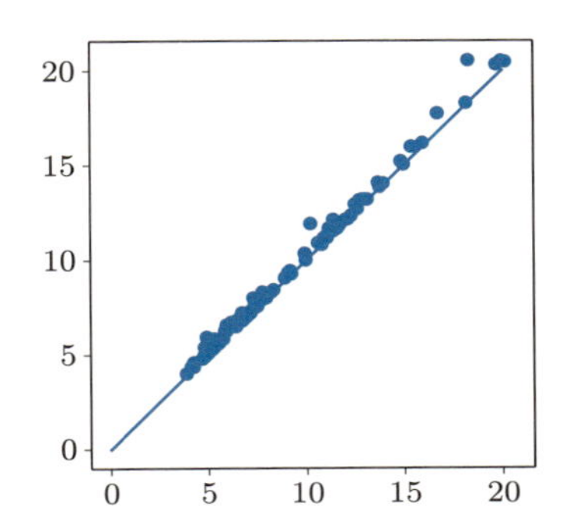

先の例でははっきりと対角線から離れたホモロジー類があったが，この図では対角線上にあるノイズとはっきり区別できるものはなく，特徴的な構造は見られない．これは，四角の中央にある点と，右下の角にある点の影響である．これらの外れ値は 99% の稠密データ点のみに絞ったときには除外されていた．

熱心なデータアナリストなら，これらの除外点に共通するものは（もしあるとすれば）何かを知りたくなるだろう．四角の真ん中にある点は，どちらの党からも部分的な賛成を得られる議案である．データを深堀りすると，これらの 2010 年議会の点呼投票番号は 1, 54, 101, 424, 427, 522 であった．これらのうち三つは定足数の呼び出しであり，賛成・反対ではなく出席・欠席で回答されるため，データ収集スクリプトで 0 と変換されていた．

6.10　非晶質固体

材料科学の分野でもパーシステントホモロジーの面白い応用例がある．この分野において，結晶構造に関しては膨大な理論がある．原子を点で表すと，結晶の構造は $\mathbb{R}^2$ や $\mathbb{R}^3$ 内の点の周期構造となる．こういった構造は，平行移動やいくつかの対称操作の作用に対して不変であるという意味で規則的である．こういった構造の分類は非常に進んでいる．知りたい方は Chatterjee (2008) や Wahab (2014) を参照してほしい．ここではまず，これらの点の集まりを点群とみなして，ヴィートリス－リップス複体のパーシステンスバーコードを計算することで，平面内の異なる結晶構造を区別できる場合があることを見てみよう．以下で見るのは，平面内の長方格子にあたるものと，六方格子にあたるものである．

図 6.28 では，左側に長方格子（上）と六方格子（下）の一部を示し，右側にこれらに対応するパーシステンスバーコードを示した．ノイズに対する頑健性を見るために，格子には少し摂動を加えてある．この例では，1 次元のバーコードに大きな違いが見られ，長方格子のバーは六方格子のものに比べて非常に長い．パーシステンスバーコードを使ってすべての 3 次元結晶構造を判別できるか，というのは面白い問いであり，筆者らは可能だと推測している．

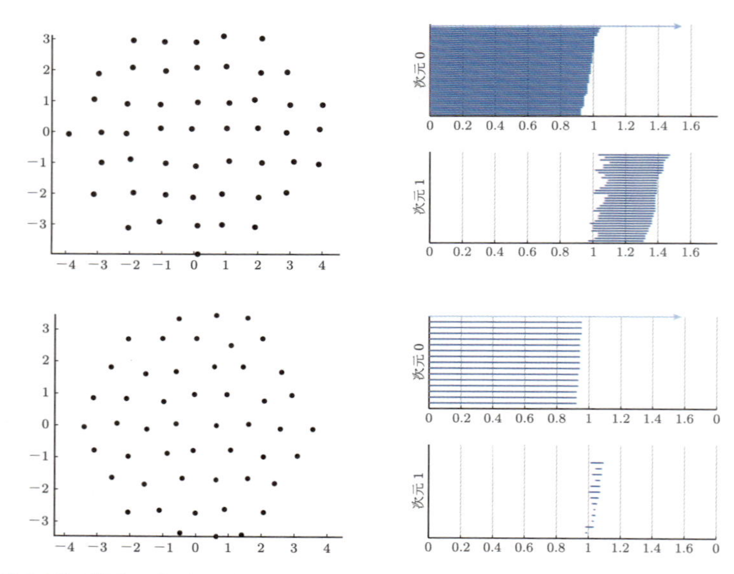

図 6.28　微小に変形した格子と対応するパーシステンスバーコード．どちらの格子についても，右側の上の図が 0 次元の，下の図が 1 次元のホモロジーを示している．長方格子と六方格子で大きな違いがあるのは，ヴィートリス－リップス複体を用いているためである．長方格子で長方形が，六方格子では三角形が現れる．長方形はホモロジー類として残るが，三角形は消えてしまう．

それはさておき，このような規則的構造をもたない固体も多く存在する．こういった固体は**非晶質**（アモルファス）とよばれる．ガラスやゴム，ゲル，その他多くの固体がこれにあたる．こういった物質は長距離規則構造はもたないが，もう少しゆるい形のある種の幾何学的パターンをもち，これを使って分類できることを物質科学者たちは見つけた．こういったパターンは特徴付けも解析も難しいが，彼らはこういった構造を調べる方法をその場その場に応じてたくさん開発してきた．

まず最初に，**短距離秩序**，つまり物質内で隣接する原子対の統計を調べることが考えられる．このアイディアは重要だが，多くの場合は不十分な結果しか得られない．そこで，より長いスケールの相互作用，**中距離秩序**について調べたくなる．この方向性に基づき，結合角や二面角の分布を調べると，新たな知見が得られるが，それでも第 2，第 3 近接原子の配置の情報が加わっただけである．他の方向性として，データ内の階層構造が存在するならそれを捉えたい，というものもある．こういった構造は局所的な統計のみを見てもわからない．こういったより長距離の相互作用を調べるために，物質をネットワークと考えてみよう．原子を頂点，化学結合を辺と考え，さまざまな長さとタイプの輪（ネットワーク内の閉じた経路）を数え上げる．これによりさらなる情報が得られるが，この手法が使えるのは共有結合性非晶質のような†，ネットワーク構造を当てはめられる物質に限られる．点の位置しかない場合にはこのような構造はないので，研究者がネットワークのつくり方を与えてやる必要がある．さらにいえば，こういった手法では距離（結合長）については考慮されておらず，さらには階層構造の説明もできない．

パーシステントホモロジーを使えば，ネットワークを仮定しなくても輪のような構造を体系的に調べられるし，長さや階層構造といったものも考えることができる．原子を点と考え，点の間の距離を 3 次元ユークリッド距離にとれば，物質をそのまま点群として調べることができる．このような点群を用いて，Hiraola et al. (2016) ではシリカガラス，レナード－ジョーンズ系，Cu-Zr 金属ガラスといった物質の幾何学的性質を定量化し，精密化した．ここでは，シリカガラスの結果について紹介しよう．

ガラスという物質の特徴は，加熱により「ガラス転移」を起こすことである．ガラス転移とは，固く脆い状態からねばねばした状態への転移である．そういったガラスの一つであるシリカガラスは，SiO_2 分子からつくられる．この物質は三つの状態をとる．一つ目は結晶で，原子が格子状に配列されている．二つ目が非晶質で，

† ［訳注］原文では “crystalline materials” で，直訳すると「結晶性物質」となるが，いまは非晶質の話をしているので意味が通らず，また，イオン結晶のようにネットワークが定義できない結晶も多い．ここでは，イオン結合や金属結合と異なり化学結合対がきちんと定義できる，という意味と考え，「共有結合性非晶質」と訳した．

ガラス転移により現れる状態である．三つ目が液体である．Hiraoka et al. (2016) では，分子動力学シミュレーションを用いてそれぞれの状態に対応する原子集団のサンプルをつくった．結果として得られたパーシステンス図が図 6.29 である．

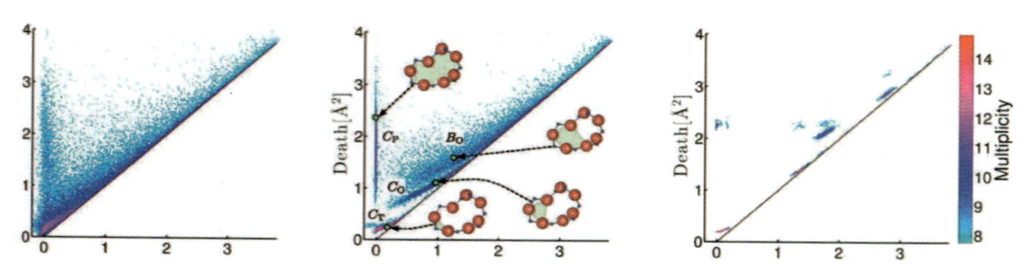

図 6.29 シリカガラスのさまざまな状態のパーシステンス図．［Hiraoka et al. (2016) より］

まず結晶の場合，パーシステンス図はいくつかの点の周りに局在しており，そこに「点質量」があるとみなせるだろう．液体では，y 軸の近くと直線 $x = y$ の近くに比較的一様に分布している．ところが非晶質では，三つの曲線上に点が集中している．中央の図ではこれを C_P，C_T，C_O として示した．この図では他にも集中しているところがあり，そのうち一点を B_O として示している†．Hiraoka et al. (2016) はさらに，これらの曲線がどのように生まれたかも明らかにした．七つの頂点からなる輪が変形して，さまざまな原子対（赤丸）が接近し，新たに短いループが生まれ，原子の輪がつくる空隙を部分的に埋めることで生まれたのである．中央の図には，実際に起きたさまざまな変形を示している．図の緑の領域を見れば，どのように空隙が埋められたかがわかる．さらにこの図では，各原子配置がパーシステンス図のどの位置に対応するかも示している．

状態間の違いを示し，バーコードの変化がどうして起こったか明らかにしたのに加え，Hiraoka et al. (2016) ではそれ以外にも物質の性質についても知見を得ている．たとえば，first sharp diffraction peak とよばれる波長をバーコードから決定できることを示した．また，非晶質で見られる曲線構造が歪みを加えても変わらないことも示している．このことは，パーシステンス図によって弾性的な性質を捉えられることを示唆している．

この研究例や 6.8 節の例を考えると，パーシステンス図により，点群内のテクス

† ［訳注］原文では "a point concentration denoted by B_O" で，「一点に集中しており，その点を B_O とよぶ」と書いてあるようにも読めるが，原論文では B_O は集中しているバンド内の一点と書かれているので，ここでは上のように訳した．

チャーとでもいうべき小スケールの構造を捉えることができるようである．これは非常に面白く，強力な能力である．この研究や 6.8 節の研究では点群は $\mathbb{R}^3$ からサンプリングされたものとみなせるが，この空間は可縮である．そのため，6.1 節の例で見たような大域的な構造は存在しない．しかし，非晶質物質やコズミックウェブで見たように，ホモロジーを使って低レベルな構造の違いを識別できる．こういったトポロジーの応用は**形状理論**とよばれるものに似ている（Dydak & Segal 1978，Borsuk 1975 などを参照）．この理論は，ワルシャワ・サークルやシェルピンスキー・ガスケットといった，局所的に複雑な構造をもつ点集合からなるトポロジカルな対象についての研究に深く関係している．

6.11　感染症

公衆衛生や病気の治療に関係がある者全員にとって，感染症の進行を理解することは明らかにとても重要である．現在患者の病気の進行度がどれくらいか，そして生理学的変数や，遺伝子の発現量といった遺伝学的な測定値が病気のステージによってどのような特徴をもつか，こういったことを記述するモデルができれば非常に有用である．こういったモデルに求められる重要な要件として，モデルが時間に陽に依存せず，ただ患者の状態のみによって決まってほしい．その理由の一つは，病気の進行速度は皆一定というわけでなはく，さらには一つの経過の中でも速くなったり遅くなったりするからである．二つ目の理由は，実験室の中でもない限り，いつ病気に感染したのか普通はわからないからである．さらにいえば，患者の現在の状態だけから，患者が回復するか否かを予測することができると喜ばしい．

そのようなモデルがどんなものか考えてみるのは有用である．自然に思いつくのは，いくつかの生理学的な変数や，あるいは，いくつか遺伝学的な変数のデータを使ってマッパーモデル（4.3.5 項で説明した）を考えることである．マッパーからつぎのようなモデルが出ると喜ばしい．まず，我々は最初は健康な状態にある．そして病気に感染し病状が進行すると，その軌跡は健康な状態から外れていく．最終的には一番病んだ状態といえるところにたどり着くが，そこで免疫系が活動を始め，健康な状態に戻り始める．しかし，ここで重要なのは，帰り道が単に病気の進行した道を逆戻りするのではなく，行きと異なる道を通って最終的には健康な状態に至るということである．模式図を図 6.30 に示す．

このように考えると，マッパーがつくるモデル，以下では**疾患マップ**とよぶこと

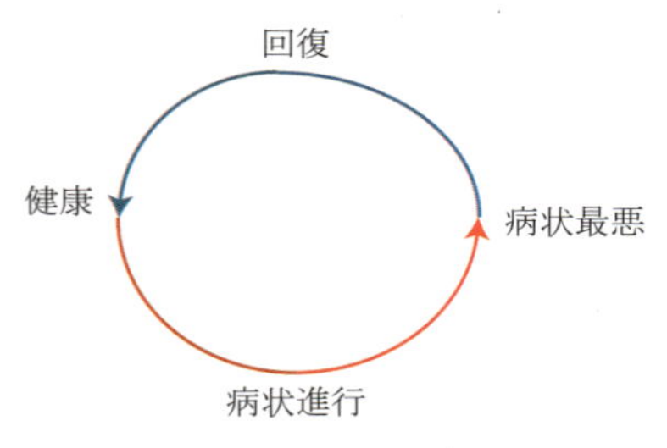

図 6.30 病気の進行.

にするが，これはループ状になると思われる.

Torres et al. (2016) と Louie et al. (2016) ではそれぞれ，ヒトとマウスのマラリアに対してと，ミバエのリステリア症に対して，このようなマッパーモデルがつくられた.

Torres et al. (2016) では，実験室でマラリア原虫 *Plasmodium chabaudi* に感染させたマウスと，マラリアに感染したヒトから毎日採血を行い，得られた血液サンプルのデータを用いてマッパーモデルを作成した．血液サンプルについては，マイクロアレイによる分析が行われた．ベクトルの座標軸を各遺伝子に，そして値をサンプル内でのその遺伝子のいわゆる発現レベルに対応させることで，血液サンプルのマイクロアレイ分析から高次元ベクトルが得られた．このマウスを使った研究では，マイクロアレイにより 109 個の遺伝子の発現レベルが測定された.

Torres et al. (2016) により，時間を考慮に入れればさまざまな変数のペア（たとえば，赤血球数とナチュラルキラー細胞とよばれる細胞の数）を使ってループがつくれることがわかったが，通常の相関分析だけではこういった結果は得られなかった．患者の完全な時系列データがあるなら，相関分析を使うこともできるかもしれない．しかし，トレスたちがほしかったのは，サンプルの経時データがなくても使える手法であった．そこで彼らは 109 個の特徴量を用いて，マッパーを用いた多次元解析を行った．得られた疾患マップによるモデルはわかりやすく，新規患者に対しても疾患マップ上の位置を与えることで，疾患の進行状況がわかるようになった．図 6.31 を参照してほしい.

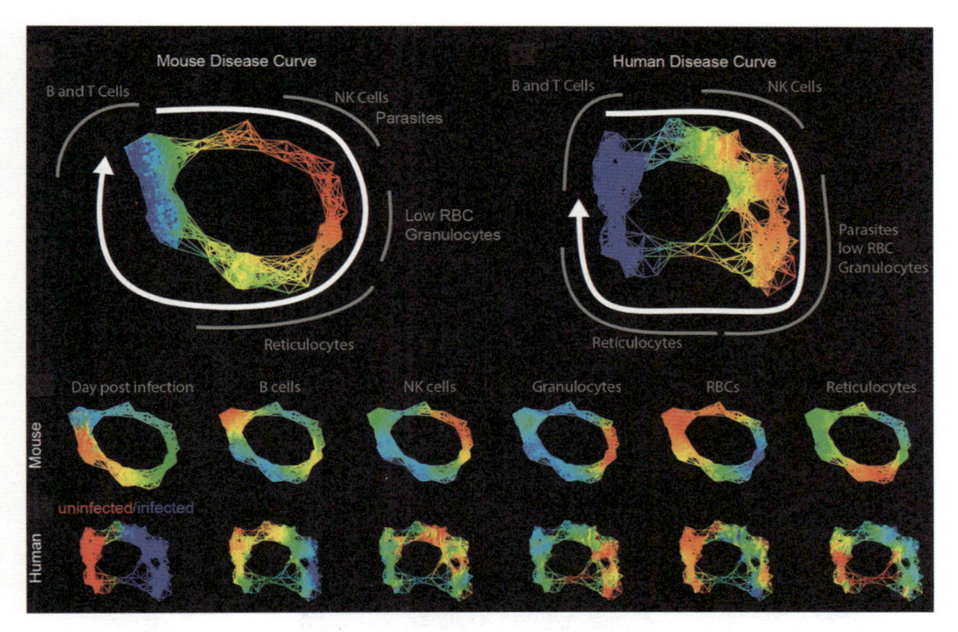

図 6.31 マラリアに感染したマウス（上段左）とヒト（上段右）に対してマッパーを用いて作成された疾患マップ．サイクル内での位置は，さまざまな細胞（B および T 細胞，NK 細胞，顆粒球（Granulocytes），赤血球（RBC），網状赤血球（Reticulocytes））の量の違いで特徴付けられる（下段）．［Torres et al. (2016) より．CC BY 4.0 に基づき転載］

Louie et al. (2016) では，同様の解析を，病原性バクテリア *Listeria monocytogenes* に感染したミバエに対して行った．マッパーによる解析の結果，図 6.32 のようなループが得られた．

ループ状の構造に加えて，ループの下の方に赤で示した分岐が見える．調べてみると，この分岐にミバエが入ると，ループに沿って進むことはほぼなくなり，生き延びることができないことがわかった．こういった特徴は通常の時系列解析では見つけづらい．

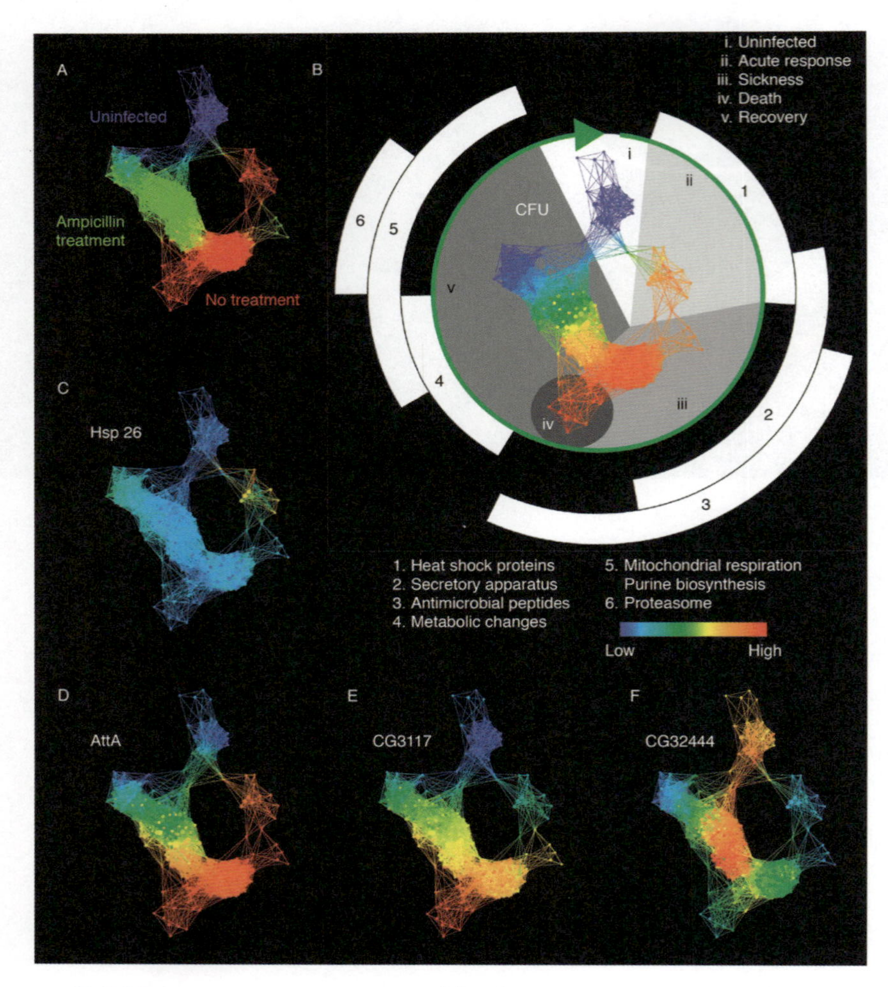

図 6.32 *Listeria Monocytogenes* に感染したミバエのマッパーモデル．緑の円状の矢印が疾患の進行を示す．［Louie et al. (2016) より．CC BY 4.0 に基づき転載］

訳者あとがき

本書は，Gunnar Carlsson と Mikael Vejdemo-Johansson による “Topological Data Analysis with Applications” の日本語訳である．

ネット書店や原著出版社のホームページなどで原著の表紙を見てみれば，この本のタイトルのうち “with Applications” の 2 語だけが赤字であることに気づくだろう．このことからわかるように，この本の売りは「応用」である．実際トポロジカルデータ解析の書籍は和洋含め何冊か出ているが，この本ほど多くの応用例を示している本は他にない．しかも，その分野は物理学，化学，社会科学，画像分析，ロボット工学など多岐に及び，内容は現在の最先端のものとなっている．著者達は，トポロジカルデータ解析の分野で 20 年間トップを走り続けてきた研究者である．その彼らが，数学者とデータ科学者に向けて，トポロジカルデータ解析の現在の到達点を素描してみせたのが本書である．トポロジカルデータ解析に何ができるのか知りたい読者は，まずこれら応用例を示した第 6 章のトピックを眺めてみるとよいだろう．この手法が何の役に立つかについて，雰囲気は掴めると思う．

ただし，これら応用の細部を理解するのは難しい．もちろん，基本的な道具立ては第 2 章から第 5 章で説明されているが，第 6 章の内容を完全に説明するためにはおそらく千ページは超える大作になってしまうので致し方ないところである．そのため，本書の読み方としては，まずわからないことはわからないままざっと読み流し，面白そう，役立ちそうと思ったところについて参考文献などを見て深掘りしていくがよいのではないかと思う．

充実した参考文献リストがあるため蛇足の感もあるが，和書で参考になる本をいくつか挙げておこう．まず，データサイエンスについては多数の良書があるが，数学的にしっかりしたものとしては以下の二つが定番であろう．

- T. Hastie ほか，『統計的学習の基礎』（共立出版）：参考文献にある Hastie et al. (2009) の和訳である．深層学習以外のデータサイエンスについて知りたければ，ほぼこの一冊で事足りる．
- C. M. Bishop，『パターン認識と機械学習』（丸善出版）：Hastie のものと並ぶ，機械学習の世界的教科書である．

一方，トポロジカルデータ解析については，以下のような和書がある．

- H. Edelsbrunner，J. Harer，『計算トポロジー入門』（共立出版）：書かれたのは 10 年以上前なので内容は少々古くなるが，本書より広範なトポロジーの話題を扱っている．
- 平岡裕章，『タンパク質構造とトポロジー』（共立出版）：訳者の一人によるパーシステントホモロジーの入門書である．ホモロジーや圏論といった方面の知識がなくても，線形代数の知識があれば理解できるように工夫されている．
- 池祐一，E. G. エスカラ，大林一平，鍛冶静雄，『位相的データ解析から構造発見へ』（サイエンス社）：最新の研究成果まで踏み込んだ一冊である．

これら以外にも，トポロジカルデータ解析やパーシステントホモロジーの解説は多数出ているので，インターネットで検索するなどしてほしい．また，東北大学のトポロジカルデータ解析コミュニティや，日本応用数理学会の位相的データ解析部会では様々な最新の研究成果が報告され，交流が行われている．興味のある方はぜひ参加してほしい．

翻訳にあたっては，第 1 章，第 2 章，第 6 章については一宮が，第 3 章，第 4 章，第 5 章については吉脇が下訳を作成し，これを 3 人で推敲した．その際，原著のミスやわかりにくい点はできるだけ修正したが，間違いがあるとすればすべて訳者の責任である．

最後に，草稿をチェックし，わかりにくい箇所やミスを指摘してくれた瀧脇迪哲氏，専門用語の訳についてご教示くださった大阪大学の高橋篤史教授，そして締め切りに遅れがちな訳者に対して呆れず諦めずに面倒を見てくれた森北出版の方々に感謝する．

2024 年 9 月　　訳者一同

参考文献

Abergel, A. et al. (2011), "Planck early results. XXIV. Dust in the diffuse interstellar medium and the galactic halo", *Astronomy and Astrophysics*, **536**.

Adams, H. & Carlsson, G. (2015), "Evasion paths in mobile sensor networks", *International Journal of Robotics Research* **34**(1), 90–104.

Adams, H., Emerson, T., Kirby, M., Neville, R., Peterson, C., Shipman, P. et al. (2017), "Persistence images: a stable vector representation of persistent homology", *Journal of Machine Learning Research* **18**(1), 218–252.

Adler, R. (1981), *The Geometry of Random Fields*, Wiley Series in Probability and Mathematical Statistics, John Wiley & Sons.

Adler, R. & Taylor, J. (2007), *Random Fields and Geometry*, Springer Monographs in Mathematics, Springer.

Adler, R., Bobrowski, O., Borman, M., Subag, E. & Weinberger, S. (2010), "Persistent homology for random fields and complexes", in *Borrowing Strength: Theory Powering Applications. A Festschrift for Lawrence D. Brown*, J. O. Berger, T. T. Cai, and I. M. Johnstone eds., IMS Collections Vol. 6, Institute of Mathematical Science.

Aggarwal, C. (2018), *Neural Networks and Deep Learning*, Springer.

Artin, M. & Mazur, B. (1986), *Étale Homotopy*, Springer.

Baez, J. (2010), "This week's finds in mathematical physics".
`http://math.ucr.edu/home/baez/week293.html`

Bank, P. D. (1971), "Protein data bank", *Nature New Biology* **233**, 223.

Bardeen, J., Bond, J., Kaiser, N. & Szalay, A. (1986), "The statistics of peaks of gaussian random fields", *Astrophysical Journal* **304**, 15–61.

Bauer, U., Kerber, M., Reininghaus, J. & Wagner, H. (2017), "Phat – persistent homology algorithms toolbox", *Journal of Symbolic Computation* **78**, 76–90.

Bennett, C., Hill, R., Hinshaw, G., Nolta, M., Odegard, N. , Page, L. et al., (2003), "Firstyear wilkinson microwave anisotropy probe (wmap)* observations: foreground emission", *Astrophysical Journal Supplement Series* **148**(1), 97–117.

Berwald, J., Gidea, M. & Vejdemo-Johansson, M. (2014), "Automatic recognition and tagging of topologically different regimes in dynamical systems", *Discontinuity, Nonlinearity and Complexity* **3**(4), 413–426.

Biscio, C. & Møller, J. (2016), 'The accumulated persistence function, a new useful functional summary statistic for topological data analysis, with a view to brain artery trees and spatial point process applications', arXiv preprint arXiv:1611.00630.

Bishop, R. & Crittenden, R. (1964), *Geometry of Manifolds*, Academic Press.

Blumberg, A., Gal, I., Mandell, M. & Pancia, M. (2014), "Robust statistics, hypothesis testing, and confidence intervals for persistent homology on metric measure spaces", *Foundations of Computational Mathematics* **14**(4), 745–789.

Bonnet, O. (1848), "Memoire sur la theorie generale des surfaces", *Journal de l'École poly-*

technique **19**, pp. 1–146.

Borg, I. & Groenen, P. (1997), *Modern Multidimensional Scaling: Theory and Applications*, Springer.

Borsuk, K. (1948), "On the imbedding of systems of compacta in simplicial complexes", *Fundamenta Mathematicae* **35**(1), 217–234.

Borsuk, K. (1975), *Shape Theory*, PWN-Polish Scientific Publishers.

Bottou, L., Cortes, C., Denker, J., Drucker, H., Guyon, I., Jackel, L. et al., (1994), "Comparison of classifier methods: a case study in handwritten digit recognition", in *Pattern Recognition, 1994*, Vol. 2, Conference B: Computer Vision & Image Processing *Proceedings of the 12th International IAPR Conference*, IEEE, pp. 77–82.

Bronstein, A. M., Bronstein, M. M. & Kimmel, R. (2008), *Numerical Geometry of Non-Rigid Shapes*, Springer Science & Business Media.

Bubenik, P. (2015), "Statistical topological data analysis using persistence landscapes", *Journal of Machine Learning Research* **16**(1), 77–102.

Buneman, P. (1974), "A note on the metric properties of trees", *Journal of Combinatorial Theory B* **17**, 48–50.

Burago, D., Burago, Y. & Ivanov, S. (2001), *A Course in Metric Geometry*, Vol. 33 of Graduate Studies in Mathematics, American Mathematical Society.

Busaryev, O., Dey, T., Sun, J. & Wang, Y. (2010), "ShortLoop software for computing loops in a shortest homology basis", Software, `https://web.cse.ohio-state.edu/~dey.8/shortloop.html`.

Cang, Z. & Wei, G. (2017), 'Topology based deep convolutional and multi-task neural networks for biomolecular property predictions', *PLoS Computational Biology* **13**(7).

Cang, Z. & Wei, G. (2018), 'Integration of element specific persistent homology and machine learning for protein-ligand binding affinity prediction', *International Journal for Numerical Methods in Biomedical Engineering* **34**(2), e2914.

Cang, Z. & Wei, G. (2020), 'Persistent cohomology for data with multicomponent heterogeneous information', *SIAM Journal Mathematics of Data Science* **2**(2), 396–418.

Cang, Z., Mu, L. & Wei, G. (2018), 'Representability of algebraic topology for biomolecules in machine learning based scoring and virtual screening', *PLoS Computational Biology* **14**(1).

Carlsson, G. & de Silva, V. (2010), "Zigzag persistence", *Foundations of Computational Mathematics* **10**(4), 367–405.

Carlsson, G. & Filippenko, B. (2020), "The space of sections of a smooth function", *arXiv preprint: arXiv:2006.12023.*

Carlsson, G. & Gabrielsson, R. (2020), "Topological approaches to deep learning". In *Topological Data Analysis, Proceedings of Abel Symposium 2018*, Springer, pp. 119–146.

Carlsson, G. & Kališnik Verovšek, S. (2016), "Symmetric and r-symmetric tropical polynomials and rational functions", *Journal of Pure and Applied Algebra* **220**, 3610–3627.

Carlsson, G. & Zomorodian, A. (2009), "The theory of multidimensional persistence", *Discrete and Computational Geometry* **42**(1), 71–93.

Carlsson, G., Zomorodian, A., Collins, A. and Guibas, L. (2005a), "Persistence barcodes for shapes", in *Proceedings of the 2004 Eurographics/ACM SIGGRAPH Symposium on Geometry Processing*, ACM, pp. 124–135.

Carlsson, G., Zomorodian, A., Collins, A. & Guibas, L. (2005b), "Persistence barcodes for shapes", *International Journal of Shape Modeling* **11**(2), 149–187.

Carlsson, G., Ishkhanov, T., de Silva, V. & Zomorodian, A. (2008), "On the local behavior of spaces of natural images", *International Journal of Computer Vision* **76**(1), 1–12.

Carlsson, G., de Silva, V. & Morozov, D. (2009), "Zigzag persistent homology and real-valued functions", in *Proceedings of the 25th Annual Symposium on Computational Geometry* ACM.

Carrière, M. & Oudot, S. (2018), 'Structure and stability of the one-dimensional mapper', *Foundations of Computational Mathematics* **18**(6), 1333–1396.

Cech, E. (1932), "Höherdimensionale Homotopiegruppen", *Verhandlungen des Internationalen Mathematikerkongress* **2**, 203.

Chan, J., Carlsson, G. & Rabadan, R. (2013), "The topology of viral evolution", *Proceedings of the National Academy of Sciences* **110**(46), 18566–18571.

Chatterjee, S. (2008), *Crystallography and the World of Symmetry*, Springer.

Chazal, F., Cohen-Steiner, D., Guibas, L., Memoli, F. & Oudot, S. (2009), "Gromov–Hausdorff stable signatures for shapes using persistence", in *Eurographics Symposium on Geometry Processing 2009*, Vol. 28.

Chazal, F., Cohen-Steiner, D. & Merigot, Q. (2011), "Geometric inference for probability measures", *Foundations of Computational Mathematics* **11**(6), 733–751.

Chazal, F., de Silva, V., Glisse, M. & Oudot, S. (2016), *The Structure and Stability of Persistence Modules*, Springer.

Chung, Y.-M. & Lawson, A. (2019), 'Persistence curves: a canonical framework for summarizing persistence diagrams', *arXiv preprint arXiv:1904.07768*.

Chung, Y.-M., Hu, C.-S., Lawson, A. & Smyth, C. (2019), "TopoResNet: a hybrid deep learning architecture and its application to skin lesion classification", *arXiv preprint arXiv:1905.08607*.

CMU Graphics Lab (2012), "CMU graphics lab motion capture database", `http://mocap.cs.cmu.edu/`. (Accessed November 2012)

Cohen-Steiner, D., Edelsbrunner, H. & Harer, J. (2007), "Stability of persistence diagrams", *Discrete and Computational Geometry* **37**(1), 103–120.

Cohen-Steiner, D., Edelsbrunner, H., Harer, J. & Mileyko, Y. (2010), "Lipschitz functions have lp-stable persistence", *Foundations of Computational Mathematics* **10**(2), 127–139.

Collins, A., Zomorodian, A., Carlsson, G. & Guibas, L. (2004), "A barcode shape descriptor for curve point cloud data", *Computers & Graphics* **28**(6), 881–894.

Curry, J. (2013), "Sheaves, cosheaves and applications", arXiv E-Print 1303.3255.

Dalbec, J. (1999), "Multisymmetric functions", *Beiträge Algebra Geometrie.* **40**(1), 27–51.

de Silva, V. & Carlsson, G. (2004), "Topological estimation using witness complexes", in M. Alexa & S. Rusinkiewicz, eds. *Proceedings of the Eurographics Symposium on Point-Based Graphics.*

de Silva, V. & Ghrist, R. (2006), "Coordinate-free coverage in sensor networks with controlled boundaries via homology", *International Journal of Robotics Research* **25**(12), 1205–1222.

de Silva, V., Morozov, D. & Vejdemo-Johansson, M. (2011), "Persistent cohomology and circular coordinates", *Discrete and Computational Geometry* **45**(4), 737–759.

de Silva, V., Skraba, P. & Vejdemo-Johansson, M. (2012), "Topological analysis of recurrent systems", in *Proceedings of the Workshop on Algebraic Topology and Machine Learning,*

NIPS

de Silva, V., Munch, E. & Patel, A. (2016), "Categorified reeb graphs", *Discrete and Computational Geometry* 854–906.

Derksen, H. & Weyman, J. (2005), 'Quiver representations', *Notices of the American Mathematical Society* **52**(2), 200–206.

Dey, T. K., Sun, J. & Wang, Y. (2011), "Approximating cycles in a shortest basis of the first homology group from point data", *Inverse Problems* **27**(12), 124004.

Diaconis, P. & Friedman, J. (1980), "M and n plots", Technical report, Department of Statistics, Stanford University.

Donaldson, S. (1984), "Gauge theory and topology", in *Proceedings of the International Congress of Mathematicians*, pp. 641–645.

Donoho, D. (1999), "Wedgelets: nearly minimax estimation of edges", *Annals of Statistics* **27**, 859–897.

Doolittle, W. (1999), "Phylogenetic classification and the universal tree", *Science* **284**(5423), 2124–2129.

Drummond, A., Nicholls, F., Rodrigo, A. & Solomon, W. (2002), "Estimating mutation parameters, population history, and genealogy simultaneously from temporally spaced sequence data", *Genetics* **161**(3), 1307–1320.

Dummit, D. & Foote, R. (2004), *Abstract Algebra*, John Wiley and Sons.

Duponchel, L. (2018). "Exploring hyperspectral imaging data sets with topological data analysis", *Analytica Chimica Acta* **1000**, 123–131.

Duvroye, L. (1987), *A Course in Density Estimation*, Birkhäuser.

Duy, T., Hiraoka, Y. & Shirai, T. (2016), "Limit theorems for persistence diagrams", arXiv preprint arXiv:1612.08371.

Dydak, J. & Segal, J. (1978), *Shape Theory: An Introduction*, Springer.

Easley, D. & Kleinberg, J. (2011), *Networks, Crowds, and Markets*, Cambridge University Press.

Edelsbrunner, H., Kirkpatrick, D. & Seidel, R. (1983), "On the shape of a set of points in the plane", *IEEE Transactions on Information Theory* **29**(4), 551–559.

Eilenberg, S. (1944), "Singular homology theory", *Annals of Mathematics* **45**(2), 407–447.

Eisenstein, J. (2018), *Introduction to Natural Language Processing*, MIT Press.

Erickson, J. & Whittlesey, K. (2005), "Greedy optimal homotopy and homology generators", in *Proceedings of the 16th Annual ACM–SIAM Symposium on Discrete Algorithms*, pp. 1038–1046.

Euler, L. (1741), "Solutio problematis ad geometriam situs pertinentis", **8**, 128–140.

Euler, L. (1752a), "Elementa doctrinae solidorum", *Novi Comm. Acad. Sci. Imp. Petropol.* (4), 109–140. (*Opera Omnia Series 1*, vol. 26, pp. 71–93.)

Euler, L. (1752b), "Demonstratio nonnullarum insignium proprietatum quibas solida hedris planis inclusa sunt praedita", *Novi Comm. Acad. Sci. Imp. Petropol.* (4) 140–160. (*Opera Omnia Series 1*, vol. 26, pp. 94–108.)

Everitt, B., Landau, S., Leese, M. & Stahl, D. (2011), *Cluster Analysis*, John Wiley and Sons.

Faúndez-Abans, M., Ormenoño, M. & de Oliveira-Abans, M. (1996), "Classification of planetary nebulae by cluster analysis and artificial neural networks", *Astronomy and Astrophysics Supplement* **116**, 395–402.

Federer, H. (1969), *Geometric Measure Theory*, Springer.

Feichtinger, H. & Strohmer, T. (1998), *Gabor Analysis and Algorithms: Theory and Applications*, Birkhäuser.

Felsenstein, J. (2004), *Inferring Phylogenies*, Sinauer Associates.

Fréchet, M. (1944), "L'intégrale abstraite d'une fonction abstraite d'une variable abstraite et son application á la moyenne d'un élément aléatoire de natur quelconque", *Reviews of Science* **82**, 483–512.

Fréchet, M. (1948), "Les éléments aléatoires de nature quelconque dans un espace distancié", *Annals Institut Henri Poincaré* **82**, 215–310.

Freitag, E. & Kiehl, R. (1988), *Étale Cohomology and the Weil Conjecture*, Springer.

Gabriel, P. (1972), "Unzerlegbare Darstellungen I", *Manuscr. Math.* (6), 71–103.

Ghrist, R. & Krishnan, S. (2017), 'Positive Alexander duality for pursuit and evasion', *SIAM Journal on Applied Algebra and Geometry* **1**(1), 308–327.

Goodfellow, I., Bengio, Y. & Courville, A. (2016), *Deep Learning*, MIT Press.

Gott, J., Dickinson, M. & Melott, A. (1986), "The sponge-like topology of large-scale structure in the universe", *Astrophysical Journal* **306**, 341–357.

Greven, A., Pfaffelhuber, P. & Winter, A. (2009), "Convergence in distribution of random metric measure spaces", *Prob. Theo. Rel. Fields* **145**(1), 285–322.

Grosman, L., Smikt, O. & Smilansky, U. (2008), "On the application of 3-d scanning technology for the documentation and typology of lithic artifacts", *Journal of Archaeological Science* **35**(12), 3101–3110.
`www.sciencedirect.com/science/article/pii/S0305440308001398`

Gross, P. & Kotiuga, P. (2004), *Electromagnetic Theory and Computation – A Topological Approach*, I Mathematical Sciences Research Institute Publications Vol. 48, Cambridge University Press.

Gusfield, D. (1997), *Algorithms on Strings, Trees, and Sequences*, Cambridge University Press.

Hamilton, A., Gott, J. & Weinberg, D. (1986), "The topology of the large-scale structure of the universe", *Astrophysical Journal* (309), 1–12.

Hartigan, J. (1975), *Clustering Algorithms*, Wiley Series in Probability and Mathematical Statistics, John Wiley and Sons.

Hartshorne, R. (1977), *Algebraic Geometry*, Springer.

Hastie, T., Tibshirani, R. & Friedman, J. (2009), *The Elements of Statistical Learning: Data Mining, Inference, and Prediction*, Springer.

Hatcher, A. (2002), *Algebraic Topology*, Cambridge University Press.

He, K., Zhang, X., Ren, S. & Sun, J. (2016), "Deep residual learning for image recognition", in *Proceedings of the IEEE Conference on Computer Vision and Pattern Recognition*, pp. 770–778.

Hein, J. (2003), *Discrete Mathematics*, Jones and Bartlett.

Hilton, P. (1988), "A brief, subjective history of homology and homotopy theory in this century", *Mathematics Magazine* **60**, 282–291.

Hiraoka, Y., Nakamura, T., Hirata, A., Escolar, E., Matsue, K. & Nishiura, Y. (2016), "Hierarchical structures of amorphous solids characterized by persistent homology", in *Proceedings of the National Academy of Sciences of the United States of America*, Vol. 13, pp. 7035–7040.

Horst, A. M., Hill, A. P. & Gorman, K. B. (2020), "Palmerpenguins: Palmer Archipelago (Antarctica) penguin data." R package version 0.1.0.
`https://allisonhorst.github.io/palmerpenguins/`

Hubel, D. (1988), *Eye, Brain, and Vision*, Holt, Henry, and Co.

Hubel, D. H. & Wiesel, T. N. (1964), "Effects of monocular deprivation in kittens", *Naunyn-Schmiedebergs Archiv for Experimentelle Pathologie und Pharmakologie* **248**, 492–497.
`http://hubel.med.harvard.edu/papers/HubelWiesel1964NaunynSchmiedebergsArchExpPatholPharmakol.pdf`. (Accessed September 10, 2017)

Huchra, J., Jarrett, T., Skrutskie, M., Cutri, R., Schneider, S. & Macri, L. (2005), "The 2mass redshift survey and lowgalactic latitude large-scale structure", in *Nearby Large-Scale Structures and the Zone of Avoidance, Proceedings of the 2004 Conference in Cape Town, South Africa*, Vol. 329 of ASP Conference Series.

Hurewicz, W. (1935), "Beiträge zur Topologie der Deformationen. i. Höherdimensionale Homotopiegruppen", *Proceedings of Koninklijke Academie Wetenschappen, Amsterdam* **38**, 112–119.

Kališnik, S. (2019), "Tropical coordinates on the space of persistence barcodes", *Foundations of Computational Mathematics* **19**(1), 101–129.

Kantz, H. & Schreiber, R. (2004), *Nonlinear Time Series Analysis*, Cambridge University Press.

Karcher, H. (1977), "Riemannian center of mass and mollifier smoothing", *Communications in Pure and Applied Mathematics* **30**, 509–541.

Kendall, W. (1990), "Probability, convexity, and harmonic maps with small image: I. uniqueness and fine existence", *Proceedings of the London Mathematical Society (Third Series)* **61**, 371–406.

Khryashchev, D., Chu, J., Vejdemo-Johansson, M. & Ji, P. (2020), "A distributed approach to the evasion problem", *Algorithms* **13**(6), 149.

Kirchgässner, G. & Wolters, J. (2007), *Introduction to Modern Time Series Analysis*, Springer.

Klee, V. (1980), "On the complexity of d-dimensional voronoi diagrams", *Archiv der Mathematik* **34**, 75–80.

Kogan, J. (2007), *Introduction to Clustering Large and High-Dimensional Data*, Cambridge University Press.

Kovacev-Nikolic, V., Bubenik, P., Nikolic, D. & Heo, G. (2016), "Using persistent homology and dynamical distances to analyze protein binding", *Statistical Applications in Genetics and Molecular Biology* **15**(1), 19–38.

Lee, A., Pedersen, K. & Mumford, D. (2003), "The nonlinear statistics of high-contrast patches in natural images", *International Journal of Computer Vision* **1/2/3**(54), 83–103.

Lesnick, M., Rabadan, R. & Rosenbloom, D. (2019), "Quantifying genetic innovation: mathematical foundations for the topological study of reticulate evolution", *SIAM Journal of Applied Algebra and Geometry*, 141–184.

Li, L. et al. (2015). "Identification of type 2 diabetes subgroups through topological analysis of patient similarity." *Science Translational Medicine* **7**

Lipsky, D., Skraba, P. & Vejdemo-Johansson, M. (2011), "A spectral sequence for parallelized persistence", *arXiv preprint arXiv:1112.1245*.

Listing, J. (1848), *Vorstudien zur Topologie*, Vandenhoeck and Ruprecht.

Louie, A., Song, K. H., Hotson, A., Thomas Tate, A. & Schneider, D. S. (2016), "How many parameters does it take to describe disease tolerance?", *PLoS Biology* **14**(4), e1002435.

Love, E., Filippenko, B., Maroulas, V. & Carlsson, G. (2020), "Topological convolutional neural networks", in *Proceedings of the NeurripsWorkshop on Topological Data Analysis and Beyond*.

Lum, P., Singh, G., Carlsson, J., Lehman, A., Ishkhanov, T., Vejdemo-Johansson, M. et al. (2013), "Extracting insights from the shape of complex data using topology", *Scientific Reports* **3**, 1236.

Maclagan, D. & Sturmfels, B. (2015), *Introduction to Tropical Geometry*, American Mathematical Society.

MacLane, S. (1998), *Categories for the Working Mathematician*, second edition, Springer-Verlag.

Maleki, A., Shahram, M. & Carlsson, G. (2008), "Near optimal coder for image geometries", in *Proceedings of the IEEE International Conference on Image Processing (ICIP), San Diego, CA*.

Manning, C. & Schütze, H. (1999), *Foundations of Statistical Natural Language Processing*, MIT Press.

Marzinotto, A., Stork, J.A., Dimarogonas, D. V. & Kragic, D. (2014), "Cooperative grasping through topological object representation", in *Proceedings of the 14th IEEE–RAS International Conference on Humanoid Robots*, pp. 685–692.

Mileyko, Y., Mukherjee, S. & Harer, J. (2011), "Probability measures on the space of persistence diagrams", *Inverse Problems* **27**, 1–22.

Milnor, J. (1963), *Morse Theory*, Princeton University Press.

Milnor, J. & Stasheff, J. (1974), *Characteristic Classes*, Princeton University Press.

Monro, G. (1987), "The concept of multiset", *Zeitschrift für Mathematische Logik und Grundlagen der Mathematik* (33), 171–178.

Montgomery, D., Peck, E. & Vining, G. (2006), *Introduction to Linear Regression Analysis*, John Wiley Sons.

Munkres, J. (1975), *Topology: a First Course*, Prentice-Hall.

Nelson, B. (2020), "Parameterized topological data analysis", Ph.D. thesis, Stanford University.

Nguyen, D., Gao, K., Chen, J., Wang, R. & Wei, G. (2020a), "Potentially highly potent drugs for 2019-ncov", bioRxiv https://doi. org/10.1101/2020.02.05.936013.

Nguyen, D., Gao, K., Wang, M. & Wei, G. (2020b), "Mathdl: mathematical deep learning for d3r grand challenge 4", *Journal of Computer-Aided Molecular Design* **34**, 131–147.

Nicolau, M., Levine, A. & Carlsson, G. (2011), "Topology based data analysis identifies a subgroup of breast cancers with a unique mutational profile and excellent survival", *Proceedings of the National Aacademy of Science* **108**(17), 7265–7270.

Niyogi, P., Smale, S. & Weinberger, S. (2008), "Finding the homology of submanifolds with high confidence from random samples", *Discrete and Computational Geometry* **39**, 419–441.

Offroy, M. & Duponchel, L. (2016), 'Topological data analysis: a promising big data exploration tool in biology, analytical chemistry, and physical chemistry', *Analytica Chimica Acta* **910**, 1–11.

Otter, N., Porter, M. A., Tillmann, U., Grindrod, P. & Harrington, H. A. (2017), "A roadmap for the computation of persistent homology", *EPJ Data Science* **6**(1), 17.

Park, C., Pranav, P., Chingangram, P., van de Weygaert, R., Jones, B., Vegter, G. et al. (2013), "Betti numbers of gaussian fields", *Journal of the Korean Astronomical Society* **46**, 125–131.

Pedregosa, F., Varoquaux, G., Gramfort, A., Michel, V., Thirion, B., Grisel, O. et al. (2011), "Scikitlearn: machine learning in Python", *Journal of Machine Learning Research* **12**, 2825–2830.

Perea, J. & Carlsson, G. (2014), 'A Klein bottle-based dictionary for texture representation', *International Journal of Computer Vision* **107**(1), 75–97.

Perea, J. & Harer, J. (2015), 'Sliding windows and persistence: an application of topological methods to signal analysis', *Foundations of Computational Mathematics* **15**(3), 799–838.

Poincaré, H. (1895), "Analysis situs", *Journal de l'École Polytechnique* **1**(2), 1–123.

Pokorny, F. T., Stork, J. A. & Kragic, D. (2013), "Grasping objects with holes: a topological approach", in *Proceedings of the 2013 IEEE International Conference on Robotics and Automation*, pp. 1100–1107.

Rabadan, R. & Blumberg, A. (2019), *Topological Data Analysis for Genomics and Evolution*, Cambridge University Press.

Reaven, G. & Miller, R. (1979), 'An attempt to define the nature of chemical diabetes using a multidimensional analysis', *Diabetologia* **16**(1), 17–24.

Reeb, G. (1946), "Sur les points singuliers d'une forme de pfaff completement integrable ou d'une fonction numerique", *Comptes Rendus des Seances de l'Academie des Sciences* **222**, 847–849.

Richardson, E. & Werman, M. (2014), "Efficient classification using the euler characteristic", *Pattern Recognition Letters* **49**, 99–106. `www.sciencedirect.com/science/article/pii/S0167865514002050`

Riehl, E. (2017), *Category Theory in Context*, Courier Dover Publications.

Riemann, B. (1851), "Grundlagen für eine allgemeine Theorie der Functionen einer veränderlichen complexen Grösse", Ph.D. thesis, Georg-August-Universität Göttingen.

Robins, V. (1999), "Towards computing homology from finite approximations", *Topology Proceedings* **24**(1), 503–532.

Robinson, M. (2014), *Topological Signal Processing*, Springer.

Rolfsen, D. (1976), *Knots and Links*, Publish or Perish.

Saggar, M. et al. (2018). "Towards a new approach to reveal dynamical organization of the brain using topological data analysis." *Nature Communications* **9**.

Scott, D. (2015), *Multivariate Density Estimation. Theory, Practice, and Visualization*, John Wiley and Sons.

Segal, G. (1968), "Classifying spaces and spectral sequences", *Publications Mathématiques de l'IHÉS* **34**, 105–112.

Singh, G., Mémoli, F. & Carlsson, G. (2007), "Topological methods for the analysis of high dimensional data sets and 3d object recognition", in *Proceedings of the Conferences on Point Based Graphics 2007*.

Skryzalin, J. & Carlsson, G. (2017), "Numeric invariants from multidimensional persistence", *Journal of Applied and Computational Topology* **1**(1), 89–119.

Sneath, P. & Sokal, R. (1973), *Numerical Taxonomy: The Principles and Practice of Nu-*

merical Classification, W. H. Freeman and Co.

Sousbie, T. (2011), "The persistent cosmic web and its filamentary structure – I. Theory and implementation", *Monthly Notices of the Royal Astronomical Society* **414**, 350–383.

Sousbie, T., Pichon, C. & Kawahara, H. (2011), "The persistent cosmic web and its filamentary structure – II. Illustrations", *Monthly Notices of the Royal Astronomical Society* **414**, 384–403.

Spergel, D. N., Bean, R., Doré, O., Nolta, M. R., Bennett, C. L., Dunkley, J. et al. (2007), "Three year Wilkinson Microwave Anisotropy Microwave Probe (WMAP) observations: implications for cosmology", *Astrophysical Journal Supplement Series* **170**(2), 377.

Stork, J. A., Pokorny, F. T. & Kragic, D. (2013), "A topology-based object representation for clasping, latching and hooking", in *Proceedings of thea IEEE–RAS International Conference on Humanoid Robots*, pp. 138–145.

Symons, M. (1981), "Clustering criteria and multivariate normal mixtures", *Biometrics* **37**(1) pp. 35–43.

Szabo, R. (2000), *Equivariant Cohomology and Localization of Path Integrals*, Springer.

Takens, F. (1981), "Detecting strange attractors in turbulence", *Lecture Notes in Mathematics* **898**(1), 366–381.

Tellegen, B. (1952), "A general network theorem, with applications", *Philips Research Reports* **7**, 256–269.

Tenenbaum, J., de Silva, V. & Langford, J. (2000), "A global geometric framework for nonlinear dimensionality reduction", *Science* **290**(5500), 2319–2323.

Torres, B., Oliveira, J., Tate, A., Rath, P., Cumnock, K. & Schneider, D. (2016), "Tracking resilience to infections by mapping disease space", *PLoS Biology* **14**.

Tralie, C., Saul, N. & Bar-On, R. (2018), "Ripser.py: a lean persistent homology library for python", *Journal of Open Source Software* **3**(29), 925.
`https://doi.org/10.21105/joss.00925`

Turner, K., Mileyko, Y., Mukherjee, S. & Harer, J. (2014), "Fréchet means for distributions of persistence diagrams", *Discrete and Computational Geometry* **52**(1), 44–70.

van de Weygaert, R., Vegter, G., Edelsbrunner, H., Jones, B., Pranav, P., Park, C. et al. (2011), "Alpha, betti, and the megaparsec universe: on the topology of the cosmic web", in *Transactions on Computational Science XIV*, Lecture Notes in Computer Science, Vol. 6970, pp. 60–101.

van Hateren, J. & van der Schaaf, A. (1990), "Statistical dependence between orientation filter outputs used in a human vision based image code", *Proceedings SPIE Visual Communication and Image Processing* **1360**, 909–922.

Vandermonde, A. (1771), "Remarques sur les problèmes de situation", *Memoires de l'Acadèmie Royale des Sciences*, 566–574.

Vapnik, V. (1998), *Statistical Learning Theory*, John Wiley and Sons.

Vejdemo-Johansson, M. & Leshchenko, A. (2020), "Certified mapper: repeated testing for acyclicity and obstructions to the nerve lemma", in *Topological Data Analysis*, Springer, pp. 491–515.

Vejdemo-Johansson, M., Pokorny, F., Skraba, P. & Kragic, D. (2015), "Cohomological learning of periodic motion", *Applicable Algebra in Engineering, Communication and Computing* **26**(1–2), 5–26.

Wahab, M. (2014), *Essentials of Crystallography*, Narosa Publishing House.

Weininger, D. (1988), "Smiles, a chemical language and information system. 1. Introduction to methodology and encoding rules", *Journal of Chemical Information and Computer Sciences* **28**, pp. 31–36.

Xia, K., Zhao, Z. & Wei, G. (2015), "Multiresolution persistent homology for excessively large biomolecular datasets", *Journal of Chemical Physics* **143**(13), 134103.

Yanai, H., Takeuchi, K. & Takane, Y. (2011), *Projection Matrices, Generalized Inverse Matrices, and Singular Value Decomposition*, Springer.

Zomorodian, A. (2010), "The tidy set: a minimal simplicial set for computing homology of clique complexes", *Proceedings of the 2010 Annual Symposium on Computational Geometry* ACM, pp. 257–266.

Zomorodian, A. & Carlsson, G. (2005), "Computing persistent homology", *Discrete and Computational Geometry* **33**(2), 247–274.

索引

英数

あ行

か　行

さ　行

た　行

な　行

は　行

ま 行

や 行

ら 行

原著者紹介
グンナー・カールソン（Gunnar Carlsson）
シーガル予想の研究，応用代数トポロジー（とくにトポロジカルデータ解析）に関する研究で知られている．スタンフォード大学数学科名誉教授．

ミカエル・ヴェイデモ・ヨハンソン（Mikael Vejdemo-Johansson）
ニューヨーク市立大学スタッテン島カレッジ数学科のデータサイエンスの助教．

監訳者紹介
平岡裕章（ひらおか・やすあき）
京都大学高等研究院 教授
博士（理学）

訳者紹介
一宮尚志（いちのみや・たかし）
岐阜大学医学系研究科 准教授
博士（理学）

吉脇理雄（よしわき・みちお）
東北大学数理科学共創社会センター 准教授
兼 大阪公立大学数学研究所 特別研究員
博士（理学）

トポロジカルデータ解析

2024年11月26日　第1版第1刷発行

訳者　平岡裕章・一宮尚志・吉脇理雄

編集担当　村瀬健太（森北出版）
編集責任　福島崇史（森北出版）
組版　ウルス
印刷　丸井工文社
製本　同

発行者　森北博巳
発行所　森北出版株式会社
〒102-0071　東京都千代田区富士見 1-4-11
03-3265-8342（営業・宣伝マネジメント部）
https://www.morikita.co.jp/

Printed in Japan
ISBN978-4-627-08321-9